科研院所社会公益研究专项项目(编号:2005DIB3J057)
国家"十一五"科技支撑计划重大项目课题(编号:2006BAB04A08)

南水北调西线工程水源区水循环模拟与水资源定量评价

王　浩　严登华　秦大庸
徐祥德　贾仰文　李泽椿　等著

黄河水利出版社

内容提要

本书较为详细地分析了气象水文模拟、预测、预报及水资源评价与监测的国内外相关研究进展，结合南水北调西线工程规划设计与运行管理对水资源评价与监测的实践需求，分别应用WRF模型和RegCM3模型对区域中短期和季节降水进行模拟预报；构建了水循环气－陆耦合模型，对区域水循环的大气过程、地表过程、土壤过程和地下过程进行了整体模拟，并以此为关键支撑，构建了基于气－陆耦合模式的水资源评价技术，对南水北调西线工程水源区的水资源及其变化进行了定量评价，提出了区域"天地一体化"水资源立体监测与数据同化方案，并对区域水资源定量评价系统进行了初步设计。

本书可作为高等院校水文水资源、气候气象学、水利规划与管理、环境管理和水资源系统工程等专业的高年级大学生、研究生的教学参考书，也可供从事水利规划与管理、水文气象监测与管理、环境管理及水利、气象行政管理人员参考。

图书在版编目(CIP)数据

南水北调西线工程水源区水循环模拟与水资源定量评价/王浩等著．—郑州：黄河水利出版社，2008.12

ISBN 978－7－80734－416－2

Ⅰ．南…　Ⅱ．王…　Ⅲ．①南水北调－水利工程－供水水源－水循环－水流模拟　②南水北调－水利工程－供水水源－水资源－评价　Ⅳ．TV68　P339　TV211.1

中国版本图书馆CIP数据核字(2008)第188057号

出 版 社：黄河水利出版社

地址：河南省郑州市金水路11号　　邮政编码：450003

发行单位：黄河水利出版社

发行部电话：0371－66026940、66020550、66028024、66022620(传真)

E-mail：hhslcbs@126.com

承印单位：黄河水利委员会印刷厂

开本：787 mm×1 092 mm　1/16

印张：10.25

字数：250千字　　印数：1—1 000

版次：2008年12月第1版　　印次：2008年12月第1次印刷

定价：35.00元

序　一

水资源评价是进行水利开发与管理的关键；在全球变化和人类活动的影响下，水资源的数量、质量及时空特征均发生了深刻变化，其未来发展也存在着较多的不确定性；如何对区域水资源及其未来发展趋势进行科学评价，是水文水资源领域的重大科学问题之一。水循环过程包括大气过程、地表过程、土壤过程和地下过程，然而在传统水文水资源领域中，重点关注水循环的地表过程和地下过程；在传统的气象气候学领域中，重点关注的是水循环的大气过程。这在一定程度上割裂了水循环过程的整体性特征，水资源评价的精度和预见期均尚待进一步提高。

由来自中国水利水电科学研究院、中国气象科学研究院和国家气象研究中心等单位专家组成的研究团队，以南水北调西线工程水源区为研究区，从水循环的整体过程出发，以水循环气－陆耦合模型为关键支撑，创建了基于水循环气－陆耦合模式的水资源定量评价技术。该项水资源评价技术，将传统水资源评价口径延拓到大气水汽通量评价，实现了空中水资源、地表水资源、土壤水资源和地下水资源的整体评价，原创特色明显。此外，该研究团队还提出了基于“天地一体化”的立体水资源监测技术体系，并应用于南水北调西线工程水源区，具有重大实用价值。

本项研究成果在气象、水利两大部门知名专家的通力合作下予以完成，不仅对南水北调西线工程水源区研究具有重要意义，而且对我国乃至世界上各大江大河的水资源研究均具有重要意义，具有较大的推广应用价值。

期待这本具有理论和实践应用价值论著的出版，对水循环模拟、水资源评价、水资源监测等方面的理论与方法发展具有积极推动作用；我也期待有关部门和研究团体在上述研究领域能开展更多的跨部门、跨学科研究。

中国工程院院士　陈志恺

2008 年 5 月 10 日

序　二

自20世纪70年代后期以来,中国夏季降水的格局发生了两次明显的变化,一是东部季风区北方降水明显减少,而江淮流域与华南降水不断增多,出现了气象上称做南涝北旱的异常降水分布。相应南方的暴雨频率也明显增加,北方暴雨频率减少。最近30年,几乎未发生类似“58·7”,“63·8”,“75·8”等持续性大暴雨。二是西北地区从20世纪80年代中期降水虽呈现增加趋势,但这主要表现为西北地区的西部(如新疆),而西北地区的东部降水未呈增加趋势。因而总体上,从西北地区东部到华北地区近二三十年出现明显的降水减少。加之这些地区经济快速发展,城市化进程加快,土地利用变化等一些人类原因,我国北方地区面临严重的缺水形势。据气象与水文专家预测,这种形势在今后相当长一段时间内难以改变。其中黄河、海滦河和东北南部的辽河是受这种影响最严重的流域。

据科学家初步估计,到2030年,黄河流域每年缺水在150亿t左右。如不采取实际有效的办法解决北方水资源问题,不仅限制这些地区的经济社会发展,而且会日益影响人民的生活需求,这对水利部门是一个严峻的挑战。在许多措施之中,南水北调工程是解决北方水资源短缺的重大途径和项目之一。目前,东线调水工程已竣工,中线调水工程正在进行中,西线工程正开展水资源评价和勘察。

由王浩院士和徐祥德研究员领导与组织的南水北调西线工程水源区评价技术研究是一项难度大、科学问题复杂的研究,它不但涉及不同时间尺度的气象预报问题,而且涉及它们如何与水文模式的耦合问题。他们所设计的西部区域水资源总体监测网是一个复杂的系统工程,它不但可对西部水资源进行地基-空基一体化立体监测,而且可将获得的气象和水文资料进行同化分析和定量评价,为调水的总量与变化幅度提供科学资料和预测。他们组织了一批气象与水文专家,通过学科交叉和融合,共同出色地完成了这个项目,得到了评审专家的一致好评。这本专著是他们研究成果的结晶,具有很大的科学与实用价值。

南水北调工程是中国实施的一项重大工程项目,耗时、耗资、耗人力巨大,对于这个百年大计的工程项目,前期的水资源评价是十分关键的。这个项目的完成为这方面作出了重要贡献,也为西线工程水资源的评价在技术和方法上奠定了基础。

中国工程院院士　丁一汇

2008年6月12日

前　言

水循环过程包括大气过程、地表过程、土壤过程和地下过程等4个基本过程。然而，在传统水文水资源研究中，重点关注水循环的地表过程和地下过程；在气象气候学研究中，重点关注水循环的大气过程；在农学研究中，重点关注水循环的土壤过程；这在一定程度上割裂了水循环的整体性。通过跨部门、跨学科的交叉研究，系统识别全球变化和人类活动影响下水循环的演变机理，服务于人类的水土资源开发与生态环境保护活动，成为广大资源环境研究领域专家的共识。2005年8月，在中国水利水电科学研究院王浩院士和中国气象科学研究院徐祥德研究员的倡导下，由来自中国水利水电科学研究院、中国气象科学研究院和国家气象中心三大部门专家组成联合研究小组，以具有世界影响的特大型水利工程——南水北调西线工程水源区水循环及水资源评价为研究对象，率先在国内开展气象、水利两大部门的联合研究。

经过近两年的深入交流和通力合作，项目组在完成气象气候预报模式和水循环模式研发的基础上，构建了具有物理机制的水循环气－陆耦合模型，并应用于南水北调西线工程水源区（长江宜宾以上流域）。在气－陆耦合模式的支持下，项目组又进一步突破传统水资源评价理论和技术框架，从大气水汽通量着手，创建了基于气－陆耦合模式的水资源定量评价技术，实现空中水资源、地表水资源、土壤水资源和地下水资源的整体评价；并结合各评价口径水资源实时动态评价的要求，在气－陆耦合模式的支持下，提出了“天地一体化”的立体水资源监测技术和监测方案。

2008年7月19日，水利部国际合作与科技司对上述成果进行了验收和科技成果鉴定。验收和鉴定专家组由刘兴土院士、陈志恺院士、丁一汇院士和来自南水北调西线项目规划设计与管理单位（国务院南水北调办公室、水利部南水北调规划设计管理局和黄河勘测规划设计有限公司）、水利部水资源司、清华大学等单位的专家组成。专家组对本项成果给予了高度评价，认为在气－陆耦合模型、水资源评价和水资源监测等方面取得了3项原创性成果，在理论和方法上均取得了重大突破，总体达到了国际领先水平。

本书就是在上述成果的基础上完成的。全书共分8章。第1章综述了选题的背景、目的和意义，以及国内外相关研究进展和本项研究的技术路线；第2章重点介绍了南水北调西线工程水源区的基本情况；第3章系统剖析了气象预报和气象预测模型的研发；第4章详细介绍了气－陆耦合模型的结构和模型校验过程；第5章分析了基于气－陆耦合模式的水资源评价技术及其在南水北调西线工程水源区的应用；第6章分析了“天地一体化”水资源立体监测技术及南水北调西线工程水源区水资源立体监测方案；第7章介绍了在上述支撑技术基础上所构建的南水北调西线工程水源区水资源定量评价系统；第8章是全书的总结和研究展望。

本书是项目组全体成员集体智慧的结晶，各章撰写的分工如下：

第1章 严登华、杨舒媛、胡东来、施小英

第2章 严登华、张明珠、俞烜、胡东来

第 3 章 徐祥德、李泽椿、施晓辉、余淑秋

第 4 章 严登华、王浩、贾仰文、李海红、张明珠

第 5 章 周祖昊、王建华、杨贵羽、施小英、赵志轩

第 6 章 秦大庸、徐祥德、严登华、张胜军、王凌河

第 7 章 王浩、秦大庸、刘家宏、王明娜

第 8 章 王浩、严登华、杨舒媛、胡东来、翁白莎

全书由王浩、严登华统稿。

在本书的撰写过程中，得到了水利部国际合作与科技司、科技部发展计划司、水利部科技推广中心、水利部四川省水利水电勘测设计研究院、中国水电顾问集团成都勘测设计研究院、中国科学院成都山地灾害与环境研究所等单位领导和专家的大力支持，在此深表谢忱！

本书由于撰稿仓促以及受作者认识水平的限制，其中难免存在挂一漏万、考虑不周和顾此失彼之处，敬请读者批评指正！

作　者

2008 年 8 月

目　录

第1章 绪 论

1.1 研究背景、目的和意义

1.1.1 研究背景

南水北调西线工程(简称西线工程),是从长江上游金沙江及支流雅砻江、大渡河调水入黄河上游的跨流域重大调水工程,是补充黄河水资源的不足,解决我国西北地区干旱缺水的重大战略举措,是我国"四纵三横"总体水资源配置格局的重要组成部分(见图1-1)。

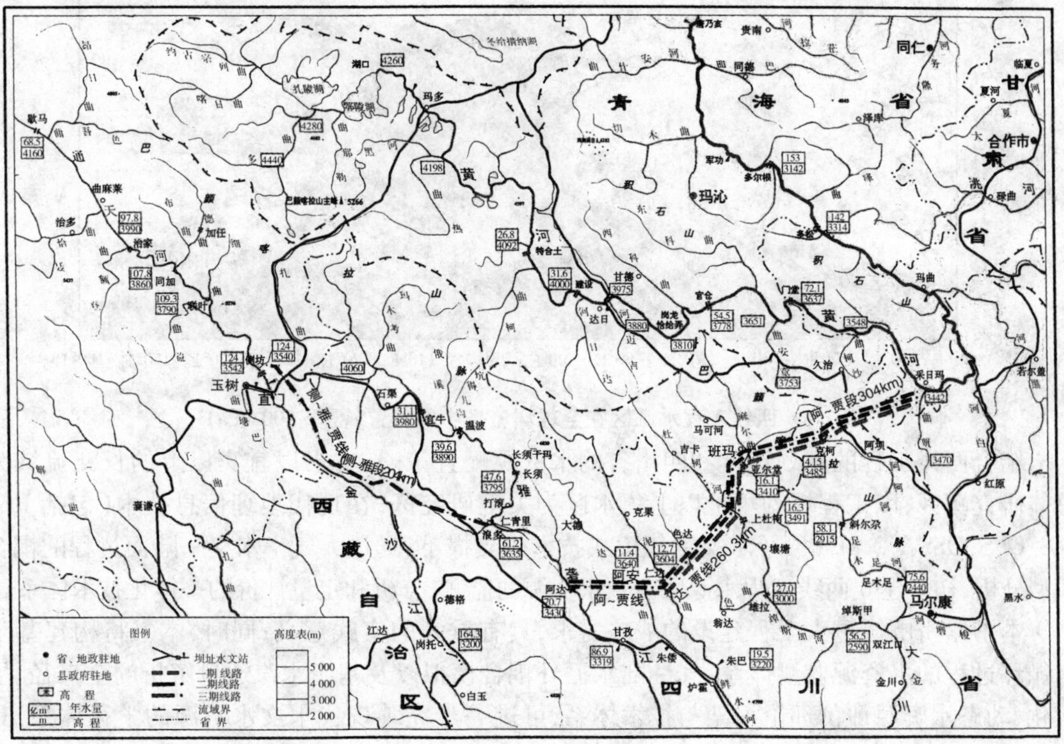

图1-1 南水北调西线工程位置

当前,西线工程正处在项目建议书的编制阶段,水源区的可调水量及工程调水对调出水区的综合影响是本阶段亟待回答的核心问题之一;而回答上述问题的关键就是要对水源区水资源进行科学评价。同时,对水源区水资源进行定量评价也是工程运行调度的重大基础。

1.1.2 研究目的和意义

西线工程水源区位于世界第三极——青藏高原的东麓,是全球变化响应敏感区。受到青藏高原的影响，来自印度洋和南中国海两股暖湿气流在此汇合后，沿着长江流域向东运移，从而使得西线工程水源区成为全球水汽环流场中“大三角”的顶端（见图1-2）。上述环流场的变化，从根本上影响到西线工程水源区的水资源时空分异。与此同时，随着人口的增长和社会经济的发展，西线工程水源区下垫面条件也发生了显著变化，如湿地萎缩、农业用地和城镇用地的急剧增加以及冰川萎缩等，导致区域水循环的产流机制也发生了深刻变化；与此同时，随着西南水电能源基地的建设，河川径流格局也发生了深刻变化。总之，西线工程水源区的水循环具有显著的“自然－人工”二元特征，传统基于径流过程的水资源评价方法难以适应本区需要。

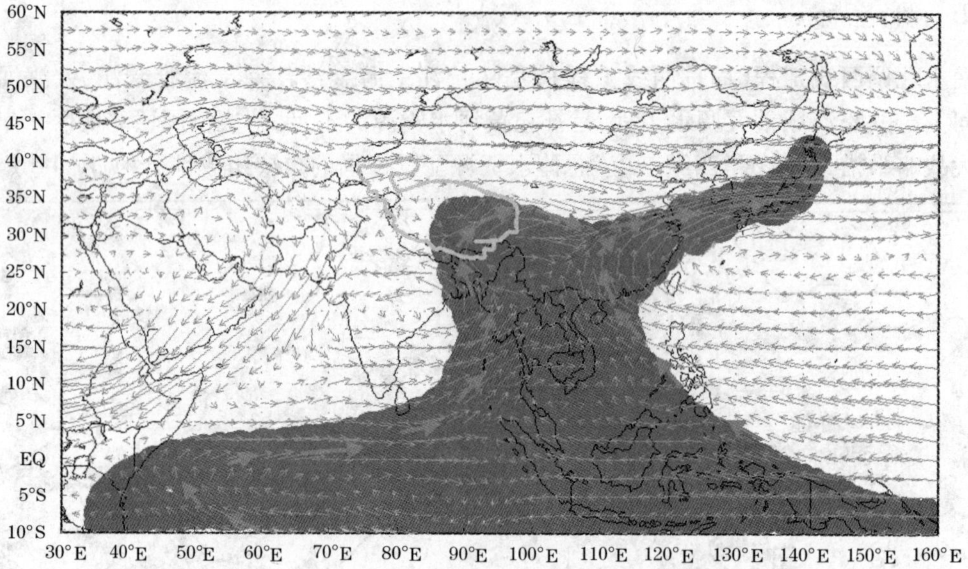

图1-2　西线工程水源区在全球环流场中的位置（夏季500 hPa）

结合西线工程的规划设计和四川省的水资源配置策略，本书以宜宾以上的长江流域为总体研究靶区，以工程规划坝址以上集水区为关键研究区，在现代地理信息技术（包括RS、GIS、GPS、DSS等）和气象－水文数值模式技术的支撑下，通过大气—水文—陆面过程的耦合模型分析，初步建立西线工程水源区有效水资源的监测、分析和定量评价的一体化技术体系。

本书紧密围绕重大工程建设的战略需求，具有重大的实践意义；同时，本书将构建基于水循环过程的水资源监测体系、气－陆水循环耦合模拟以及基于水汽通量解析的全口径、层次化、动态水资源评价理论框架与技术体系，可进一步完善现代水文水资源的学科体系，具有较大的理论意义。

1.2　国内外研究状况及发展趋势

1.2.1　水资源监测与站网优化

1.2.1.1　水资源监测

在我国的资源监测与管理体系中，水资源监测体系与国家的水文监测体系基本相同。

对于水文监测，自新中国成立以来，我国已进行了5次水文站网的规划工作，分别为：①1955年在学习苏联经验的基础上，对大、中、小河流分别采用线的原则、面的原则、站群的原则进行规划；②1964年在原有水文站网收集到的水文资料基础上，用概念性水文模型检验站网规划；③1978年编制了近期（1985年以前）水文站网调整充实规划；④1983～1986年编制出近期（1985～1990年）和远期（1991～2000年）水文站网调整发展规划；⑤2000年，水利部水文局组织开展《全国水文事业发展规划》编制工作，对全国水文站网络进行了全面细致的规划。需要指出的是，1992年，水利部颁发了《水文站网规划技术导则》（SL34—92），作为全国水文规划的技术纲领。

需要指出的是，传统水文监测理念是建立在传统水文学理论基础上的，无论站网布局还是监测方法理念都建立在水的自然属性之上，且将大气水、地表水、地下水按照行业部门职能分工进行割裂监测，监测方法简单，手段单一。随着全球气候变化和人类活动影响的加剧，水资源演变的“自然－人工”二元驱动特性凸现，传统的水资源监测难以满足现代水资源开发、管理与保护的需求，需要在现代水文水资源学科理论和方法的支撑下，充分考虑到水循环的整体性以及水资源的自然、社会、经济、环境、生态等属性特征，以“3S”技术、雷达监测技术、核物理技术、现代通信技术、计算机网络技术等一大批现代科学技术为依托，建立基于水循环的水资源监测系统。

当前，国家正在实施对地观测计划和气候观测计划，整合和优化多部门监测资源，联合参与水循环观测网络，以提高对水循环大气过程、地表过程、土壤过程和地下过程等各个要素过程的立体监测能力，为水资源监控与调配、水旱灾害防治（预测、预报和预警）和救助、水生态建设及其他突发水问题提供实时信息。与此同时，通过水循环观测系统网络建设，获得长期、连续和高质量的水循环过程观测数据，为揭示“自然－人工”二元驱动下水循环演变规律、构建适合中国国情的综合水循环模型提供支撑，促进中国水文水资源理论与技术的整体发展。

1.2.1.2　站网优化

水文分区是水文站网优化的基础，是根据区域气候、水文特征和自然地理条件所划分成的水文单元，主要方法有地理景观法、等值线图法、产流特性分区法、暴雨洪水参数法、流域水文模型参数法、统计分析法和模糊聚类法等。就水文站网的优化方法而言，主要有流域水文模型参数法、卡拉谢夫法、模糊数学法、最优内插法、滤波法和克里格法，美国地质调查局于1974年提出的区域性资料站网分析（NARI）法以及加拿大的方格法和Sharp的拓扑学优化法（陆桂华，2001）。其中，卡拉谢夫法是国内外知名的统计分析方法，在水文站网的规划中得到广泛使用；特别是对于一些平原地区，统计规律比较显著的地区，如加拿大、美国和俄罗斯，采用此种方法的使用效果更好；由于我国的地形起伏较大，适用条件不是很好，该方法的单独使用不是很多，而是要与其他方法进行联合使用。模糊数学法是根据我国西部地区现有站网稀少、无法采用目前湿润区使用的筛选法和数理统计法而提出的，此方法已在四川省的西部地区得到应用。但这些方法均是针对各部门单一设站问题展开的，难以满足多部门联合的水资源立体监测的需要。随着水文模型和现代地理信息技术的发展，有明确物理机制的分布式水文模型应运而生，模型结构揭示了水文现象的动态规律，而模型参数则揭示了流域的水文特征，从而新一代的流域水文模型法成为站网优化布设的新趋势。

1.2.2 降水预测预报

1.2.2.1 降水变化

北半球大陆的大部分中高纬度地区20世纪降水增加了5%～10%，热带(10°N～10°S)增加了2%～3%，而副热带(10°N～30°N)减少了2%～3%。北半球中高纬度地区在20世纪后半部，暴雨的频率增加了2%～4%。这可以由多种原因造成，即大气水汽、雷暴活动和大范围风暴活动的变化。在20世纪(1900～1995年)，全球陆地地区严重旱涝面积有一定增加，在许多地区，这种增加是由年代际和数十年尺度的气候变率造成的，例如ENSO事件正向更多的暖事件变化。在某些地区，如亚洲和非洲部分地区，在最近几十年，干旱的频率和强度增加，这种增加可能与水圈循环的加速有关。在东亚地区，虽然降水量趋于下降或变化不大，但仍有些地方大雨和极端降水事件有所增加(丁一汇，2003)。

在全球气候变化背景下，近50年中国降水变化表明，中国年平均降水量减少，平均10年减少2.9 mm，但在最近10年(1991～2000年)略有增加。华北大部地区、西北东部和东北地区的降水量明显减少，平均10年减少20～40 mm，而华南与西南地区的降水量明显增加，平均10年增加20～60 mm，西北地区西部的降水量也有所增加(王绍武，2002)。1951～1995年，年降水日数有减少趋势，但降水强度呈增加趋势，总体上中国年降水量略有减少，主要减少的地区在华北和江南，江淮流域的降水量则是增加的(王绍武，2002；陈隆勋，1998)。在1953～1997年，我国东、西部降水频率(降水日数)表现为：东部除华南外降水频率普遍趋于减少，西部趋于增多。降水日数增多和减少趋势的分界线大约在105°E。西北降水频率的增多最为显著，普遍超过(5%～10%)/10年，但东部的长江中下游、江淮地区、华北和东北南部等地降水频率减少趋势为(5%～10%)/10年(王守荣，2003)。瞿盘茂等研究了1951～1999年中国不同地区年降水量的线性变化趋势，指出中国西部降水量增长趋势明显，其中西北更为显著，但西南一些地区降水量趋于减少。东部降水变化趋势的区域性差异较大。

王可丽等研究表明，长江源区的降水在近50年的长期变化趋势不明显，但最近10年长江源区的降水有明显增加的趋势(王可丽，2006)。陈芳等的研究指出，长江源区冬、春、秋季降水量呈现出增加趋势，春季增幅最大，但降水量的增加集中在冬季，冬季变化趋势明显，通过0.02信度的显著性水平检验；夏季及年降水量呈微弱减少趋势，进入21世纪后又表现出增加的趋势；源区年降水量的增幅，自南向北、从东到西、随海拔高度的降低而增大，地形作用对年降水量增幅的影响大小依次为纬度、海拔高度和经度(陈芳，2007)。

相关研究发现，20世纪60～70年代中国降水偏少，80年代开始，西北、东北以及长江中下游地区降水增加，90年代以后长江以南地区夏季降水增加明显，而华北、东北地区夏季降水则显著减少(王遵娅，2004；陈隆勋，2004)。赵平等研究指出，在全球气候变暖的背景下，近40年我国东部年降水量呈现出"南涝北旱"的变化特征(赵平，2006)。李跃凤等比较了20世纪60年代与90年代我国降水的差异，指出在60年代长江流域异常少雨，而90年代降水明显偏多(李跃凤，2003)。周连童等的研究也表明，我国在1976年前后发生了一次明显的气候跃变，1977～2000年夏季长江流域降水明显增加，而华北地区和黄河流域夏季降水明显减少，出现严重干旱(周连童，2003)。

1.2.2.2 降水预测

目前,世界上许多科学家使用了35年全球气候模式,在6种代表性温室气体排放情景下,预测了未来50~100年的全球气候变化(IPCC,2001)。预测结果表明,21世纪全球平均降水将会增加,尤其是北半球中高纬地区,但大部分年平均降水增加的趋势很可能同时出现大的年际变化。这意味着降水将有更大的变幅,亚洲夏季风降水变率将增加,同时降水的极值也将比平均值增加更大,降水事件的强度也将增加。亚洲季风区降水变化也很明显,在只考虑温室气体增加的影响时,夏季亚洲季风区的降水在未来50~100年有增加的趋势,而当温室气体和气溶胶的增长都包括在其中时(使亚洲的气溶胶增加较大),亚洲季风区的降水减少;而冬季亚洲季风区的降水,在只考虑温室气体增加时和既考虑温室气体增加又考虑硫化物气溶胶共同增加时,预测结果表明,呈减少的趋势。

未来100年我国年平均降水将呈增加趋势,我国不少地区年平均降水也出现增加趋势,东南沿海增加值最大。华北和东北南部等一些地区出现由降水减少转变为干湿交替现象,变幅加大,但就平均而言,未来有降水增加的趋势。各个分区比较,西北地区降水增加的趋势明显,增加的数值一般在20%以上,最大为甘肃省,增加率为31%;西北地区平均的增加率为25%。相对于西北地区,西南地区降水的增加率较低,最少的云南省只有6%,区域平均的增加率为16%。总体说来,温室气体增加会使西部地区气候向暖湿方向发展,其中以西北尤甚(丁一汇,2003)。

"中国气候变化研究"项目组采用了DKPZ、NCAR(CCMOA)、GFDL和UKMO 4个气候模式模拟了2020年和2050年中国气温和降水温室效应气候变化情景,并作了综合预测,用中国区域气候模式作了CO_2倍增时中国区域气候变化的情景预测,指出对于降水的变化,西藏地区和西南降水增加较多,东北地区降水增加次之,中南和华东地区降水减少变旱。中国地区,降水增加0.7 mm/d(20%),用IPCC的IS92a情景,预测CO_2增加,在2020年和2050年中国降水增加分别为0.17 mm/d(4.87%)和0.36 mm/d(10.56%),西南、青藏高原、华南、西北和华北地区既增温又增加降水(王守荣,2003)。

1.2.3 气候水文模拟

1.2.3.1 区域气候模拟

自20世纪50年代24小时的数值天气预报取得成功以后,科学家们继续致力于实现预报时效更长的数值天气预报。随着中期数值天气预报的成功,通过改善中期数值预报模式性能(延长模式,即动力学延伸预报方法)来实现月时间尺度的气候数值预测成为大气模式研究关注的重点之一。自20世纪80年代末期Giorgi、Bate、Dickenson等成功地进行区域气候数值模拟试验以来,区域气候模式(RegCM)得到不断发展,在经历了初期的调试发展后,通过开展RMIP(亚洲区域模式比较计划)、PIRCS(北美地区区域模式比较计划)、ARCMIP(北极区域气候模式比较)等一系列比较计划的校验,正逐步走上实用阶段。当前,区域气候模式广泛应用于气候模拟(现在和未来)、极端气候事件模拟分析和物理过程模拟研究等方面。在短期气候数值预测领域,我国科学家也取得了突出的成果。如在跨季度的降水预测方面,中国科学院大气物理研究所(IAP)研制的二层大气和四层海洋模式,有一系列独创,并已进行了多年的业务试验;国家气候中心建立了T219月动力延伸预报模式并已投入业务试运行。但由于国外在本领域的理论和技术研究开展较早,且有大气探测预测理论和方法与计算机等综合条件上的优势,在气候数值模式的改进、集合、预报等方面取得了较大的进展,我国在此方面总体上还是落后于发达国家。

随着大气模式分辨率逐步提高,如欧洲中期预报中心的业务用谱模式经历了 T42、T63、T106、T213 直至现在的 T639 的过程,模式物理过程的描述也不断深化、细化,从间接描写向部分直接描述,并包含越来越多的中小尺度过程。目前,大部分区域气候模式都采用了数字天气预报模式的动力框架,如美国国家大气研究中心(NCAR)的第三代区域气候模式(RegCM3)、意大利国际理论物理中心区域气候模式(RegCM - ICTP)、中国气象局国家气候中心区域气候模式(RegCM - NCC)、西北太平洋国家实验室区域气候模式(PNNL - RCM)、中国科学院大气物理研究所区域环境集成模式(RIEMS)均采用 PSU 和 NCAR 的中尺度数字天气预报模式 MM4/MM5 的动力学框架,使得区域气候模式较之全球环流模式更显其动力连续的特性,物理过程也更为详细。此外,同化技术被应用到模式中, 从最初的客观分析、最优插值三维同化,发展到四维同化;集合预报方法的提出和发展,从蒙特卡罗(Monte Carlo)法、时间滞后平均法, 到增长模繁育法和奇异向量法, 从单模式集合到多模式集合。总的来说, 模式分辨率越来越细, 模式包含过程越来越广, 集合成员也越来越多, 模式计算量也越来越大。

经过上述努力, 月尺度气候数值预测试验的效果显著提高。然而,最近 10 年的进展却相当缓慢, 现有模式进步所取得的预报效果的改善,还主要是 10 年前的贡献;月动力延伸预报的水平仍然达不到业务化要求的水平。

综观国内外气候模式发展,当前主要存在以下缺陷和问题:①模式分辨率的过分细化对气候过程描述帮助不大;②关于数值误差对气候模式影响的研究不够;③对大气外源作用的表示研究不足;④将气候数值预测提为初值问题影响了资料的使用。未来应重点开展以下几个方面的研究工作:①改进短期气候数值预测的思路;②气候系统中稳定分量的确定和模拟;③气候数值模拟和预测的数学理论;④改进气候模式中对海洋环流层、陆地活动层和冰雪圈的描述;⑤充分利用已知的物理规律和实况资料。

1.2.3.2 分布式水循环模拟

水文模型的发展在全球范围内大致经历了三个阶段:

(1)20 世纪 50 ~60 年代,流域水文模型以"黑箱子"模型(又称系统模型)为主。该类模型不对流域自身及其水文循环的物理过程进行具体描述,而将流域看做一个"黑箱子",采用系统分析的方法直接建立气象输入和径流的关系,通过模型参数间接反映流域下垫面特性。"黑箱子"模型的通用性和外延性较差,不适用于下垫面变化条件下的水循环模拟。典型的"黑箱子"模型有 Nash 单位线模型、TLR 模型、LRM 模型、约束线性系统模型和 ANN 模型等。

(2)20 世纪 60 年代以来,流域水文模型进入到集总式概念模型即"灰箱"模型的开发阶段。概念性模型以流域实际水文循环和质量守恒方程作为基础,使用一系列相互联系的存储单元来模拟流域上发生的水文过程。概念性模型一般考虑了水循环的基本垂直结构,部分模型考虑了水平方向的非均匀性。这些概念集总式"灰箱"模型尚无法给出水文变量在流域内的分布。代表性的概念性模型有 Stanford 模型、HEC - 1 模型、水箱模型、TANK 模型、新安江模型/陕北模型、萨克拉门托模型和 ARNO 模型等。

(3)随着下垫面和气候变化条件下及缺乏资料地区的水文模拟和预测这一实践需求的

提出，人类亟待开发具有物理机制的水循环模拟模型。1969 年，Freeze 和 Harlan 提出了一个具有严格物理基础的流域水文模型的“蓝图”（简称 FH69 蓝图）。进入 20 世纪 80 年代中期，随着计算机技术、地理信息系统和遥感技术的发展，世界各地的水文学家开发了许多分布式或半分布式流域水文模型。在美国及加拿大常用的模型有 HSPF 模型、HEC – HMS 模型等，欧洲国家比较知名的模型有 SHE/MIKESHE 模型和 TOPMODEL 模型等，日本有广泛影响的模型有如小尻模型、OHYMOS 模型、IISDHM 模型、WEP 模型等。这类模型从水循环过程的物理机制入手，将产汇流、土壤水运动、地下水运动及蒸发过程等联系起来一起研究并考虑水文变量的空间变异性问题，通常称“白箱”模型。

当前，国内外的分布式水循环模拟正广泛融合现代地理信息技术（GIS、RS、GPS 等）、数据快速存取与挖掘技术、计算机算法优化技术、组件式编程技术等的新进展。随着这些新技术的引入，一方面克服了长期以来制约分布式水文模拟发展的众多障碍，如流域划分与编码、汇流路径的精确刻画、基础数据的空间化处理、基础数据实时获取与动态更新等；另一方面，这些新技术的引入，不但革新了传统分布式水文模拟技术的数据获取方式，提高了基础数据对模型的满足程度，促进了模拟策略的完善，从而全面提升了分布式水文模拟的模拟精度和模拟效率；此外，这些新技术的引入，还进一步丰富了分布式水文模拟的内容和实践应用价值，如当前的一些分布式水文模型，不但可以模拟经典天然水循环要素过程，还可以同时模拟水沙过程、水质变化过程以及水生态演变过程，大大提升了分布式水文模拟的应用领域。

综观国内外分布式水循环模拟技术的研究进展，在研究和推广中尚存在以下问题：①大尺度流域水循环过程的物理概化及整体模拟。当前，国内外的绝大多数分布式水循环模拟都是基于中小尺度流域开发的；然而，随着流域统一管理进程的快速发展，迫切需要对大尺度流域的水循环及其伴生过程进行统一模拟。由于水循环机理/机制具有时空分异的特性，给大尺度流域水循环过程的物理概化和整体模拟提出严峻的挑战。②天然水循环过程与人工侧支水循环过程的耦合模拟。随着人类对流域水循环过程影响程度的加深，人工侧支水循环对整个水循环过程的影响十分显著，传统基于天然水循环过程的分布式水文模拟已不能系统揭示流域水循环的演变规律及特性，迫切需要进行天然水循环过程与人工侧支水循环过程的耦合模拟；然而，就人工侧支水循环的各要素过程而言，其具有比天然水循环更大的不确定性，客观、精细描述人工侧支水循环各要素过程的空间分异特征十分困难。③不同尺度水文参数及过程的时空分异的有效描述。在不同的时空尺度上水文参数及过程均具有时空分异特征，在现实模拟中，不可能对所有的这些特征进行精细描述，如何在模拟结果误差的要求范围进行有效、客观描述，是当前分布式水循环模拟中亟待解决的重大问题之一。④极端水文事件的快速响应与精确预测、分析。随着人类活动影响的加剧，极端水文事件发生频率在逐渐增加，且这些事件给人类造成了极大的危害。为减少极端水文事件所带来的灾害与损失，需要在水循环模拟中做出快速反应。在当前国内外水循环模拟中，针对时间步长大于或等于一日的水循环模拟精度较高，对于小于该时间尺度的水循环模拟，精度往往难以达到实践需求。由于要进行小尺度的精细模拟，一方面需要对水文过程做更为细致的物理概化，另一方面需要更为翔实的基础资料，这就形成了当前在分布式水循环模拟中悬而未决的重大实践需求问题之一。⑤尺度转换问题。由于不同生产实践活动对水循环模拟的要求不同，在现实中往往要进行水循环模拟的尺度转换，这就需要在水循环模拟分析中，不但要求采用“变时间步长”和“变空间步长”相结合的模拟技术,还应该保证不同步长模拟结果的一致性。⑥水文过程及其伴生过程的综合/耦合模拟。水文过程、水生态过程与水环境过程往往是交织在一起的,在进行综合水管理中,需要对这些过程进行统一模拟;然而,这些过程在时空表征上均存在巨大的差异,这就使得水文过程及其伴生过程的综合模拟存在较大的困难。⑦参数获取及实时更新问题。分布式水循环模拟是以海量水文及相关下垫面表征信息为基础的,然而在实践中,受到管理体制和机制的限制,要获得实时的相关表征参数十分困难。尽管随着现代地理信息技术的发展,使得这一问题得到缓解,但仍存在大量不通过上述技术获取的参数,因此这一问题还将在一定的时间内长期存在。除此之外,还存在诸如尺度匹配、模型校验、在推广中对管理人员的专业技能要求较高等方面的实际问题。

当前,国际上分布式流域水循环模拟技术存在如下发展趋势:①气象-水文过程的耦合模拟。将现代气象和水文观测技术相结合,将气候模式与水文模型相耦合,对突发水文事件进行高精度的模拟与预报。②无观测资料或观测资料缺乏的流域水文预测(PUBs)。充分利用遥测技术,对上述地区进行水文预报。③水文及其伴生过程的耦合模拟,与水资源评价、水污染和水生态等专业模型的耦合及集成。④水循环模拟模型的公众化、标准化与产品化,固化水循环模拟的前处理和后处理过程,最大限度地降低水循环模拟模型对用户的专业需求,促进水循环模拟模型的公众化、标准化与产品化,充分发挥水循环模拟模型的效益。

1.2.3.3 气候-水文耦合模拟

根据水循环过程发生及演变的载体和动力学机制,可将其划分为大气过程、地表过程、土壤过程和地下过程。由于学科研究对象和分工的不同,传统气象和气候学重点关注水循环的大气过程,水文学重点关注水循环的地表过程,农学和水文地质学则分别关注水循环的土壤过程和地下过程。在没有进行多学科交叉研究的情况下,上述研究范式在一定程度上割裂了水循环的整体性特征;难以系统识别自然和日趋增强人类活动影响下的水循环演变机理,对其未来发展情势的预测预报精度和预见期也难以满足实践需求。为此,需要在统一物理机制下,进行多学科的交叉研究,将水循环的四个基本过程进行整体分析模拟。气候-水文耦合模拟是满足上述实践需求的集中体现,也是当前国内外在资源和环境研究领域的热点和前沿研究问题之一。世界气候研究计划(WCRP)及其下属的气候变率和可预报研究(CLIVAR)、全球能量与水循环试验计划(GEW2EX)、国际地圈生物圈计划(IGBP)下的水循环生物圈方面(BAHC)等大型国际研究计划,都对本命题的相关研究进行较为详细的部署。综观国内外气候-水文耦合模拟,可划分为离线耦合模式(Off-line Coupling)和在线耦合模式(On-line Coupling)两类。

离线耦合模式,又称单向耦合模式;即分别构建研究区的气候模型和水文模型,并进行独立校验;将气候模型输出的气温、降水、风速、日照、水气压等气象信息作为水文模型的输入,驱动水文模型。离线耦合模式不需要对已有气候模型和水文模型的主体模块进行改造,开发任务较轻,对开发人员就气候、水文原理掌握和灵活运用的要求也相对较低,是气候-水文耦合模拟研究早期的主要开发范式,但离线耦合模式含有多套水循环的物理机制,未能从根本上整合水循环的四个基本过程,也未能从根本上突破传统单学科的研究范式;与此同时,对同一要素过程(如蒸发)含有多套模拟结果,且不能进行相互校验。需要特别指出的是,由于在离线耦合模式中,区域下垫面条件和陆面产流信息不能及时反馈到大气过程的模拟之中,难以评判下垫面条件改变、水资源开发利用等人类活动对区域气候影响的动力学机制，不能满足面向全球气候变化适应性对策制定和人类水土开发资源综合调控的实践需求。

在线耦合模式，又称双向耦合模式；即在统一的物理机制下，将水循环的四个基本过程进行整体模拟，过程与过程进行参数的相互传递与反馈。气候学和水文水资源学均具有较为完备的模型体系，且绝大多数模型均采用了模块化的开发模式；为此，在进行气候－水文模式的耦合的开发中，结合模型开发需求，充分发挥不同模型在要素过程模拟方面的优势，共享气候、水文水资源模拟成果。Pietroniro 曾提出气候－水文在线耦合模拟的概念性框架：利用一个共同的陆面模式耦合大气模式和水文模式，加强大气模式对陆面过程的描述，改善水文模式预报能力，为大气模式提供更精确的水分能量输入；并利用不同层次多级嵌套，实现大气模式和水文模式的双向耦合，然后对两个模式分别进行率定。MÊlders 等较早地开展了大气水文模式的双向耦合。他们开发了一个陆面模块用于耦合气候模式 GESIMA 和水文模式 NASMO，模拟闭合水文循环过程。通过在大气模式 5 km ×5 km 网格内考虑 1 km 分辨率的水文模式单元，解决大气模式和水文模式的空间尺度不一致问题。对于径流和土壤湿度等参数的尺度采用网格平均算法来实现。研究考虑了次网格尺度陆面过程对云和降水等气候要素的影响。Seuffert 等在中尺度气候模式（Lokal Model，LM）和陆面－水文模式 TOPLATS（“TOPMODEL”－Based Land Surface－Atmosphere Transfer Scheme）双向耦合研究中，利用 TOPLATS 取代了 LM 中的 TERRA 土壤模块，后者未考虑土壤侧向水流及汇流过程，在同一个交互界面上实现两个模式的在线（on－line）耦合。Yu 等利用 GENESIS GCM 中陆面模块 LSX 输出的产流量、蒸散发、下渗量驱动建立在细网格上的大尺度分布式水文模式 HMS，显示模拟地表水、土壤水和地下水相互作用过程，并采用基于土壤含水量的方法解决尺度转换问题，实现粗网格大气（陆面）模式与细网格水文模式的耦合，其中的大气模块可以是 GCM、RCM 或者实测和再分析气候数据库，耦合系统在多个流域取得了成功的应用。上述研究针对不同模式的结构特点，围绕尺度问题和陆面－水文模式间水量平衡机制的耦合方法，有效地开展了大气水文模式双向耦合研究。

气－陆耦合模式发展中存在以下问题：

（1）时空尺度匹配问题。由于气候模式中的时间步长一般都在几十秒到几分钟不等，而水文模型的时间步长通常在几小时到日甚至月尺度；在空间上，气候模式属于大尺度范畴，通常都采用几千米到几十千米的网格，而水文模型属于流域尺度，网格过大，会导致土壤植被以及地形等参数的空间异质性消失，从而影响对水循环过程物理机制描述的准确性。如何解决气候模式和水文模型的时空尺度不匹配，是实现耦合模式的一个关键性问题。对时间尺度的处理相对较容易，可以用数学统计的方法分别将大气和水文模型的模拟结果解集到相同的尺度，而实现大气过程和水文过程模拟结果之间的传送过程。对于空间步长的转换，可以通过粗分辨率嵌套细分辨率网格来实现，从而解决大气模式与水文模型空间尺度不统一的问题，但对模式分辨率的降低涉及到目前计算机的运算能力问题，由于气候模式的结构复杂，即便是对流域尺度进行的模拟计算也要花费较长时间，所以还需要进一步的研究，以真正解决大气和水文耦合中的尺度转换问题。

（2）次网格非均匀性问题。由于大气过程的高度非线性特征，使得气候模式的空间尺度不能达到足够的精度，从而不能充分反映陆面次网格空间异质性的特征。地形、土壤、植被等要素直接影响地表水文过程的模拟精度和效果，因而在进行气－陆耦合时有必要考虑次网格的非均匀性问题。目前，处理次网格非均匀性问题常用方法是马赛克法和统计－动力学法(夏军等,2006)。马赛克法已在目前的 GCMs 和 RCMs 中得到应用,能够简单高效地处理一个网格单元内不同陆面特征,但它不能处理网格内大气输入的空间变异对地表水文过程的影响(牛国跃等,1997)。统计-动力学法是通过采用概率密度函数(PDF)来表达各参数的空间变化,它考虑了陆面特征的空间异质性,但它存在的问题是需要各类陆面特征参数并需要对其协方差的 PDF 进行积分,从而造成系统计算量过大。

(3)参数不确定性问题。真正意义上的气陆耦合模式,需要陆面水文模型能够反映完整闭合的水循环过程,这就要求水循环过程具有良好物理机制的描述,从而在陆面水文模型中引入大量的物理参数,而这些参数大多难以率定,导致计算困难。所以在开发气陆耦合系统时,不仅需要考虑对水文过程的物理机制描述的准确性,还要求引入的参数具备可计算性。这就使得传统的分布式水文模型在气陆耦合系统中的应用较难以开展,需要对其参数率定的同时,减小由参数不确定性带来的整体误差。

(4)高新技术的应用。气候水文模型的发展需要遥感技术、地理信息系统、四维数据同化技术以及计算机技术的有力支持。利用 RS 和 GIS 等技术提供准确的地质、地貌、土壤类型、植被覆盖、土地利用等下垫面信息(夏军等,2002),为模式提供可靠的下边界条件。通过四维数据同化技术,为模式提供更精确的初始侧边界驱动场。这些高新技术的发展,为气候水文模型的耦合提供了重要的技术支撑。

1.2.4 水资源定量评价

水资源评价是进行水资源综合管理与调控的关键基础,联合国教科文组织(UNESCO)和世界气象组织(WMO)1988 年在《水资源评价活动——国家评价手册》中指出:水资源评价是指对资源的来源、范围、可依赖程度和质量进行确定,据此评价水资源利用和控制可能性。《中国资源科学百科全书·水资源学》中指出水资源评价是按流域或地区对水资源的数量、质量、时空分布特征和开发利用条件做出全面的分析估价,是水资源规划、开发、利用、保护和管理的基础工作,为国民经济和社会发展提供水决策依据。从 19 世纪中叶至今,国际水资源评价经过了水文观测资料整理、水资源分区评价和供需分析及预测 3 个阶段;我国水资源评价在 1963 年完成全国水文资料整编后,分别于 1980 年和 2001 年开展了全国第一次和第二次水资源评价工作(见图 1-3)。

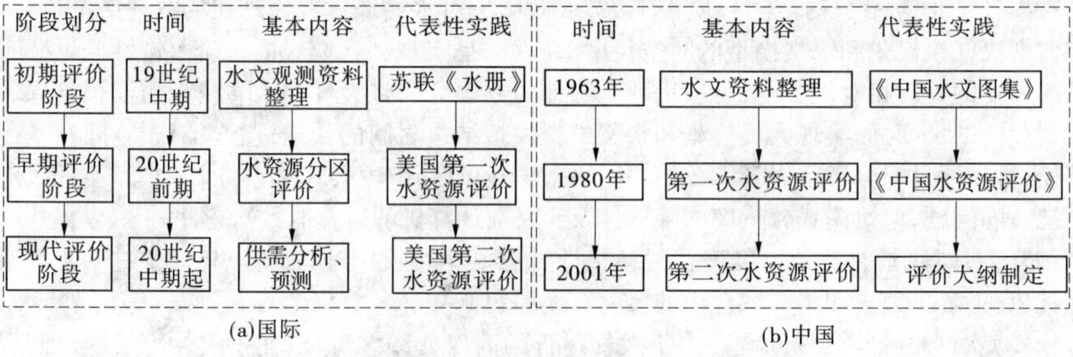

图 1-3 国内外水资源评价发展

综观国际组织和有关国家的水资源评价,具有以下 4 个方面的特征:①以径流性水资源为基本评价口径;②以静态天然水资源量为主要评价目标;③以分离式评价为基本评价模式;④以分区集总式评价为主要手段(见表1-1)。

表1-1　国内外水资源评价方法对比

对比项	UNESCO	美国	俄罗斯	英国	日本	中国
评价对象	河川径流量;地下水资源	河川径流量	河川径流量;地下水动态	河川径流量;地下水动态	水资源赋存量(理论最大可利用量)	地表水和地下水,目前开始评价国民经济可利用量
评价模式	水质/水量分离;地表/地下分离	水质/水量分离;单一地表水评价	水质/水量分离;单一地表水评价	水质/水量分离;单一地表水评价	水质/水量分离;地表/地下分离	分离评价模式,未涉及效用评价
评价手段	实测汇总;提出模型开发	实测汇总	观测信息;登记与调查统计	监测信息;统计与调查统计	实测汇总;水收支分析,提出模型开发	以“实测—还原—汇总”为基本过程,含经验成分
时空—空间	流域	行政区或流域				流域套行政区
时空—时间	年					
人类活动影响处理方式	还原方法	还原方法;提出一致性处理	还原方法	还原方法	还原方法	不能考虑单项人类活动影响,还原;一致性处理

当前水资源评价方法主要存在的问题是:①评价口径过于狭窄,难以全面反映资源的多元有效性;②一元静态评价方法难以获取二元驱动下的水资源系列“真值”;③分离评价模式难以适应水资源综合规划需求;④分区集总式评价难以描述水资源的分布式演化过程,评价结果也难以满足分布式开发利用实践需求;⑤缺乏统一的定量评价手段。

在国家“十五”科技攻关项目课题“黑河流域水资源调配管理信息系统”和国家重大基础发展计划(973)项目课题“黄河流域水资源演变机理与二元演化模型”研究中,中国水利水电科学研究院以“自然-人工”二元水循环理论为指导,以二元水循环模拟模型为关键技术支撑,从水资源的自然、社会、经济、生态与环境属性出发,按照有效性、可控性、可再生性的评价准则,提出了全口径、层次化、动态的水资源评价方法体系;实现了地表水与地下水的联合评价和水质水量的联合评价。但在该评价理论中,对水循环大气过程的评价稍嫌不足。

1.3　研究目标与研究内容

1.3.1　研究目标

本书研究的总体目标是:面向南水北调西线工程亟待对其水源区在不同时间域上的有

效水资源进行定量评价的重大国家需求，初步建立南水北调西线工程水源区有效水资源定量评价系统。

具体目标为："提出一套方案，构建三种技术，初步建成一个系统"，即：

(1)提出南水北调西线工程水源区大气－水文综合立体观测网络优化设计方案。

(2)构建南水北调西线工程水源区中尺度区域嵌套模式与区域气候模式降水预测技术。

(3)构建南水北调西线工程水源区产流过程的大气－水文综合分析模拟技术。

(4)构建南水北调西线工程水源区有效水资源定量评价技术。

(5)在上述分项研究基础上，初步建成南水北调西线工程水源区有效水资源的定量评价系统。

1.3.2 研究内容

本书将在分析南水北调西线工程水源区内水资源监测资料信息基础上，结合南水北调西线工程设计建设及运营调度的具体需求，提出西线工程水源区空中、地表水资源立体监测分析及监测系统优化设计方案；研究西线工程水源区降水及产流年际变化特征及其演变趋势，并在要素过程的立体监测资料分析和系统模拟的基础上，剖析南水北调西线工程水源区水资源变化及其未来变化趋势成因，并构建水源区月、季、年时间尺度的降水预测技术；通过对分布式水文模型 WEP 的优化，耦合气－陆水循环要素过程，剖析水源区产流的演变规律和影响因子，并构建水源区产流模拟技术；从水循环的要素过程和资源的有效性出发，构建全口径、层次化的水资源定量评价技术。

将上述四个方面的研究成果进行集成，初步建立南水北调西线调水工程水源区有效水资源定量评价系统。本书研究内容之间的逻辑关系如图 1-4 所示。

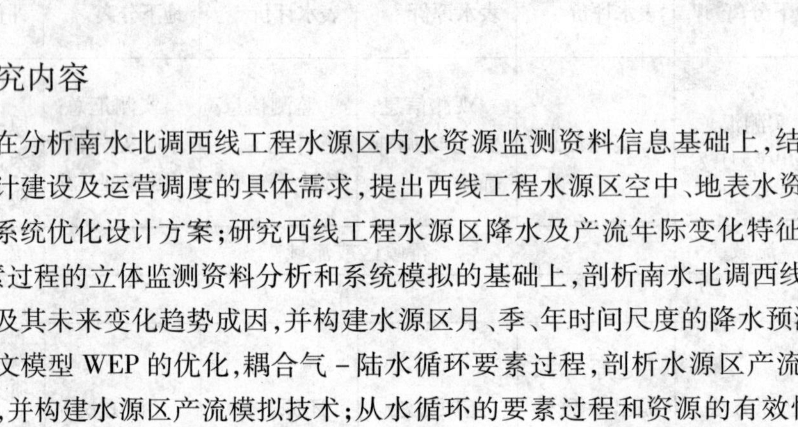

图 1-4 本书研究内容逻辑关系

1.4 技术路线

本书将在现代气象学、水文学、水资源学理论的支撑下，依托现代地理信息技术，在相关前期工作及野外踏勘调查与室内分析集成的基础上完成，其技术路线如图 1-5 所示。

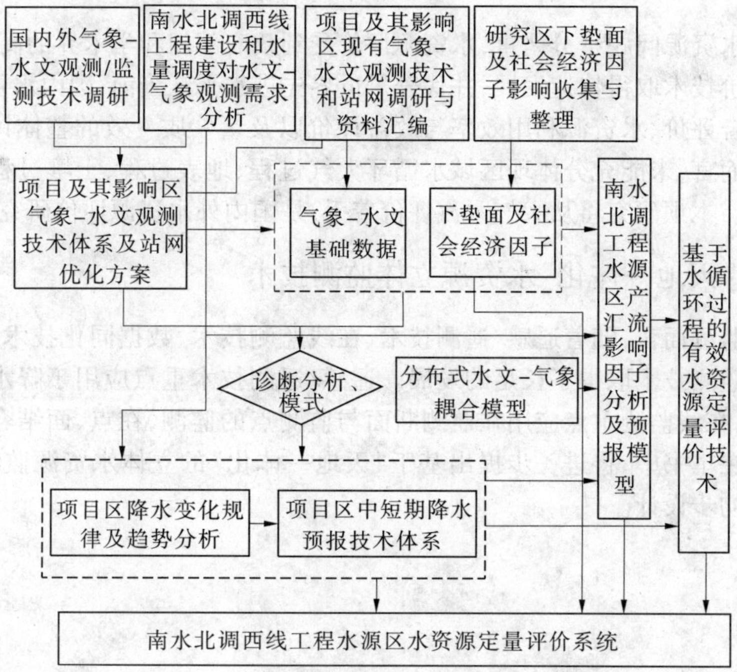

图 1-5　本书技术路线

本研究的总体技术方案是：在“自然－人工”二元水循环演变理论指导下，提出“天地一体化”立体水资源监测方案，并构建物理机制统一的区域水循环气－陆耦合模型，实现水循环的大气过程、地表过程、土壤过程和地下过程的整体模拟和动态监测；并以此为支撑，构建基于气－陆耦合模式的水资源评价技术；以大气水汽通量评价为基础，进行全口径、层次化、动态水资源评价，系统识别区域水资源演变规律及其动力学机制；并在此基础上，形成区域有效水资源的定量评价平台。

1.5　拟解决的关键科学问题暨创新点

本书主要包括水循环气－陆耦合模型、基于气－陆耦合模式的水资源定量评价技术和区域“天地一体化”水资源立体监测技术三个关键科学问题。

1.5.1　水循环气－陆耦合模型

水循环气－陆耦合模拟是水文水资源研究领域的热点和前沿问题。从国内外相关同类研究来看，大多数研究采用的是单向松散耦合的研究模式，即将大气模式的输出作为水文模型的输入，未能真正实现水循环大气过程、地表过程、土壤过程和地下过程的统一模拟。在本书中，将在对大气模型和分布式水循环模拟模型的基础上，通过气－陆耦合模型的整体开发和多尺度嵌套模拟，初步实现整体水循环过程的模拟。

1.5.2 基于气－陆耦合模式的水资源定量评价技术

由于中国水资源问题十分严重，水资源评价受到政府部门和学术界的高度重视，近年来我国水资源评价技术取得快速发展，并代表了世界先进水平。当前，国内水资源评价逐渐开始水质水量联合评价、水资源利用效率与效益评价以及量－质－效的整体评价。但仅对水资源数量评价而言，未能充分体现区域水循环大气过程、地表过程、土壤过程和地下过程的整体有机统一。本项研究将从大气水汽评价着手，是国内外水资源评价研究的新进展。

1.5.3 区域"天地一体化"水资源立体监测技术

对水资源监测而言，随着遥感/遥测技术、在线监测技术、数据同化技术等的快速发展，近年来水资源监测技术取得了长足的发展。遥感/遥测技术重点应用于降水、土壤墒情、地表水质的监测；在线监测重点应用在监测断面与监测点的监测，在点、面结合监测方面取得了快速发展。在本书中，将进一步提出基于"天地一体化"的立体水资源监测模式，并进行了监测方案的初步设计。

第2章 南水北调西线工程及水源区概况

2.1 南水北调西线工程规划及水源区界定

2.1.1 工程规划概况

南水北调西线工程是国家缓解黄河流域水资源短缺的重大战略工程,但由于黄河流域的水问题十分复杂,科学确立工程供水对象和范围,充分发挥工程调水的经济社会效益和生态与环境效益,成为工程规划设计的首要难题;工程位于青藏高原东部,高寒气候和复杂的工程地质条件,给工程勘测设计与建设带来了前所未有的困难;与此同时,西线工程水源区位于长江源头地区,工程建设和运行对长江上游地区综合影响的界定也十分复杂。受到上述三个层面的影响,使得西线工程规划设计及有关前期工作十分复杂、繁重。西线工程研究始于1952年,至今已有50多年。按照水利部和国家发展和改革委员会(原国家计委)的统一部署,黄河水利委员会组织开展了西线工程超前期规划研究工作,并于1996年完成了《南水北调西线工程规划研究综合报告》。遵照水利部的部署,1996年下半年正式进入规划阶段;2001年,黄河水利委员会组织完成了《南水北调西线工程规划纲要及第一期工程规划》(简称01方案),并得到国务院的批准。当前,西线工程进入到项目建议书的编制阶段。

根据《南水北调西线工程规划纲要及第一期工程规划》,西线工程总调水规模为170亿 m^3,分别从通天河、雅砻江和大渡河调水80亿 m^3、65亿 m^3 和25亿 m^3 入黄河(贾曲),总调水量为170亿 m^3。调水线路为:雅砻江、大渡河上游支流达曲—贾曲联合自流线路,线路长260 km;雅砻江阿达—贾曲自流线路,线路长304 km;通天河侧坊—雅砻江—贾曲自流线路,线路长508 km。工程将分三期实施,第一期工程从大渡河、雅砻江上游6条支流调水40亿 m^3;二期工程从雅砻江干流调水50亿 m^3;三期工程从通天河调水80亿 m^3。取水坝址及引水河段见图2-1。

2005年,水利部在综合考虑调水影响及工程规模等因素的情况下,根据项目建议书阶段的初步成果,将第一期(调水40亿 m^3)、第二期(调水50亿 m^3)工程规划合并进行研究,合并后仍称之为西线第一期工程,为了不影响规模效益和经济合理性,初步确定一期与二期的总调水规模为80亿 m^3(简称05方案)。同时,综合考虑藏区文化、搬迁及移民安置和河谷土地资源稀缺等特点,对取水口也做了适当调整,将玛柯河坝址由贡杰调整到班玛县城上游约9 km处的霍那,将雅砻江干流坝址由阿达调整到上游的阿巴。

南水北调西线第一期工程调水方案(05方案)与引水坝址基本情况分别见图2-2和表2-1。

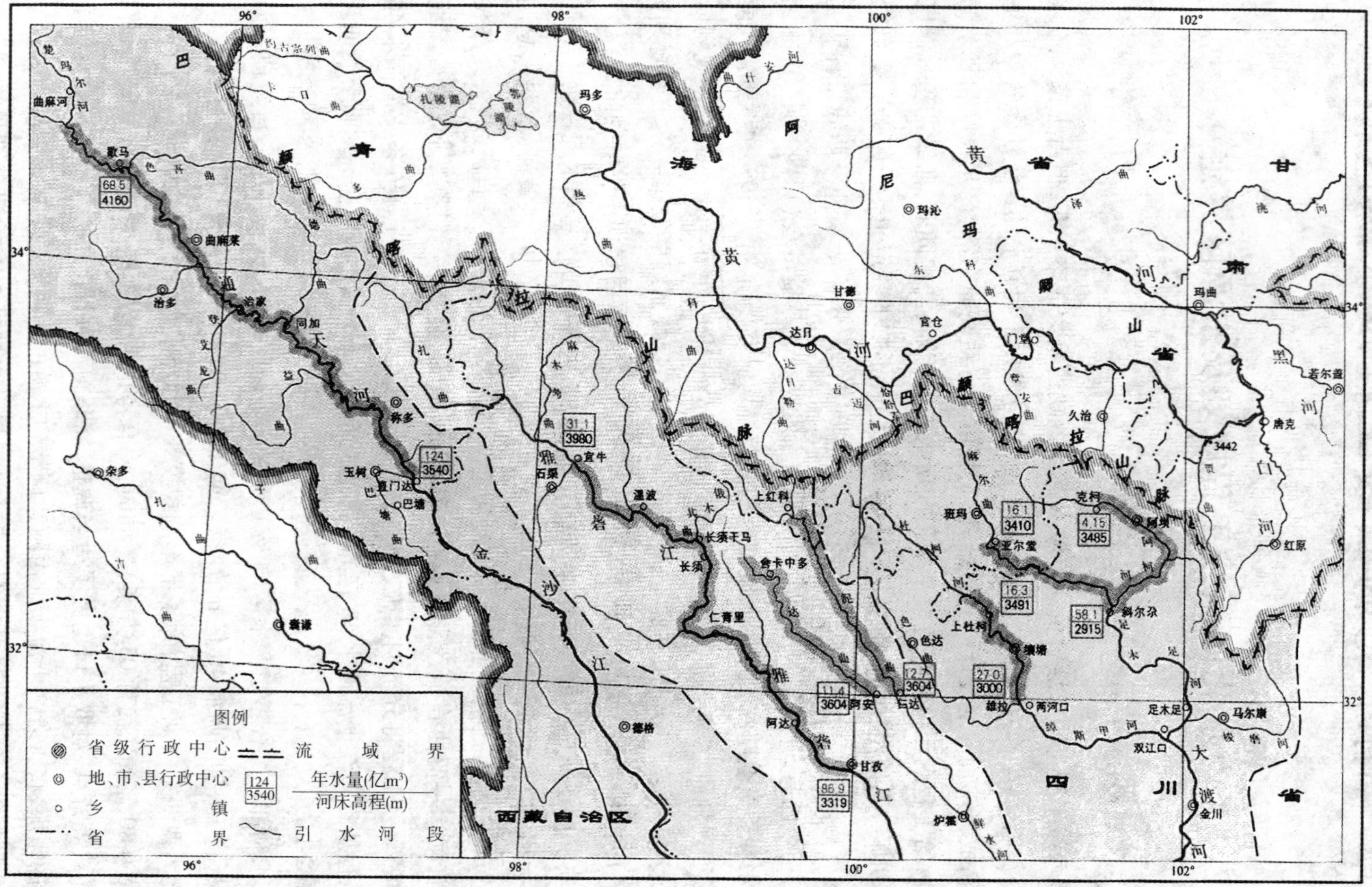

图 2-1　南水北调西线工程引水河段(01 方案)

资料来源：南水北调西线工程规划纲要第一期工程规划简要报告，

水利部黄河水利委员会勘测规划设计研究院，2001 年 4 月。

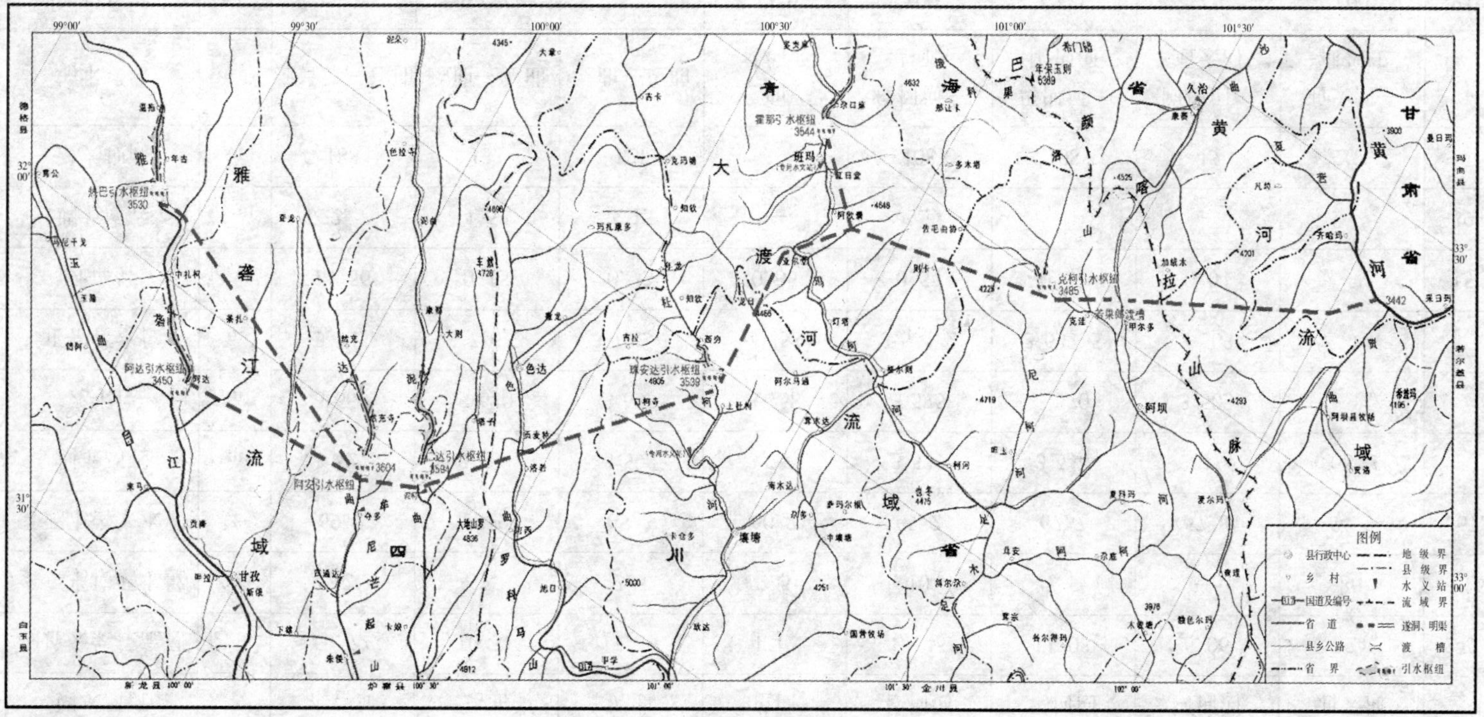

图 2-2　南水北调西线第一期工程(05 方案)平面布置

资料来源:南水北调西线一期工程调水影响区水资源配置初步研究报告，

水利部四川省水利水电勘测设计研究院,2007 年 6 月。

表 2-1　南水北调西线工程调水方案与引水坝址基本情况

序号	项　目	单位	主　要　指　标								
一	坝　址		热巴	阿安	仁达	洛若	珠安达	霍那	克柯	侧坊	合计
1	调水河流		雅砻江	达曲	泥曲	色曲	杜柯河	玛柯河	阿柯河	通天河	
2	坝址天然径流量	亿 m^3	60.72	10.31	11.49	4.12	14.45	11.08	6.06	124	242.23
3	多年平均调水量	亿 m^3	42	7	7.5	2.5	10	7.5	3.5	80	160
4	调水占来水	%	69.2	67.9	65.3	60.7	69.2	67.7	57.8	64.5	67.7
5	坝址高程	m	3 527	3 604	3 598	3 747	3 539	3 544	3 474	3 542	
6	死水位	m	3 660	3 640	3 635	3 758	3 575	3 570	3 503		
7	正常蓄水位	m	3 707	3 716.3	3 702.7	3 758	3 634.2	3 632.5	3 503		
8	死库容	亿 m^3	14.56	0.15	0.33	0.05	0.54	0.21	0.04		15.88
9	调节库容	亿 m^3	22.5	4.52	4.15	—	4.59	4	—		39.76
10	最大坝高	m	188	133	121	30	108	108	45	273	
二	输水线路		雅砻江—达曲	达曲—泥曲	泥曲—色曲	色曲—杜柯河	杜柯河—玛柯河	玛柯河—阿柯河	阿柯河—通天河	通天河—雅砻江	
1	隧洞长度	km	67.9	13.3	25.4	47.0	30.1	63.4	73.8	490	810.9
2	洞径	m	9.2	9.3	9.3	9.7	10.2	10.6	10.9		

注：①径流系列 1960-06 ~ 2005-05；

②洛若、克柯为低坝引水，设计引用流量分别为 18.64 m^3/s、23.2 m^3/s。

2.1.2 水源区界定

从水循环的角度来看，调水工程水源区包括为工程坝址处径流的来源区域，亦即取水坝址的集水区。在本研究中，雅砻江、大渡河流域的坝址采用05方案；通天河坝址仍采用01方案，各坝址集水区见图2-3。

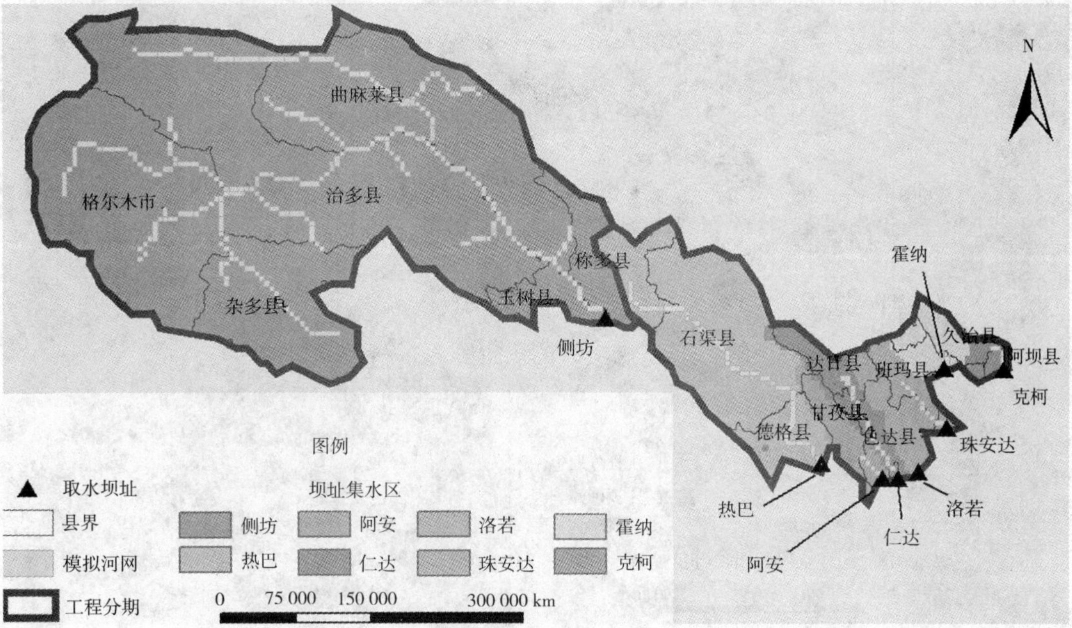

图2-3　南水北调西线工程坝址以上集水区

注：原规划方案中，通天河上有侧坊、同加和治家三个取水枢纽，在本研究中，以位于最下游的侧坊取水枢纽为准划定其集水区。

西线工程坝址以上集水区的总面积为18.4万km^2，其中通天河流域上的水源区面积（侧坊取水枢纽）为13.8万km^2，占集水区总面积的74.84%；05方案一期工程水源区总面积为4.6万km^2，占集水区总面积的25.16%。在05方案中，大渡河流域和雅砻江流域上水源区面积分别为1.16万km^2和3.47万km^2，分别占一期工程水源区总面积的25.10%和74.90%。珠安达、洛若、霍那、克柯、阿安、仁达和热巴取水枢纽的集水区面积分别为4 618 km^2、1 470 km^2、4 035 km^2、1 496 km^2、3 487 km^2、4 650 km^2、26 535 km^2，分别占05方案水源区总面积的9.98%、3.18%、8.72%、3.23%、7.53%、10.04%、57.32%。

考虑到西线工程运行后，将对下游地区的经济社会和生态环境产生一定影响，且下游河段的水资源需求也对工程的调水规模产生一定影响。在工程规划、设计、建设与运行调度中也需要对下游河段进行充分考虑。为充分提高研究成果的实用性，在本研究中，对上述因素进行了综合考虑，并结合四川省水资源总体配置格局，将宜宾以上的长江流域划定为西线工程的总体水源区，总面积为60.94 km^2（见图2-4）。

结合西线工程规划设计与运行调度，选取取水枢纽（坝址）以上集水区为西线工程的核心水源区，宜宾以上的长江流域为西线工程的水源区。

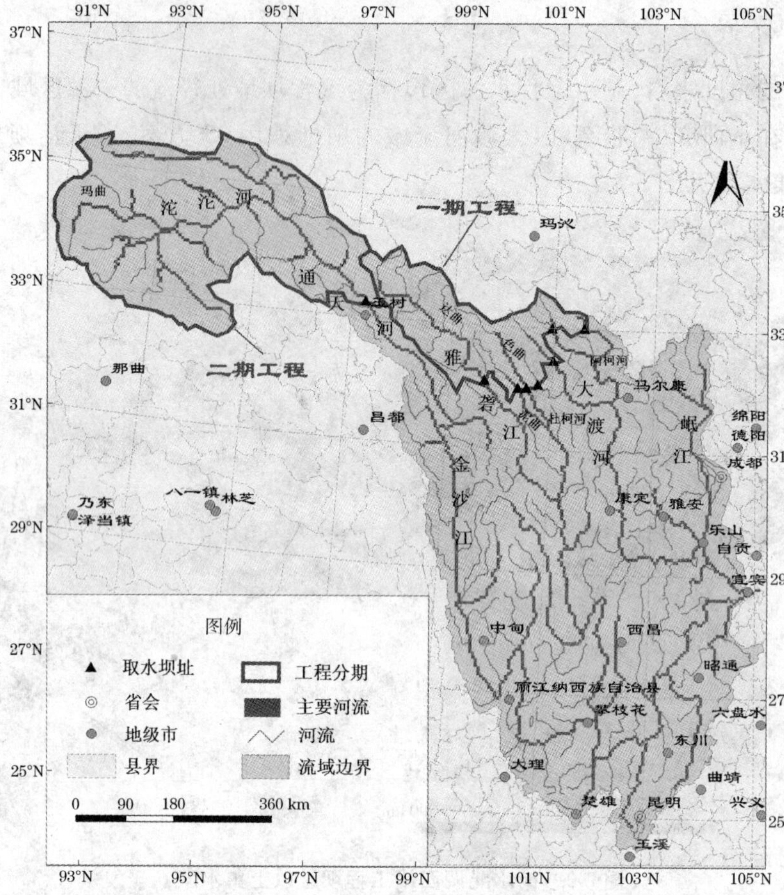

图 2-4　南水北调西线工程水源区分布

2.2　区域自然地理概况

2.2.1　地质地貌特征

2.2.1.1　地质特征

整体上看,西线水源区整体上处于亚欧板块的最南部,受到印度板块剧烈运动的影响。自始新世以来,在喜马拉雅构造运动中,印度板块向北俯冲,产生强大的南北向挤压力,致使青藏高原快速隆起,形成喜马拉雅山地。在早喜马拉雅运动中,印度板块与亚洲大陆之间沿着雅鲁藏布江缝合线发生剧烈碰撞,喜马拉雅地槽封闭褶皱成陆。发生于上新世—更新世的晚喜马拉雅运动,使该区发生了强烈的差异性升降运动。由于印度洋不断扩张,推动着钢硬的印度板块,沿雅鲁藏布江缝合线向亚洲大陆南缘俯冲挤压,使喜马拉雅山和青藏高原大幅度抬升。这种小的倾角俯冲于亚欧板块之下的印度板块持续向北的强大挤压力,在北部遇到固结历史悠久的刚性地块的抵抗,产生强大的反作用力,使构造运动作用力高度集中,引起地壳重叠,上地幔物质运动的加强和深层及表层构造运动的激化,导致地壳急剧加厚,促使地表大面积大幅度抬升,于是形成雄伟的青藏高原。

从调水区地层构成来看，除太古界和寒武系外，各时代地层均有出露，其中以三叠系分布最广。岩系主要是变质砂、板岩及其韵律层组合。该地层厚度巨大、挤压紧密、褶皱强烈，多级复式褶皱使地层大多呈陡倾角。主要为下统昌马河组、中统甘德组和上统巴颜喀拉群等。砂、板岩抗压强度一般为 40 ~ 100 MPa，属中等坚硬—坚硬岩类，砂岩属于弱—中等透水岩体，板岩为相对不透水岩体。

调水区位于巴颜喀拉褶皱带内，四周与秦—祁—昆褶皱系、扬子准地台、唐古拉准地台为邻。本区主要断裂大多形成于中生代，以北西向断裂为主。第四纪早期构造运动较为强烈，大多有构造活动，晚更新世以来，特别是一万年（全新世）以来，除玉树断裂、鄂陵湖南断裂和桑日麻断裂有大规模活动外，其他断裂仅在局部地段有活动，活动方式以水平左旋走滑为主。

按照青藏高原地震区带划分，本区处于可可西里—金沙江地震带中地震活动水平相对较低的中西部地区，区内地震分布零星，强震相对较少，震级大多以中等地震为主，地震强度和频度相对较低，地震活动性相对较弱。地震烈度大于或等于Ⅸ度的不稳定区、高地应力区大都集中分布在区内南北边缘即花石峡—玛沁和玉树—杆子地带，调水工程避开了这两大活动构造带，地震基本烈度一般为Ⅶ ~ Ⅷ度。

区内松散岩类孔隙水广布于河谷平原、山间盆地，富水程度一般丰富—中等，碎屑岩类裂隙孔隙水富水性较弱。基岩裂隙水是调水区主要地下水类型，在马尔康—色达—玉树以南，水量丰富，水质良好。多年冻土区地下水水量一般较贫乏。融区地下水由于与地表水有密切的水力联系，水量丰富，水质良好。

2.2.1.2 地貌特征

调水地区位于青藏高原东南部，平均海拔在 3 500 m 以上，属高山区域极高山区。巴颜喀拉山自西北到东南，是长江和黄河的分水岭，其南侧的大渡河、雅砻江、通天河河床比北侧的黄河河床低 80 ~ 550 m。总体地势西北部较高，海拔多在 4 000 m 以上，起伏小，河谷宽浅，属轻微—中等切割高山区，冻胀丘、热融湖塘、融冻泥流等冰缘地貌发育；东部和南部地势逐渐降低，但起伏大，河谷深窄，峡谷居多，属中等切割—深切割高山区，滑坡、崩塌、泥石流等岸坡变形现象较发育（见图 2-5）。

通天河流域海拔在 3 500 ~ 5 000 m，地势自西北向东南倾斜，因受巴颜喀拉山山脉和唐古拉山山脉走向的影响，上游呈西南东北流向，至科欠曲复流向东南。金沙江巴塘曲汇口至宜宾全长 2 328 km，总落差 3 736 m，岗托（海拔 3 200 m）以上属青藏高原区，地势高耸；岗托以下流经云贵高原区，河流切割强烈，一般河谷狭窄，呈“V”形，为典型的高山深谷型河道。

雅砻江流域为一东西宽 100 ~ 200 km、南北长 900 多 km 的南北偏西北方向的狭长地带。流域内地势北、西、东三面都高，海拔为 4 500 ~ 5 000 m；南端地势向南倾斜，海拔由 4 400 m降至 1 500 m。河流下切强烈，总落差为 4 420 m。

大渡河位于青藏高原东南边缘与四川盆地西部的过渡带，流域总的地势为西北高、东南低。河源至河口，海拔自 4 530 m 降至 350 m，天然落差为 4 180 m，平均比降为 3.93‰。

2.2.2 河流水系特征

西线工程水源区内的河流包括长江上游的金沙江（大渡河）、雅砻江、大渡河、岷江干流及青衣江，属于 6 个水资源分区（见图 2-6）。下面分别对其进行描述。

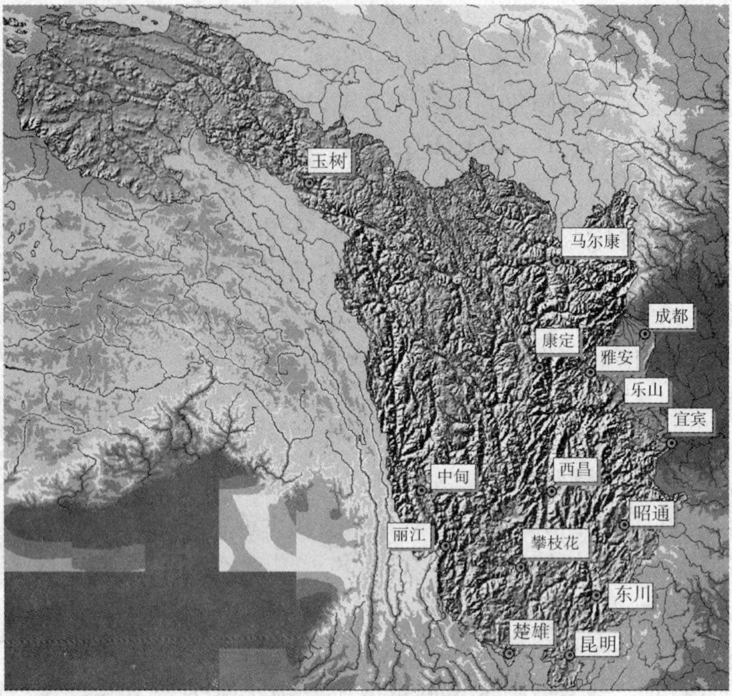

图 2-5　西线工程水源区地貌特征
（背景为流域 DEM 图）

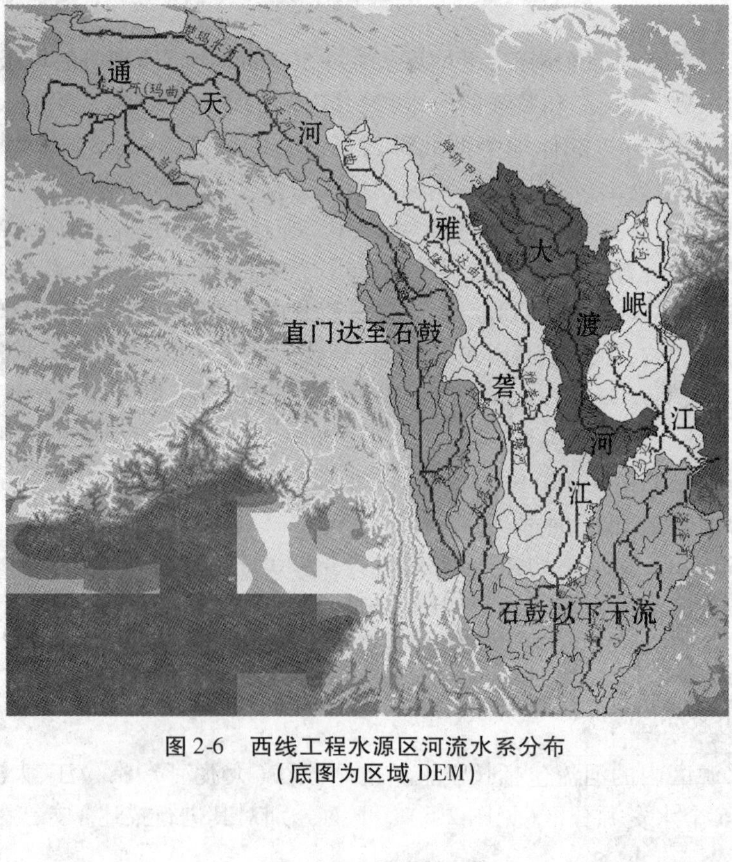

图 2-6　西线工程水源区河流水系分布
（底图为区域 DEM）

2.2.2.1 金沙江(大渡河)水系

金沙江(大渡河)发源于青海省唐古拉山脉中段的各拉丹冬山冰舌末端,右岸支流当曲汇口以上河段称沱沱河;当曲汇口以下至玉树附近的巴塘曲汇口河段称通天河;巴塘曲汇口以下至四川省宜宾河段称金沙江。金沙江是西藏和四川的界河,它在江达县和四川的石渠县交界处进入昌都地区边界,经江达、贡觉和芒康等县东部边缘,至巴塘县中心线附近的麦曲河口西南方小河的金沙汇口处入云南,然后在云南丽江折向东流,为长江上游。

通天河干流河道全长 1 145.9 km,流域面积 14.06 万 km^2。通天河流域北起昆仑山,与格尔木河相邻;东北以巴颜喀拉山为界,与黄河源为邻;西临澜沧江。通天河自德曲汇口以下,左岸与雅砻江相邻,两河平行向东南流,间距不足 40 km。根据地貌、地形特征,通天河干流可分为三段:

(1)当曲汇口以下至楚玛尔河汇口以上河段。河道长约 310 km,平均比降 0.8‰,河道宽浅,汊流众多,水流缓慢。两岸山岭低矮平缓,河谷开阔,谷底宽 1 ~ 3 km,局部河段达 10 km,属宽谷型河道。河滩多草地沼泽。区间大小支流众多,现代冰川及湖泊沼泽广布,较大支流右岸有当曲、莫曲、牙哥曲、科欠曲等,左岸支流有北麓河、楚玛尔河等。

(2)楚玛尔河汇口至登艾龙曲口河段。河道约长 200 km,河道平均比降 1.1‰,河床高程 4 000 ~ 4 200 m。两岸山头高出河床 300 ~ 500 m,河谷开阔,谷底宽 1 ~ 2 km,由上游向下游逐渐束窄,横断面呈不对称梯形或宽"U"形。从总的地形特征看,本段系由高平原丘陵区转向高山峡谷区的过渡地带。区间有较大支流,右岸有聂恰曲、登艾龙曲,与澜沧江为邻,左岸有色吾曲。色吾曲发源于巴颜喀拉山西南麓,与黄河源玛曲、喀日曲为邻,河道长约 156 km,河口高程为 4 160 m,流域面积约6 094 km^2,年径流量约 5 亿 m^3。

(3)登艾龙曲汇口以下至巴塘曲汇口。河道长约300 km,平均比降为 1.55‰,河床高程 3 500 ~ 4 000 m,地形起伏大,河谷深切,两岸山顶高出河床 500 ~ 600 m。河谷略呈一束一放,为"V"形或"U"形断面,属高山峡谷区。大部分河段回绕曲折,河岸有阶地断续分布。区间较大支流右岸有叶曲、巴塘曲等,左岸有德曲、曼宗曲等。

2.2.2.2 雅砻江水系

雅砻江位于青藏高原东南部,是金沙江的最大支流,发源于巴颜喀拉山南麓,流域西与通天河下段及金沙江为邻,东与大渡河相邻,北与黄河右岸支流热曲、达日河等支流相接,南至渡口汇入金沙江。流向为自西北流到东南,其中在理塘河口河道转向北东再折回南流,绕锦屏山形成雅砻江大河湾。甘孜以上为上游,甘孜—大河湾为中游,大河湾以下为下游,雅砻江干流河道全长 1 637 km,总落差 4 420 m,流域面积 12.8 万 km^2,分属青海、四川、云南所辖,在四川省境内约 12 万 km^2,占总面积的 94%。雅砻江的主要支流有:

(1)鲜水河。鲜水河为雅砻江一级支流,发源于巴颜喀拉山南麓,流域面积为 18 763 km^2,调水区主要指道孚水文站以上地区,该站位于鲜水河中段,由道孚水文站沿鲜水河下行 120 km 汇入雅砻江干流。

(2)达曲。达曲为雅砻江一级支流鲜水河的上游,发源于热普(4 830 m),流向北西到南东,流经多悦下马、大德、然充、寺多、东谷、朱倭、旦都,于炉霍县城与泥曲汇合为鲜水河,河长 278 m,平均比降 4.6‰;引水枢纽位于阿安,集水面积 3 487 m^2;阿安至炉霍集水面积 1 870 km^2,区间河长 111.3 km。

(3)泥曲。泥曲发源于泥错湿地,流经泥曲、章达、泥柯、卡娘、泥巴,于炉霍与达曲汇合，引水枢纽位于仁达，集水面积4 650 km^2；仁达至炉霍集水面积1 775 km^2，区间河长116.5 km。

2.2.2.3 大渡河水系

大渡河发源于巴颜喀拉山南麓，是岷江的最大支流，于乐山市汇入岷江，岷江于宜宾汇入长江。流域北为黄河右岸支流贾曲、久曲，西与雅砻江相邻，东接岷江、青衣江。河源地区主要为青海省所辖。大渡河干流河道全长1 062 km(其中四川省境内852 km)，流域面积为7.74万km^2(不包括青衣江)，年径流量470亿m^3。大渡河分为东西两源，东源为足木足河，西源为绰斯甲河，以东源为主流，两源在双江口汇合。按河道特性，泸定以上称上游，泸定至铜街子为中游，铜街子以下称下游。

绰斯甲河是大渡河的一级支流，发源于巴颜喀拉山南麓的诺衣贡玛，两岸支流发育，平均比降为4.97‰，宽100～300 m，河谷呈"V"字形，干流全长400.5 km。绰斯甲河上游两河口处又分为色曲、杜柯河两条支流，以杜柯河为主。自河源而下227.2 km处是壤塘水文站，其集水面积为4 910 km^2，平均比降为4.49‰；杜柯河与相邻的色曲均由北西流向南东，在雄拉附近汇合后称绰斯甲河，之后流向转向东。在距与足木足河汇合口以上27.5 km处，其集水面积为14 794 km^2，河道平均比降为5.38‰。

足木足河也是大渡河的一级支流，发源于青海省久治县与达日县交界处查七沟顶山冈，河流全长397.5 km，其中足木足站以上干流全长367 km，河道平均比降4.97‰，控制流域面积为19 896 km^2，由足木足站下行30.5 km与绰斯甲河汇合进入大渡河，上行106 km至斜尔奈坝址，由斜尔奈向上游2 km河流分汊，东支为阿柯河，西支为麻尔曲。

2.2.2.4 岷江干流及青衣江

岷江是长江上游的主要支流之一，也是长江上游水量最大的一条河流；发源于四川与甘肃接壤的岷山南麓，分东西两源：东源弓嘎岭，西源郎架岭。两源在松潘县红桥关汇合后，向南流经茂汶、汶川，自都江堰市纵穿成都平原西部。都江堰以上为上游，以漂木、水力发电为主；都江堰市至乐山段为中游，与沱江水系及众多人工河网一起组成都江堰灌区；乐山以下为下游，以航运为主。岷江有大小支流90余条，上游有黑水河、杂谷脑河；中游有都江堰灌区的黑石河、金马河、江安河、走马河、柏条河、蒲阳河等；下游有青衣江、大渡河、马边河、越溪河等。岷江干流全长740 km，总落差3 560 m，平均比降4.8‰。全流域面积13.6万km^2，多年平均流量2 850 m^3/s，多年平均径流量900亿m^3。

岷江流域上游北面是岷山山脉与黄河、嘉陵江相隔；西有邛崃山脉与本流域的大渡河为界；东面的雪宝顶、九顶山和涪江、沱江分水。流域呈羽毛状，上游流域面积22 950 km^2，河道长340 km，落差3 009 m，平均比降8.85‰。

岷江上游流域面积300 km^{2}以上的一级支流从上向下有章金沟、牦牛沟、归化沟、小姓沟、松坪沟、黑水河、杂谷脑河、草坡河、鱼子溪、寿溪、白沙河等11条。其中以黑水河和杂谷脑河流域面积最大，分别为7 249 km^{2}和4 629 km^2，其次是鱼子溪和小姓沟，流域面积分别为1 757 km^{2}和1 693 km^2，其余支流的流域面积均在1 000 km^{2}以下。干流在左岸仅有章金沟、白沙河两条较大支流，其他较大支流均在右岸。水系分布极不对称，流域面积右大左小，右岸是左岸的4.8倍。

青衣江主源为宝兴河，发源于邛崃山脉巴朗山与夹金山之间的蜀西营(海拔4 930 m)，流经宝兴在飞仙关处与天全河、荥经河汇合后，始称青衣江，经雅安、洪雅、夹江于乐山草鞋渡处汇入大渡河。青衣江在飞仙关以上为上游，河长147 km，控制集雨面积8 750 km^2，飞仙关以下为中下游，河长 142 km，区间集雨面积 4 147 km^2。总计干流长 289 km，落差 2 844 m，流域面积 12 897 km^2。青衣江流域地形大致以炳灵、荥经、天全、灵关、大川一线为界，分东西两大片。东面属低山丘陵区，地势平缓，海拔 600 ~ 1 100 m，河谷呈“U”形，有宽阔的漫滩和阶地，河道比降约 1.8‰。出露地层多属侏罗系及白垩系，地质构造较单一，以褶皱变动为主，河床覆盖较浅，地震烈度Ⅵ ~ Ⅶ度。西面约占流域面积的 60%，多为高山峡谷。人口稀疏，耕地较少，森林广布，覆盖良好，海拔一般在 1 000 m 以上，河谷多呈“V”形，漫滩阶地极少，河道比降大于 8‰。

2.2.3 气候水文特征

2.2.3.1 气候特征

本区受季风气候和青藏高原地理环境诸多因素影响，由西向东分属高原寒带干旱区、高原亚寒带半干旱区、高原亚寒带半湿润区、高原亚寒带湿润区、高原寒湿带湿润区，低压、缺氧、寒冷是区域内气候的基本特征。通天河、雅砻江、大渡河流域上下游气候差异较大，通天河流域和雅砻江、大渡河上游地区属高原寒带干旱区和高原亚寒带半湿润区，具有长冬无夏，昼夜温差大，干湿季分明，多大风、雷暴、气压低和含氧量少等高原气候特征。雅砻江和大渡河中部地区属高原湿温带、温带湿润气候区，气候垂直分布特征显著，冬寒夏暖，干湿季节分明。下游地区属暖温带和亚热带湿润气候区，水热条件较好，雨量丰沛，日照强烈，森林茂密，冬无严寒，夏无酷暑，四季不分明。通天河流域年平均气温低于 -2 ℃，雅砻江和大渡河流域年平均气温为 7.3 ℃，上游接近 0 ℃，下游为 15 ℃。

本区气候的主要特点可概括为：冬长严寒，低温持续时间长，夏短凉爽，气温不高；昼夜温差大，但气温年较差较小；四季不分明，无霜期短；湿度低，干、雨季分明，雨日多，降水强度小，年雨量较多，蒸发量较大；多大风、霜冻、雪灾、冰雹、雷暴等灾害性天气。具体表现为如下几个方面。

1）太阳辐射强、日照时间长

海拔均值在 3 000 m 以上，大气中的杂质少，太阳的直接辐射占年总辐射的一半以上。年日照时数长，大多数地区均超过 2 000 h，通天河河源区超过 2 800 h。年总辐射以西部通天河河源区最多，东部大渡河区相对较少，为 5 500 ~ 7 000 MJ/m^2，是太阳资源较丰富的地区。

2）气温变化大

气温分布的特点是西北部低，向东和向南逐渐升高。西北部通天河伍道梁站年平均气温仅 -5.6 ℃，而东南部的甘孜、壤塘一带，年平均气温分别达 5.6 ℃和 4.8 ℃。年内气候分为冬半年（11 月 ~ 次年 4 月）和夏半年（5 ~ 10 月），且冬季长而寒冷，夏季短而凉爽。大部分地区日平均气温在 0 ℃以下时间长达 5 ~ 8 个月，1 月平均气温多在 -5 ℃以下，最低处可达 -17 ℃以下，极端最低气温在 -30 ~ -40 ℃。区域内低温持续时间长且寒冷。夏季平均气温不高，最大月平均气温出现在 7 月份，一般在 10 ℃左右，各地极端最高气温在 20 ~ 30 ℃，故夏季较凉爽。

3）降水分布不均，干、湿季分明

年降水分布是西北少、东南多，西北部伍道梁站年降水量仅 265.6 mm，到东部壤塘、阿坝一带年降水量达 700 mm 以上。全年降水主要集中在 5 ~ 10 月，占年降水量的 85% ~

90%,同期大气中平均水汽含量夏半季是冬半季的4~5倍。故本区保持了冬与夏、干与湿分明的特点。

4)湿度低,蒸发较大

本区地势高,气温低,大气中水汽含量少,多年平均相对湿度在60%左右,各站年平均水汽压为2.8~5.8 hPa。年内各月水汽含量随温度升高而增加,夏半季高于冬半季,1月平均相对湿度在50%左右,7月一般在70%以上。年蒸发能力1 200~1 600 mm,水面蒸发量达800 mm左右,陆面蒸发量达300 mm左右。

5)气压低,含氧量少,风压力小

海拔在3 000~4 500 m的地区,地面气压为700~600 hPa,相当于海平面气压的60%左右;空气中含氧量相当于海平面的72%~60%。风速随高程增高而增大,年平均风速和最大风速西北部五道梁分别达4.5 m/s和31.0 m/s,到大渡河一带为1.5 m/s和24 m/s;大风日数以西部沱沱河站最多,达146.2 d,到阿坝一带为30.6 d。海拔4 000 m处,风压相当于海平面的67%;海拔5 000 m处,风压相当于海平面的60%。

6)多灾害性天气

本区气候环境恶劣,寒冷、雪灾、大风、霜冻、雷暴与冰雹、沙尘暴等灾害性天气比较频繁。全年霜期多在300 d以上,霜日数160 d左右;年雷暴日数平均64.3 d,阿坝一带多达88.3 d;年冰雹日数在石渠、曲麻莱、治多一带达20 d以上;沙尘暴主要集中在通天河地区,治多一带年沙尘暴日数达11 d。

2.2.3.2 河流水文特征

通天河、雅砻江、大渡河三条河的径流主要来源于降水和融雪,同时通天河河源区有少量冰川融水补给。雅砻江、通天河的上游地区为高原丘陵,地势平坦,河道开阔,湖泊和沼泽遍布,河道及山坡比降较缓,对产汇流不利。由于受西南季风和地形条件的影响,调水地区径流分布为东南多、西北少,东南部地区多年平均径流深达800 mm以上,部分地区达1 300 mm,向西北部逐渐减少到50~90 mm。径流系数、径流模数从河源向下游呈递增趋势,径流的年内分配与降水基本一致,径流量多集中于6~10月,占全年径流量的75%以上,径流的年际变化以通天河最为强烈,直门达80%以上,沱沱河达90%以上,雅砻江和大渡河变化幅度较小。

降水强度较小,暴雨出现几率稀少,最大日降水量的年际变化小。持续阴雨过程较多,加上汇流区面积大,坡度较缓,故洪水过程均有涨落缓慢。洪水具有洪峰低、洪量大、洪水历时较长、年际变化较小等特征。另外,调水河流强降水东西分布广,降水面积由南向北递减,频次由东向西递减,大洪水的空间分布具有一致性,洪水模数从上游向下游递增、从西向东递增。

2.2.4 土壤植被特征

2.2.4.1 土壤

本区属于青藏高原片状多年冻土区向岛状多年冻土区和季风冻土区过渡的混交地带,属中纬度高山型,冻土的平面、垂向分布复杂。其中,多年冻土主要分布在中西部,多年冻土下界为4 150~4 300 m,季节冻土仅分布于海拔4 200 m以下的河谷、沟谷内,与多年冻土呈相互交错的衔接关系。冻土的发育程度自北向南和自西向东逐渐减弱。调水区主要布置于黄河源—阿尼玛卿山片状多年冻土带、巴颜喀拉山片状多年冻土带和东南部山地岛状多年冻土带，冻土性质从亚稳定型向极不稳定型过渡。西线工程水源区土壤分布如图 2-7 所示。

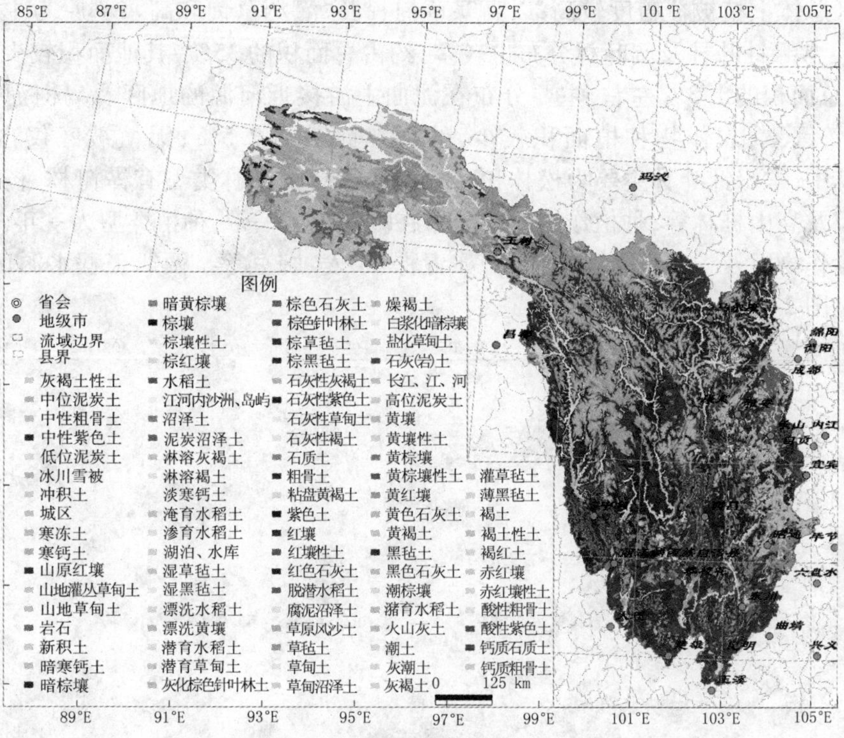

图 2-7　西线工程水源区土壤分布

通天河流域土壤分布主要为毡土和钙土，分布面积分别占流域总面积的 42.6% 和 22.1%；通天河流域上游地区属于高原寒带干旱区和高原亚寒带半湿润区，有少量冰川雪被覆盖，占 0.7% 左右；在高海拔地区有多年冻土分布，约占 7.6%；由于地质水文气候等原因，区域内水稻土面积只有 51 km^2，仅占总面积的 0.02%；另外区域内棕壤、褐土、沼泽湖泊也有一定分布，分别占 7.6%、4.0% 和 1.1%；草甸土 2.14%，草甸沼泽土 0.62%，草原风沙土 0.33%，粗骨土 1.02%，冻土 7.60%。

雅砻江流域土壤垂直分布规律明显，根据 ArcGIS 统计分析，土壤类型主要以毡土、棕壤和褐土为主，分别占总面积的 48.5%、22.7% 和 9.6%。在河源区有片状多年寒冻土分布，其他为零星岛状或季节性冻土区，冻土面积约 6 982 km^2，占总面积的 5.5%；另外，河源区有小面积的冰川雪被覆盖，面积约 93 km^2。

大渡河流域土壤主要为草甸土与石灰岩土。研究区在土壤地理分区上属于川西高山高原半湿润半干旱森林和草甸草原土壤区。土壤类型的分布受温度、水分、植被等条件的影响，表现出较为强烈的垂直地带性。在降水较为丰富、低海拔地区发育着黄棕壤；海拔 1 300 ~ 2 600 m干旱河谷内土壤发育为山地褐土，其上多伴生半干旱森林和灌木丛植被。海拔1 800 ~ 3 900 m的山地上生长着针阔混交林和以云杉、冷杉为主的针叶林，土壤发育为山地灰褐土和棕壤。3 600 ~ 4 300 m 为亚高山灌丛草甸植被和亚高山草甸土。其上依次为高山草甸土和高山寒漠土。本区内代表性土壤为毡土、棕壤和褐土，分别占岷江流域总面积的 35.4%、14.9% 和 7.1%。另外，水稻土、紫色土和石灰性土壤也占有一定比例，分别为 7.08%、

8.41%和10.36%。

2.2.4.2 **植被**

调水区总体上植被覆盖度较高,以高寒草甸、高寒灌丛草甸和高寒草原为主,占总面积的42.65%;常绿针叶林及阔叶林分布也较多,约占总面积的35%;其他面积较少,如湖泊和沼泽,仅占总面积的1.3%左右,主要分布在泥曲上游接近河源的地区及玛柯河中部;由于气候、土壤等因素,农作物种植面积较少,约占总面积的2.5%;无植被区仅占总面积的1.12%。其中,常绿针叶林主要为松林和冷杉、云杉林,阔叶林类型有桦树林、杨树林、山毛榉杂木林以及高山栎林等;种植作物主要分布在岷江流域一带,种植类型为一年两熟或一年一熟类粮食作物以及一些耐寒经济作物,如青稞、小麦、豌豆等。西线工程水源区植被覆盖类型分布见图2-8。

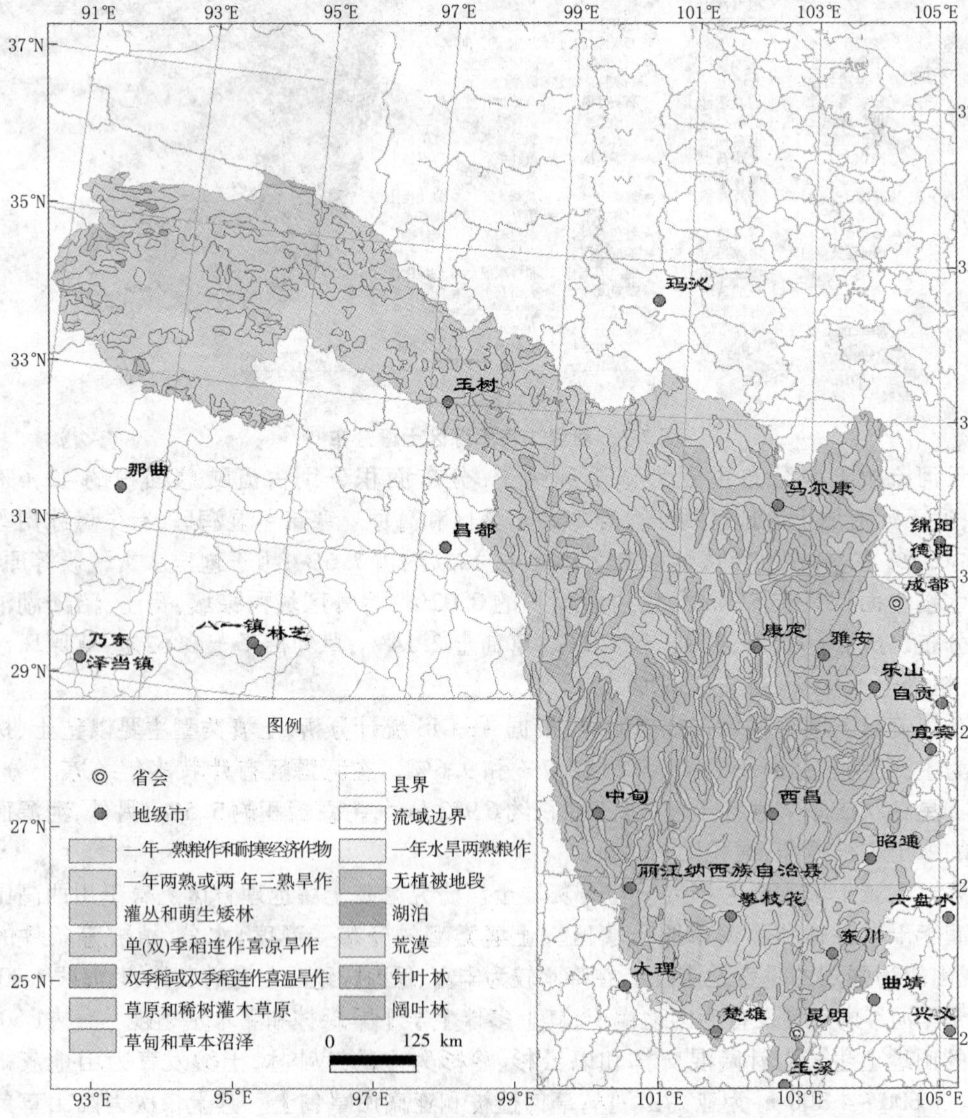

图2-8 西线工程水源区植被类型覆盖分布

雅砻江流域道孚以上地区植被覆盖率较高，以高寒草甸、高寒灌丛草甸和高寒草原为主，占总面积的59.3%；乔木林地和灌木林地也较多，占总面积的25.3%；还有低覆盖高寒草地，占总面积的11.5%；其他类型覆盖为高覆盖高寒草甸、高寒灌丛草甸和灌木林地，而泥柯以上则为高覆盖高寒草甸、低覆盖高寒草甸和高覆盖高寒草原；在靠近引水坝址下游侧的朱倭—朱巴—道孚区间，除高覆盖高寒草甸为覆盖率最大植被类型外，乔木林地所占面积比例大幅提升，达到34.2%。

大渡河流域植被以天然植被为主，且具有显著的垂直地带分异特征。主要植被类型为高覆盖高寒草甸，其次为乔木林地。高原面上主要为亚高山草甸土，是良好的天然草地，山原区上部主要为高山草甸及高山灌木草甸，河谷和阴山坡分布有大片森林，绰斯甲以上地区沼泽面积共有61.8 km^2，全部集中在杜柯河壤塘以上河源地区。从各河段看，色曲河西以上占前三位的植被类型为高覆盖高寒草甸、低覆盖高寒草甸和高寒灌木丛草甸，覆盖率分别为50.8%、20.2%、16.3%；杜柯河壤塘以上占前三位的植被类型为高覆盖高寒草甸、高寒草原和灌木林地，覆盖率分别为46.1%、13.7%、13.0%；河西—壤塘—绰斯甲区间除高覆盖高寒草甸仍占首位外，乔木林地比例占第二位，比例达30.5%。人工植被主要分布在下游平原区，在中上游高平原和山丘区的河流界地也有零星分布。

大渡河支流足木足河区域植被类型主要以亚高山草甸和高山草甸及高山灌木草甸为主，河谷和阴山坡同样分布有大片森林。从各河段来看，班玛以上主要为高覆盖高寒草甸与灌木林地；安斗以上主要为高覆盖高寒草甸与高寒灌丛草甸；班玛—安斗—斜尔奈区间为高覆盖高寒草甸与高寒灌丛草甸，但灌木与乔木林地面积比重到34.9%，超过其他区间较多。

2.2.5 土地利用构成

从土地利用类型(2000年)的构成来看，南水北调西线工程水源区以林地和草地所占的面积最大，分别占全区总面积的30.45%和49.84%；耕地面积仅占流域总面积的8.38%。各子流域的土地利用构成情况见表2-2。

表2-2 南水北调西线工程水源区土地利用构成情况(2000年) (%)

土地利用构成		通天河	雅砻江	金沙江	大渡河	青衣江及岷江干流	长江干流	合计
耕地	山地水田	0.04	0.39	3.01	0.28	0.58	0.00	0.77
	平原水田	0.02	0.03	0.53	0.33	5.73	28.43	0.70
	丘陵水田	0.00	0.66	0.80	0.27	7.10	0.00	0.97
	山地旱田	0.40	3.89	14.09	3.01	3.64	0.00	4.40
	平原旱田	0.00	0.05	0.56	0.67	11.32	49.09	1.28
	丘陵旱田	0.03	0.41	0.04	0.26	1.03	0.00	0.22
	其他旱田	0.00	0.01	0.14	0.04	0.05	0.00	0.04
	小计	0.49	5.44	19.17	4.86	29.45	77.52	8.38
林地	有林地	8.31	17.45	18.61	18.32	14.92	5.70	13.75
	灌木林	4.82	12.13	19.50	15.39	18.18	3.61	11.99
	疏林地	1.37	5.21	10.57	3.44	5.57	6.86	4.54
	其他林地	0.06	0.41	0.13	0.06	0.23	0.14	0.17
	小计	14.57	35.20	48.81	37.21	38.90	16.31	30.45

续表 2-2

土地利用构成		通天河	雅砻江	金沙江	大渡河	青衣江及岷江干流	长江干流	合计
草地	高覆盖度草地	8. 68	10. 13	15. 19	6. 21	7. 26	0. 00	9. 80
	中覆盖度草地	18. 68	31. 99	13. 62	37. 40	19. 56	0. 78	24. 49
	低覆盖度草地	34. 06	9. 18	0. 87	10. 23	1. 61	0. 00	15. 55
	小计	61. 42	51. 30	29. 68	53. 84	28. 43	0. 78	49. 84
水域	河渠	0. 16	0. 08	0. 17	0. 12	0. 37	2. 71	0. 16
	湖泊	0. 53	0. 11	0. 41	0. 03	0. 08	0. 00	0. 29
	水库坑塘	0. 00	0. 07	0. 20	0. 01	0. 16	0. 27	0. 07
	永久性冰川雪地	0. 59	0. 22	0. 16	0. 40	0. 04	0. 00	0. 32
	滩地	2. 35	0. 12	0. 08	0. 08	0. 13	0. 03	0. 84
	小计	3. 63	0. 60	1. 02	0. 64	0. 78	3. 01	1. 68
建筑用地	城镇用地	0. 00	0. 03	0. 22	0. 02	0. 66	1. 37	0. 11
	农村居民点	0. 02	0. 09	0. 36	0. 07	1. 47	0. 90	0. 24
	其他建设用地	0. 00	0. 01	0. 07	0. 03	0. 06	0. 10	0. 02
	小计	0. 02	0. 13	0. 65	0. 12	2. 19	2. 37	0. 37
未利用土地	沙地	1. 89	0. 00	0. 00	0. 00	0. 00	0. 00	0. 62
	戈壁	4. 83	0. 00	0. 00	0. 00	0. 00	0. 00	1. 59
	盐碱地	0. 39	0. 00	0. 00	0. 00	0. 00	0. 00	0. 13
	沼泽地	2. 75	0. 62	0. 05	0. 14	0. 02	0. 00	1. 11
	裸土地	0. 10	0. 02	0. 00	0. 11	0. 00	0. 00	0. 05
	裸岩石砾地	6. 33	6. 63	0. 60	3. 09	0. 24	0. 00	4. 57
	其他	3. 57	0. 06	0. 00	0. 01	0. 00	0. 00	1. 20
	小计	19. 86	7. 33	0. 65	3. 35	0. 26	0. 00	9. 27

2. 3 区域社会经济状况❶

2. 3. 1 行政分区

南水北调西线工程水源区范围涉及青海省的班玛、达日、久治、称多、曲麻莱、玉树、治多、格尔木、杂多等在内的 12 个县市，四川省壤塘、甘孜等 95 个县市的大部分区域，西藏西

❶本节内容参照水利部四川省水利水电勘测设计研究院《南水北调西线一期工程调水影响区水资源配置初步研究报告》(2007 年 6 月)，有删改。

部芒康县在内的10个县市,云南省的北部地区昭通等57个县市以及贵州西北部的威宁彝族、回族、苗族自治县和赫章县(见图2-9)。研究区覆盖省市面积是:青海16.21万km^2,四川28.56万km^2,西藏5.02万km^2,云南8.58万km^2,贵州2.53万km^2。南水北调西线工程共涉及到4个省份的176个县市,总面积为60.90万km^2。

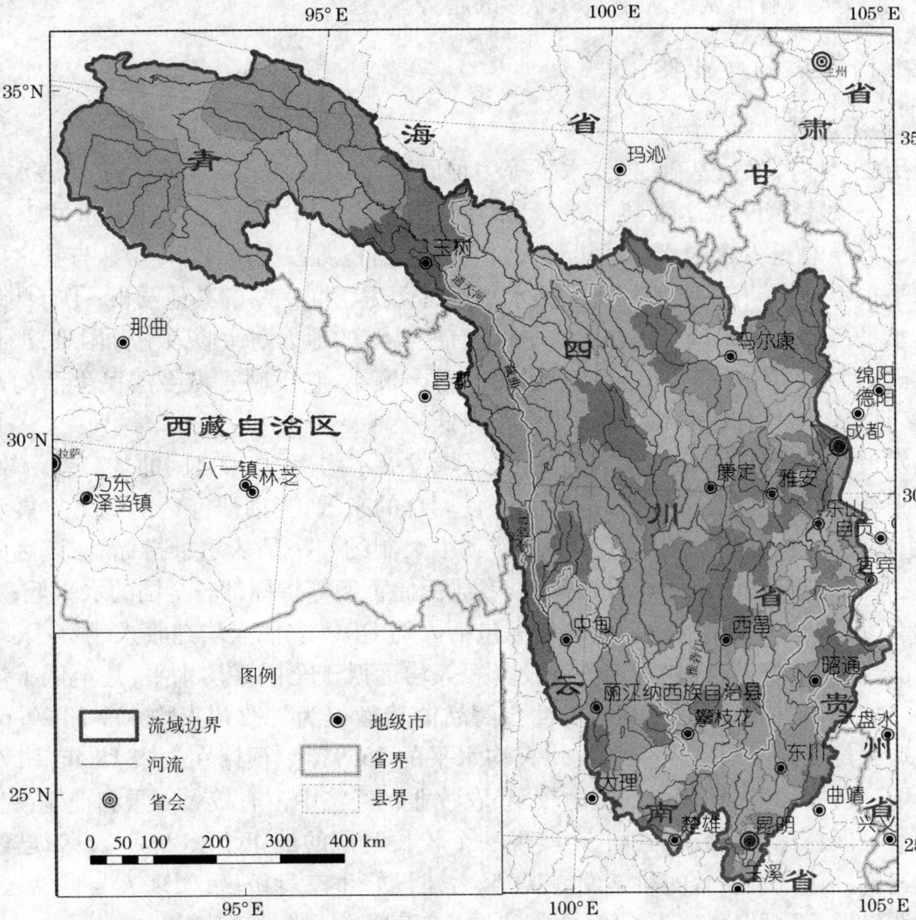

图2-9 南水北调西线工程研究区行政分区

2.3.2 人口构成及动态

从西线工程研究区目前的社会阶层来看,与其经济发展形态相适应,主要人口构成为:农牧民、城乡管理者、城镇从业人员和僧侣等4个阶层。其中,农牧民一般占到总人口的80%以上,其生活来源主要依靠自己从事农牧业的生产收入,有的农牧户按国家政策享受退耕还林、退牧还草的各项补贴,少数极贫困户享受政府的最低生活保障或社会救济。农牧民的子女入学一般享受国家的“两免一补”政策优惠。城乡管理者包括各级政权机构的公务员和医教科研工作者,其工资收入和各种福利主要依靠上级财政的转移支付。城镇从业者包括工人和各种服务行业从业人员。研究区从事第二产业的人数很少,少的县仅百人,多的县也不过数百人,主要是各电站的操作工人,他们依靠自己的工资收入生活,服务业从业人员收入依靠服务收费。僧侣是该地区的一个特殊阶层,由于受藏传佛教的深厚影响,当地除党政军干部队伍外,几乎达到全民信教的程度,研究区的僧侣主要集中于西藏地区和四川省的阿坝、甘孜等自治州,数量不一,少的县有数百人,多的如色达县达到数千人。其生活来源主要依靠家人供养、自己在特定季节做法事化缘以及寺庙所得的捐赠收入等。随着西线工程的实施,农牧人口有向城镇从业人口转移的趋势。

2.3.3 经济发展与产业变化

2.3.3.1 经济发展

由于历史、地理、发展基础、投入水平等多种原因,西线工程研究区的经济发展水平严重滞后。①经济总量很小,除个别县市外,大部分县市人均 GDP 增长速度都不超过 2%(2005年资料);②经济总量占全国比例远小于人口和国土面积所占全国比例;③县与县之间的经济发展水平很不均衡,有些县的经济发展水平远远落后于同一州的其他县市;④有些地方农民的收入水平严重低于城镇居民收入水平;⑤有些县市的地方财政收入十分困难,严重影响了地区的经济发展;⑥有些县市的城乡居民储蓄余额小,它反映了城乡居民生活的富裕程度;⑦许多县市的城镇化进程慢,城镇化率相当低。

经济发展水平较低,人民生活较为贫困,区域发展不均衡,县市之间的贫富差距较大,经济发展水平在全国范围内还处于较落后的位置。总的来看,当前研究区的经济发展水平较低,人民生活较为贫困,而且未来发展潜力受到很大制约。一是从总量指标看,该区的经济总量、财政收入、全社会固定资产投资额、城乡居民储蓄额等指标都较全国的水平低;二是从人均指标看,该区某些县市的各项人均指标包括人均 GDP、农民人均纯收入、城乡人均储蓄额、人均社会商品消费额、人均固定资产投资额等均远低于全国平均水平,甚至低于该州的人均水平。如四川省的德格县,其人均社会商品消费额仅为甘孜州人均水平的 29.6%,甘孜县的人均固定资产投资额仅为甘孜州人均水平的 25.9%。预计在未来 15 年间,对于自然条件和地理位置较差、环境承载能力较弱、农牧业在经济中占有较大比重和把建设生态经济作为重要发展目标的研究区县而言,实现一个较长时期的健康增长,9% ~11% 已经是一个不低的速度。认真贯彻落实科学发展观,努力建设好生态经济区,实现人与自然、经济与社会的协调发展,不再仅仅追求 GDP 的高速增长,正是该区唯一正确的选择。

2.3.3.2 产业结构现状及变化

从产业结构看,研究区的经济结构层次较低,以传统农牧业为主。①第一产业即传统农牧业在地区生产总值中所占的比重极高,远高于全国平均水平,其中个别县市如阿坝县尤为突出;②非农产业增加值比重很低;③农业人口占总人口比重高;④全社会固定资产投资额很小,人均固定资产投资额只为全国水平的几分之一,这表明该区未来的发展潜力将受到严重影响;⑤有些县市的企业规模很小,产值小,效益也差;⑥牧业产值比例较大;⑦结构比较单一,财政十分困难。除农牧业、小规模水电和传统服务业外,该区域都缺乏其他支柱产业支撑,规模以上工业的产值和利税很小,社会经济运行基本依靠国家和省财政转移支付来维持。

由于该地区特殊的自然、经济条件和以农牧业为主的经济结构,产业结构未来的变化趋势是:对第一产业而言,在结构产业中所占的比例有逐年下降的趋势,这个结果与该区的发展定位基本吻合。对第二产业而言,研究区过去相当薄弱,今后该区定位为生态经济区,发展的方向主要是畜牧业、农业和旅游业，工业不会有较大的发展。因此，预计到2020年，研究区第二产业在GDP中的比重一般不会超出太多。对第三产业而言，该区将生态旅游、民族文化旅游作为发展重点，第三产业的比重在未来十几年内会有上升的趋势。

2.3.4 社会状况及发展

从历史和客观的角度来看，四川藏区是从奴隶制社会和封建农奴制社会一跃而进入社会主义社会的，因而社会经济发展水平相对落后。研究区部分区县地处四川藏区内部或边缘地带，社会经济发展尤显滞后。与过去相比，在藏区实行民主改革特别是国家改革开放20多年来，研究区社会经济发展得到长足的进步，但相对发达地区和全国平均水平来看，仍然存在一定差距。

研究区社会发展水平总体滞后。一是主要为满足自给自足需求的农牧业仍然是研究区的主要支柱产业，在从业人口中，第一产业从业人口仍占全部从业人口的绝大多数，第二、三产业从业人口比例则较低。二是自给自足的生产观念浓厚，商品意识较淡薄，商贸业发展相对滞后，社会消费品零售总额比例远小于人口所占比例，人均社会消费品零售额也远小于全国平均水平，个别县甚至不及平均水平的1/3。三是城乡居民总体贫困程度较深，表现为年末城乡居民储蓄余额比例远小于人口比例，人均储蓄额也远小于全国平均水平。四是由于国家的强力投入和政策优惠，研究区个别县市的教育、医疗发展水平虽然落后于全国水平，但相比于其他产业还是较高的。与经济发展水平相一致，研究区县市的社会发展程度也较低，社会事业发展落后，主要表现在以下几个方面：

(1)从事农牧业的人口比重大。

(2)基础设施较落后，其表现为：①公路建设滞后；②能源供应严重不足；③通信保障条件差，由于国土辽阔，山岭高峻，除城镇及附近地区外，存在大片通信空白区；④农林水利基础设施条件差，农牧业生产受到自然条件的严重限制；⑤教育、医疗条件相对滞后。

(3)城乡居民消费水平偏低。

(4)城镇化发展严重滞后。

在未来15年，随着国家各项战略、政策在研究区的贯彻落实，随着研究区经济发展水平的不断提高，研究区的各项社会事业必将得到一个较大的发展。在教育事业方面，可以预计，未来研究区居住过于分散和游牧生活的状况将会得到很大改善，学龄儿童的入学率能得到进一步提高，九年义务教育将得到全面普及。完全可以相信，到2020年，研究区国民平均受教育年限将得到较大提高，在医疗卫生方面，由于研究区具有地广人稀、居住分散、生活条件相对艰苦等特点，研究区需要更多的医院床位、更多的医生才能满足居民的需要。可以预计，随着研究区经济社会发展水平的提高、居住的相对集中、居民生活条件的改善和全面小康社会的建成，公共卫生医疗体系建设将取得明显成效，新型农村合作医疗制度将覆盖全区，研究区居民的医疗卫生需求会得到更大程度的满足。

第3章　区域中短期及季节降水数值模拟

3.1　中短期降水数值模拟与预测

本研究采用中尺度非静力模式 WRF(Weather Research and Forecasting Model)进行小时和日降水的数值模拟。在大量数值模拟的基础上选取了适合该区域的物理参数化方案,由国家气象中心的 T213 大气环流预报模式数值产品以及 NCEP/NCAR 的再分析资料提供初始场和边界条件,对该区域做了高分辨率的降水模拟和预报。

3.1.1　WRF 模式简介

3.1.1.1　研发背景及基本特征

WRF 模式系统是由美国多家科研机构与政府管理部门科学家共同参与开发研究的新一代中尺度预报模式和同化系统。WRF 模式系统的开发计划是 1997 年由美国国家大气研究中心(NCAR) 中小尺度气象处、国家环境预报中心(NCEP)环境模拟中心、预报系统实验室(FSL)的预报研究处和奥克拉荷马大学的风暴分析预报中心等四单位联合发起开发,并由国家自然科学基金和国家海洋大气局(NOAA)共同支持。该项计划发起后,得到其他研究部门、大学、美国宇航局(NASA)、美国空军和海军、环保局等单位的响应,并共同参与开发研究工作,为新科研成果的应用、促进各单位的合作,起到了积极作用。WRF 模式作为一个公共模式,免费对外发布,第一版在 2000 年 10 月发布,此后又多次发布改进版本,于 2004 年 6 月发布了第二版;到 2007 年 11 月 1 日,发布了最新版本 V2. 2. 1,并且已经有了更完备的文档,包括用户指南和技术说明等。

WRF 包括多重区域,灵活的比率,单重和双重嵌套,并已经发布了与之协调的 3DVAR 系统,该变分同化系统能同化大量的常规和卫星资料,并且有调整后的背景误差统计功能。该系统的主要设计思路是要建立一个模块化、可移植、容易维护和扩展的并且能够在不同类型计算机上运行的软件结构,同时还必须有极大的经济效益。为此,WRF 使用了"层次化软件结构(Hierarchical software architecture)"。在这种层次结构中,主要包括模式层(Model layer,模式的动力框架、物理过程等真正属于模式计算的部分)、驱动层(Driver layer,进行初始化、时间积分、并行计算等)以及中间层(或调解层,Mediation layer,提供 Model layer 和 Driver layer 之间的接口),使得模式本身与模式的计算机处理过程无关,为物理模式的利用和扩展提供了方便。同时,WRF 使用了 Fortran90 的许多特性,如模块化的程序设计使得增加物理过程的工作变得十分容易;又如动态内存分配使得程序的运行效率得到提高等。在模式的输入输出部分,WRF 成功地利用了 netCDF 文件系统,在数据存储与不同类型的计算机无关的同时,提高了数据文件的读取速度,减小了数据文件占据的磁盘空间。另外,WRF 将数据文件的输入输出部分设计成为模式的"外部程序包(External Packages)",使得更改数据文件的输入输出部分更加容易。

总之,WRF 研发的起点较高,具有许多新的而且方便使用的特点。它包含高分辨率非静力应用的优先级设计、大量的物理选择,重点考虑从云尺度到天气尺度等重要天气的预报,水平分辨率重点考虑 1 ~ 10 km。WRF 的研制是为了给理想化的动力学研究、全物理过程的天气预报、空气质量预报以及区域气候模拟提供一个公用的模式框架,最终目的是代替或更新那些复杂区域模式系统,如现行 NCAR 的 MM5、NCEP 的 ETA 和 NOAA/FSL 的 RUC 等。目前,许多科研机构如 NCAR、AFWA、FSL 和 Illinois 大学等都开展了 WRF 模式系统的实际业务和科研应用。

3.1.1.2 模式差分方案与控制方程组

WRF 模式是一个完全可压缩的非静力模式,控制方程组都写为通量形式。水平网格采用了 Arakawa C 格点,有利于在高分辨率模拟中提高准确性。在时间积分方案上,WRF 推荐使用 Runge - Kutta 的 3 阶方案,但也提供了 Runge - Kutta 的 2 阶方案作为选择。

当前,WRF 发布两类模式动力框架,并采用时间分裂显示方案来求解动力方程组。模式中垂直高频波的求解采用隐式方案,其他的波动则采用显式方案。这两种方案的最大区别在于它们所采用的垂直坐标不同,第 1 种方案采用几何高度坐标(Eulerian height coordinate),即地面为 0 m,逐步上升到大气顶;第 2 种方案采用静力气压地形追随(质量)坐标(Eulerian mass coordinate),形式为:

$$\eta = (p_h - p_{ht})/\mu \tag{3-1}$$

式中:$\mu = p_{hs} - p_{ht}$,p_h 为气压的静力平衡分量;p_{hs}、p_{ht} 分别为地形表面和边界顶部的气压。可以看出,坐标在地面为 1,模式顶为 0(见图 3-1)。

由于 $\mu(x,y)$ 可看做为模式区域内(x ,y)格点上的单位水平面积上气柱的质量,所以近似通量形式的保守量则可写为:

$$\vec{V} = \mu\vec{v} = (U,V,W) \tag{3-2}$$

$$\Omega = \mu\eta \tag{3-3}$$

$$\Theta = \mu\theta \tag{3-4}$$

其中

$$\vec{v} = (u,v,w) \tag{3-5}$$

$$w = \eta \tag{3-6}$$

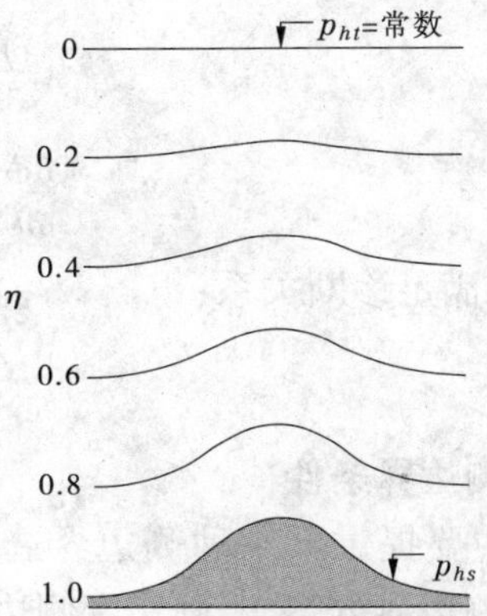

图 3-1 WRF 模式的 η 坐标系统

考虑非守恒量 $\phi = gz$ 和 $\alpha = 1/\rho$,则通量控制方程可写为:

$$\partial_t U + (\nabla \cdot \vec{V}u) - \partial_x(p\phi_\eta) + \partial_x(p\phi_x) = F_U \tag{3-7}$$

$$\partial_t V + (\nabla \cdot \vec{V}v) - \partial_y(p\phi_\eta) + \partial_y(p\phi_y) = F_V \tag{3-8}$$

$$\partial_t W + (\nabla \cdot \vec{V}w) - g(\partial_\eta p - \mu) = F_W \tag{3-9}$$

$$\partial_t \Theta + (\nabla \cdot \vec{V}\theta) = F_\Theta \tag{3-10}$$

$$\partial_t \mu + (\nabla \cdot \vec{V}) = 0 \tag{3-11}$$

$$\partial_t \phi + \mu^{-1}[(\vec{V} \cdot \nabla\varphi) - gW] = 0 \tag{3-12}$$

上述控制方程满足诊断关系:

$$\partial_\eta \phi = -\alpha\mu \tag{3-13}$$

和状态方程：

$$p = p_0(R_d\theta/p_0\alpha)^\gamma \tag{3-14}$$

其中　$\gamma = C_p/C_v = 1.4$，为 Poisson 指数。

进一步定义扰动量对参考态的偏差，即：

$$p = \bar{p}(z) + p' \tag{3-15}$$

$$\varphi = \bar{\phi}(z) + \phi' \tag{3-16}$$

$$\alpha = \bar{\alpha}(z) + \alpha' \tag{3-17}$$

$$\omega = \bar{\mu}(x) + \mu' \tag{3-18}$$

由于 η 坐标的坐标面一般都不是水平的，因此参考状态量 $\bar{p}$、$\bar{\phi}$、$\bar{\alpha}$ 通常是 x,y,η 的函数。利用这些扰动量，在不做任何近似的情况下，去除掉静力平衡部分，利用上述保守量，控制方程组可写成如下通量预报形式：

$$\frac{\partial U}{\partial t} + (\nabla \cdot U\vec{v})_\eta + \mu\alpha\frac{\partial p'}{\partial x} + (\eta\mu\frac{\partial\bar{\mu}}{\partial x})\alpha' + \mu\frac{\partial\phi'}{\partial x} + \frac{\partial\phi}{\partial x}(\frac{\partial p'}{\partial\eta} - \mu') = F_U \tag{3-19}$$

$$\frac{\partial V}{\partial t} + (\nabla \cdot V\vec{v})_\eta + \mu\alpha\frac{\partial p'}{\partial y} + (\eta\mu\frac{\partial\bar{\mu}}{\partial y})\alpha' + \mu\frac{\partial\phi'}{\partial y} + \frac{\partial\phi}{\partial y}(\frac{\partial p'}{\partial\eta} - \mu') = F_V \tag{3-20}$$

$$\frac{\partial W}{\partial t} + \nabla \cdot (\bar{v}W)_\eta - g(\frac{\partial p'}{\partial\eta} - \mu') = F_W \tag{3-21}$$

$$\frac{\partial\Theta}{\partial t} + (\nabla \cdot \bar{v}\Theta)_\eta = F_\Theta \tag{3-22}$$

$$\frac{\partial\mu}{\partial t} + (\nabla \cdot \bar{v}V)_\eta = 0 \tag{3-23}$$

$$\frac{\partial\phi}{\partial t} + (\bar{v} \cdot \nabla\Phi)_\mu = gw \tag{3-24}$$

方程组要求满足诊断关系：

$$\frac{\partial\phi'}{\partial\eta} = -\bar{\mu}\alpha' - \alpha\eta' \tag{3-25}$$

3.1.1.3　侧边界条件

WRF 主要提供了 4 种侧边界选择方案，分别是：周期性侧边界方案、开放式侧边界方案、对称性侧边界方案、明确实变侧边界方案。对于实时数据分析或模拟，均可以用这 4 种侧边界方案，但通常采用明确实变侧边界方案；而对于理想场试验，则不能使用明确实变侧边界方案，因为在理想场试验中，不产生外部边界文件。

3.1.1.4　物理过程参数化

WRF 模式中参考的物理过程及参数化过程包括云微物理过程、积云参数化、长波辐射、短波辐射、边界层湍流、表面层和陆面参数化以及次网格扩散等。下面对几个主要物理过程做简要介绍。

1）*边界层方案*

WRF V2 中有 3 种边界层方案可选：YSU 方案、MRF 方案和 MYJ 方案。YSU 方案根据 TM 模式进行改进，在热量和动量廓线中加入由卷挟造成的热量输送；引进 PBL 中速度尺度廓线和 Prandtl 数廓线，同时考虑了动量的非局地混合。实际上，YSU 方案是 MRF 方案的一种改进形式；在 WRF 的发展计划中，YSU 方案将完全替代 MRF 方案。MYJ 方案的基本原理是湍流动能的 1.5 阶闭合，它能预报 TKE，并有局部的垂直混合；Janjic 在 MY 方案的基础上，设计了洋面黏性子层方案，并对湍流主长度尺度进行了修正。

2）陆面过程参数化方案

WRF 模式现有 3 种陆面过程参数化方案：热量扩散（SLAB）方案、Noah/OSU 方案以及新引入的 RUC 方案。热量扩散方案使用垂直扩散方程预报 5 层的土壤温度，取地表以下 2 m 的土壤温度为固定温度；能量计算包括辐射、感热及潜热通量，此方案还可适用于雪盖和分裂的短时间步长。Noah 陆面模式是由 OSU 模式改进而来的，它能够预报 4 层的土壤湿度和温度，以及林冠蒸腾和等水量的雪深；它也能输出地面和地下的径流总量，在处理蒸发和蒸腾作用时，陆面过程使用了植被和土壤信息，该方案使用一个诊断方程来获取地表温度，同时使用一个合适的分子扩散层来阻止热量的传递，并考虑了雪盖和冻土的影响。最近，Tewari 等对其进行了进一步改进，充分地考虑了城市下垫面的影响。在 WRF V2 中，Smirnova 等将 RUC 系统中的 RUC 陆面模式耦合到 WRF 模式中，RUC 模式包含多层土壤以及雪盖和植被的处理，求解 6 层土壤热量和湿度输送方程，以及地表的能量及湿度收支方程，并用隐式方案计算地表通量，冻土的参数化考虑了土壤中相变的潜热释放，同时考虑了土壤中冰对水汽输送的影响（陈炯，2006）。

3）模式微物理方案简介

（1）Purdue Lin 方案。该方案取自 Purdue 云模式（Chen and Sun，2002），考虑了水汽、云水、雨、云冰、雪和霰等 6 种水物质。水物质各种产生项的参数化方案主要来自于 Lin 方案和 Rutledge and Hobbs 方案，并作了适当修改，包括饱和调整和冰晶沉降。Lin 方案是一个有冰、雪和霰过程的方案，可以说是 WRF 模式中相对复杂的方案，适用于实时资料的高分辨率模拟。

（2）WSM3 方案。WSM3 方案是在 WRF1.0 版本中 NCloud3 方案基础上修改了冰晶沉降和一些新的冰相参数化过程得到的。与其他方案最大的不同之处在于，冰晶的数浓度依赖于冰晶含量而不是温度，故其可用诊断关系表示。考虑了 3 种水物质：水汽、云水/云冰和雨水/雪。由温度来区分云水和云冰、雨水和雪，即 0 ℃以上为云水和雨水；0 ℃以下为云冰和雪。它是一个包含冰和雪过程的简单冰相方案，适用于中尺度网格大小。虽然 WSM3 方案考虑了冰相过程，但是运行效率仍然很高，可以用于业务运行。

（3）WSM6 方案。WSM5 方案是对 WRF1.0 版本中旧的 NCloud5 方案的修正，允许过冷水存在，并且使得雪花降到融化层以下时能够逐渐融化。与 WSM3 类似也包含了简单的冰相过程，但它允许过冷水的存在以及雪的缓慢融化。简单冰方案和复杂冰方案的区别在于：简单冰方案的冻结和融化只在冻结层的相邻层发生，由于相变潜热的作用在冻结层附近可能会出现温度反馈的不连续；复杂冰方案中雪的冻结和融化允许在一定厚度的模式大气中发生，温度反馈也更加连续、合理。WSM6 方案是在 WSM5 方案基础上增加了霰和与其相关的过程，但是在积冰计算和其他一些参数上有差异，通过在下降项（sub - step）中计算冰冻/融化过程来提高垂直加热廓线的计算精度，从而对水和冰晶物质进行饱和调整。对计算的量级进行最优化处理，减小方案对模式时间步长的敏感性。

（4）Ferrier 方案。该方案也叫做 New Eta Ferrier 方案。与水物质有关的预报变量有两类：一类是水汽混合比；另一类是把云水、雨水、冰、雪、霰等的混合物总量作为一个预报变量。降水由混合物总量通过诊断关系计算出来，计算过程中考虑了复杂的微物理过程。这个方案改变了模式中水汽和冷凝物的平流输送。在雪、霰或者冰雨形成中，它可以提取局地云水、雨、云冰和冰水密度变化的第一猜测信息；能够快速调整微物理过程，以适应大时间积分步长。

(5)Thompson 方案。Thompson 方案是对早期 Reisner 总体方案的改进。该方案是为了提高冻雨事件的预报水平以达到飞机安全预警目的而设计的，预报变量包含 6 种水物质和冰晶数浓度。微物理过程参数化方案普遍存在的问题是重复计算雪和霰的量，低估冰晶在出流区域的量，无法准确计算冻雨。相应地改进为：①主要冰晶的核化采用 Cooper 公式代替 Fletcher 曲线；②自动转换过程采用 Walko 方案代替 Kessler 方案；③对霰采用广义的 gamma 分布代替指数分布；④霰的拖曳参数由霰的混合比决定，代替不变的常数；⑤根据第 3 个因素，在雪的凇冻转换成霰之前，雪的凇附增长一定大于雪的凝华增长；⑥雪大小分布的拖曳参数依赖于温度；⑦雨大小分布的拖曳参数依赖于雨水混合比，因此要模拟小雨滴和雨滴的降落速度。

(6)积云对流参数化方案。目前给出了 3 种选择方案，分别是修正的 Kain-Fritsch 方案、Betts-Miller-Janjic (BMJ)方案和 Grell-Devenyi 方案。

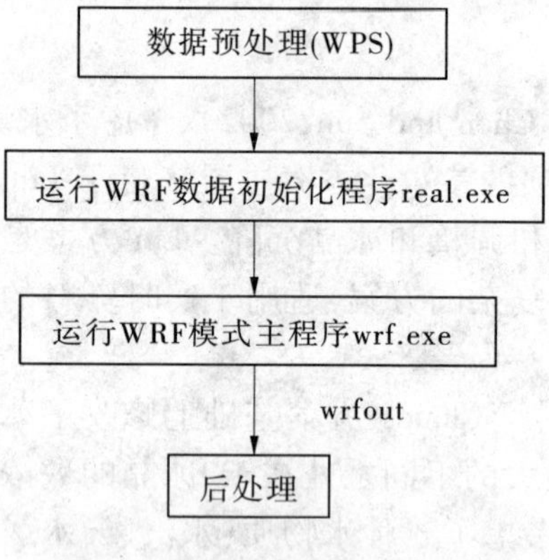

图 3-2　WRF 模式系统运行流程

3.1.2　数值预报流程

本书中中尺度数值模拟系统包括资料处理系统和中尺度模式系统量部分。资料处理系统主要是接收国家气象中心 T213 预报场 Grib 码资料等，并将 Grib 码资料解码；或对 NCEP/NCAR 的再分析 Grib 码资料解码。当资料接收并解码完成后，将资料传输到中尺度模式系统下，完成模式的数值模拟及预报。模式运行是在国家气象局信息中心 IBM 高性能计算机上完成的(见图 3-2)。

3.1.3　模式参数确定

3.1.3.1　模式系统网格区域的选取

网格区域设计是模式设计的重要环节。合理的网格设计，可以花费较少的计算代价而获得较高的计算精度，有效提高数值模式的预报能力和预报准确率。一般而言，数值模式差分格式的阶段误差，主要是由空间阶段误差造成的。要减少这种误差，可通过提高空间分辨率或空间差分精度实现。但要在整个计算区域内提高空间分辨率，会使计算量迅速增加，从而限制了对复杂模式的计算；提高空间差分精度，又往往比在低阶差分的情形更难找到合适的边界条件并容易导致计算不稳定。因此，在计算条件尚不满足的情况下，采用套网格技术予以完成，即在对计算的大区域取较粗的网格，而对其中关心的小区域取细网格。

中国气象局于 2004 年配置了超大型计算机 IBM CLUSTER1600，具有强大的计算能力，峰值运算速度可达 21.5 万亿次/s，曾高居世界计算能力前 6 名。这为本书开展大批量的数值分析、同化、模拟计算任务提供了良好的资源保障。因此，本书不使用嵌套网格设计，直接用高分辨率、细网格方案进行模拟计算。

根据本研究的区域范围，模式输出结果重点放在（24.46°N～35.75°N，90.54°E～114.93°E）；同时结合气象因素，考虑影响研究区域的天气系统，计算范围适当放大。最终选取的格网范围如下：中心为（32.5°N，95.0°E），格距为18 km，格点数为205×133。

3.1.3.2 物理参数化方案的确定

针对2006年7月6～7日、2006年9月14～20日两次降水过程，结合南水北调西线工程区域高分辨率的地形和陆面状况，由国家气象中心的T213大气环流预报模式数值产品以及NCEP/NCAR的再分析资料提供初始场和边界条件，我们在对该区域分别做了24 h和120 h高分辨率降水模拟和预报的基础上，对该区域模式系统中各物理过程的参数选择进行了测试，确定了适合该区域的物理参数化方案：

（1）积云对流参数化采用Grell-Devenyi ensemble方案。

（2）近地面层方案采用MYJ Monin-Obukhov方案。

（3）边界层参数化方案采用Eta Mellor-Yamada-Janjic TKE边界层方案。

（4）微物理过程参数化方案采用NCEP 5类方案。

（5）辐射参数化方案采用RRTM长波辐射方案和Dudhia短波辐射方案。

（6）陆面过程参数化方案采用OSU/MM5陆面过程方案。

3.1.3.3 资料简介

本研究使用国家气象中心提供的全球谱分析T213全球资料，以及NCEP/NCAR联合收集整理的再分析资料，其气象要素包括位势高度、风、温度、相对湿度、地面气压和地面温度；模式中使用10′×10′（约19 km空间分辨率）的地形资料。模式气压层为27层，模式层顶气压取为100 hPa。

3.1.4 模式试运行结果

3.1.4.1 2006年7月6～7日降水过程模拟预报

对于该时段降水，模式的起报时间为2006年7月6日00时（世界时，以下同），预报时效为24 h。由模式积分18 h得到的2006年7月6日18时前6 h累计降水分布可以看到，模式对该时段（25.0°N～30.0°N，100.0°E～105.0°E）分布做出了较为一致的预报（见图3-3）。

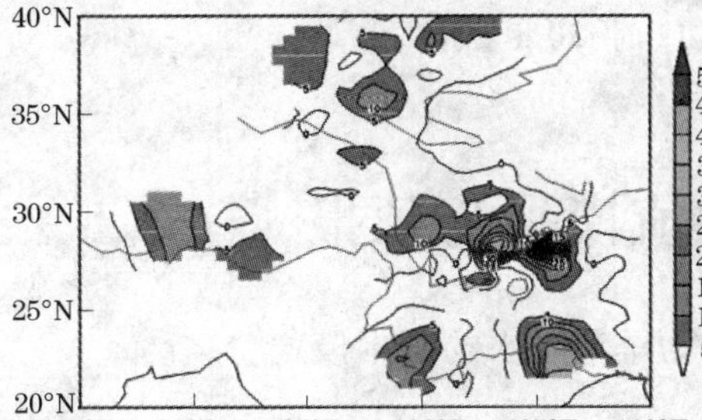

(a)实况降水

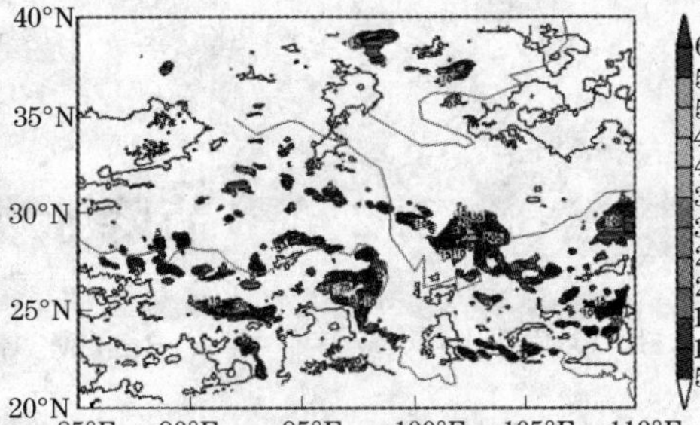

(b)数值模拟结果

图3-3 2006年7月6日18时6 h累计降水

从图 3-4 中可以看到,对高原东南部降水模拟与实况较为接近。如果以 1 mm、10 mm、25 mm 作为降水量客观检验阈值,模拟区域内的测站降水评分依次为 0. 143、0. 266、0. 171,可满足业务预报要求。由此可以初步认为,本研究中选取的物理参数化方案基本合理,能够对南水北调西线工程水源区天气系统的演变以及下游地区的降水变化做较好的模拟。这为下面个例中降水的滚动累计模拟提供较好的模式基础。

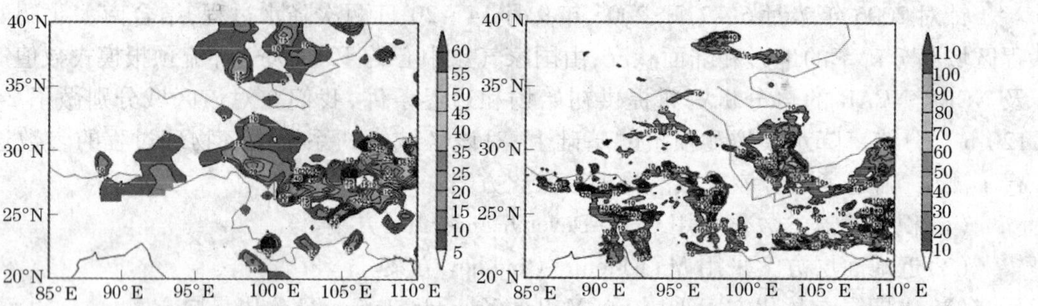

(a)实况降水　　(b)数值模拟结果

图 3-4　2006 年 7 月 7 日 00 时 24 h 累计降水

3. 1. 4. 2　2006 年 9 月 14 ~ 19 日滚动累计降水模拟

考虑南水北调水源区降水过程形成径流预报问题,首先需考虑水源区调水控制决策中大气降水过程累计滚动预报方案。本方案中选取该区降水预报的起报时间为 2006 年 9 月 14 日 12 时,滚动预报时效 120 h。由图 3-5 可以看到,对高原东南部降水模拟与实况较为接近。以上结果表明,该模式已经具备给出南水北调水源区滚动预报的技术能力。

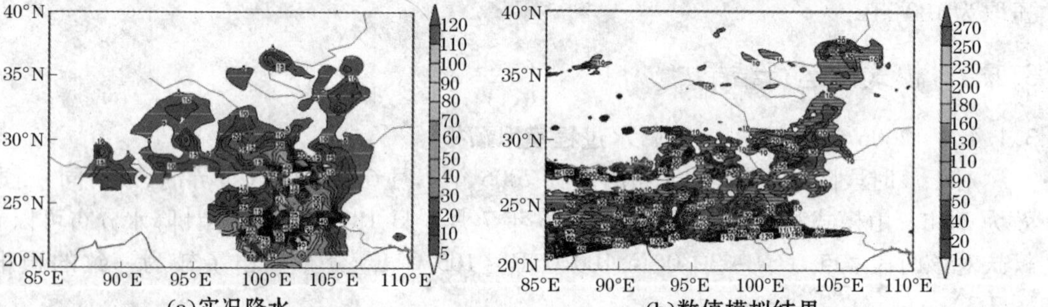

(a)实况降水　　(b)数值模拟结果

图 3-5　2006 年 9 月 19 日 12 时 120 h 累计降水

3. 2　季节降水数值模拟与预报

在本研究中,采用区域气候模式 RegCM3 作为季节降水的基本模式。

3. 2. 1　RegCM3 模式简介

20 世纪 80 年代末期 ~ 90 年代初期,Dickinson 等(1989)和 Giorgi 等(1990)提出了将有限范围模式用于区域气候研究的思想,其基于一种单向嵌套的概念模型,即由大气环流模式

（GCM）运行产生的大尺度气象场为高分辨率的区域气候模式提供初始条件和随时间变化的侧边界条件，但不包括区域气候模式向大气环流模式的反馈。根据这一思路，美国国家大气研究中心（NCAR）第一代区域气候模式（RegCM）在20世纪80年代末期建立在由NCAR和美国Pennsylvania州立大学联合开发的中尺度模式MM4的基础上，其动力框架来源于采用可压缩的静力平衡原始方程、有限差分时间积分方案以及垂直坐标系的MM4，后来为了减小由于陡峭地形梯度导致的水平扩散，在模式中加入了半显式时间积分机制（Giorgi F. et,1993），这样RegCM的动力核心与MM5的静力版本更为类似（Grell G. A. et,1994）。为了使MM4能够用于气候研究，其中的一些物理参数化方案，主要是辐射传输和陆面物理过程被替换，RegCM采用了生物－大气传输机制（BATS，Dickinson，1986）和NCAR全球模式CCM1的辐射传输方案，另外模式中还包含了中分辨率局地边界层方案、Kuo型积云对流方案和显式水汽方案等（Hsie E,1984）。在随后的研究中，一些物理和数值计算方案被进一步引入到RegCM中，形成了NCAR的第二代区域气候模式（RegCM2），RegCM2的框架来自与NCAR第二代全球模式CCM2和中尺度模式MM5，其中主要的物理方案变化包括以下四个方面：①CCM2辐射传输方案代替了原来的CCM1的辐射传输方案；②非局地边界层方案代替了原来的局地边界层方案；③引入了Grell质量通量积云对流参数化方案；④加入了新的生物圈－大气传输方案BATS1（Dickinson R. E,1993）。

近年来，一些新的物理方案，其中主要是最新的NCAR全球模式CCM3的辐射传输方案被用于区域气候模式，形成了NCAR的第三代区域气候模式（RegCM3）。CCM2中的太阳辐射传输采用Eddington方法计算，其中包含了H_2O、O_3、O_2、$CO_2$4种温室气体和云的影响，云辐射根据云量、云含水量和云滴有效半径3种参数进行计算。CCM3新的辐射传输方案类似于CCM2，但包含了更多的温室气体（如NO_2、CH_4等）、大气气溶胶以及云冰的影响效应。RegCM3中另一个重要的改进是云、降水物理过程中的原始显式水汽方案被简化，这个简化方案最大的特色是预报的云水变化被直接用于云辐射计算，而在以前的方案中，用于云辐射计算的云水变化是利用局地相对湿度诊断出来的。RegCM3中其他改进还包括：加入了一个能够描述辐射相互作用的跟踪模式（Qian J. H,1999），海洋表面通量的新参数化方案（Zeng X. B,1998），Betts－Miller积云对流参数化方案（Betts A. K,1999）以及用于解决云的次网格尺度变化问题的大尺度云、降水物理过程方案（Pal J,2000）等，另外对耦合的湖泊模式也进行了一些改进（Small E,1999）。此外，模式的输入和输出等部分也更加简单，可操作性更强。这样RegCM3中主要包含了3种可选的积云对流参数化方案（Kuo型积云对流方案、Grell质量通量方案以及Betts－Miller积云对流参数化方案）、5种可选的边界嵌套技术方案（复边界、线性张弛边界、时变边界、时变入流/出流边界和指数张弛边界）；陆面过程方案采用BATSE1（植被和土壤覆盖类型分为20种），辐射过程采用CCM3辐射传输方案，Holtslag高分辨率边界层模式等物理过程和分离时间积分方案。

3.2.2 模式基本结构

RegCM3垂直方向上采用了地形跟随坐标系（见图3-6），水平方向上为兰勃特地图投影坐标。水平网格采用Arakawa B形式矢量变量与数量变量交错分布网格（见图3-7），即数量变量（如气温、气压、湿度、高度等）配置在网格各个格子的中心（如图3-7中叉号所示），而风场（u、v）则被配置在各个格子的角上（如图3-7中的实心圆所示）。研究所采用的区域气候模式 RegCM3 的结构如图 3-8 所示。

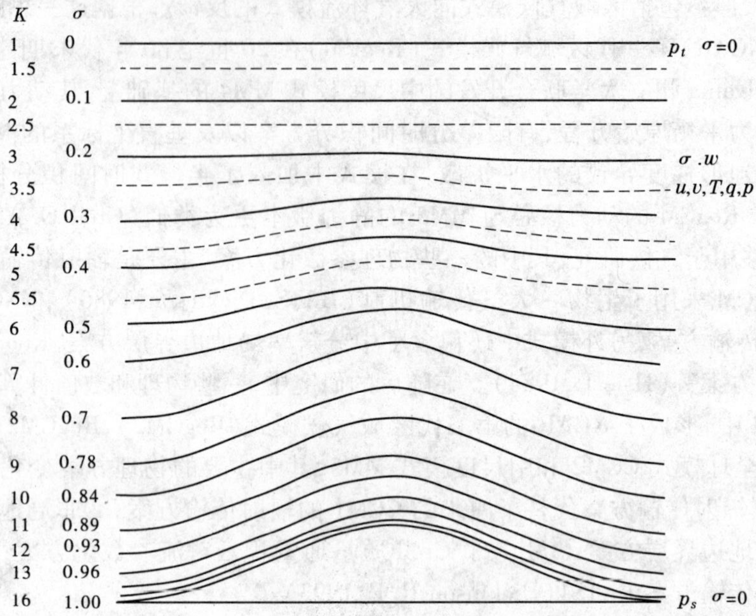

图 3-6 地形跟随 δ 坐标 16 层垂直结构示意图

注:实线表示整 δ 层,虚线表示半 δ 层。

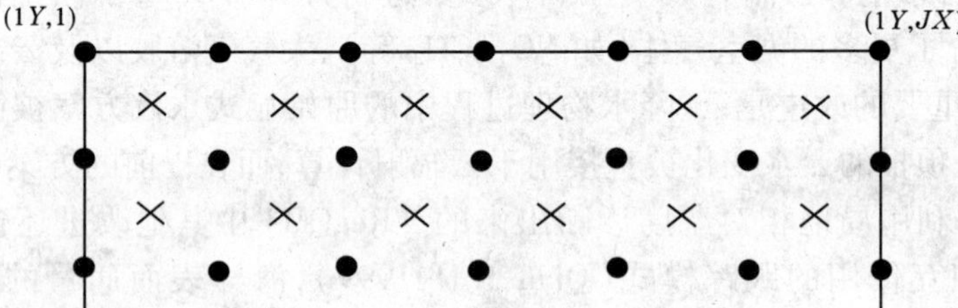

图 3-7 RegCM3 模式 ArakawaB 交错分布水平网格示意图

RegCM3 采用 Fortran 语言和结构化编程模式予以实现,包括预处理模块、程序主模块和后处理模块 3 个基本板块,详见图 3-8。

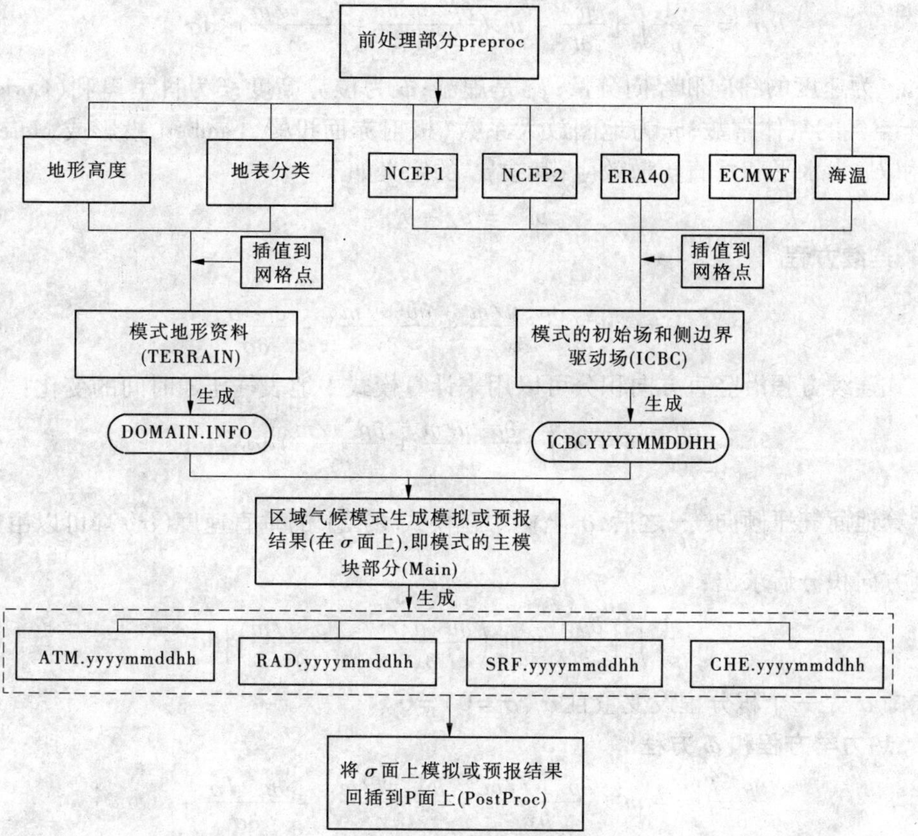

图 3-8　区域气候模式结构

3.2.3　基本控制方程

3.2.3.1　坐标系统

区域气候模式 RegCM3 的垂直坐标是随地形 σ 坐标:

$$\sigma = \frac{p - p_t}{p_s - p_t} \tag{3-26}$$

式中:p 为气压;p_s 为地表气压;p_t 为模式大气顶层气压。

从方程(3-26)可看出,σ 在顶部为 0,在地表为 1。

3.2.3.2　运动方程

$$\frac{\partial p^* u}{\partial t} = -m^2\left(\frac{\partial p^* uu/m}{\partial x} + \frac{\partial p^* vu/m}{\partial y}\right) - \frac{\partial p^* u\dot{\sigma}}{\partial \sigma} - mp^*\left[\frac{RT_v}{(p^* + p_t/\sigma)}\frac{\partial p^*}{\partial x} + \frac{\partial \phi}{\partial x}\right] + fp^* v + F_H u + F_V u \tag{3-27}$$

$$\frac{\partial p^* v}{\partial t} = -m^2\left(\frac{\partial p^* uv/m}{\partial x} + \frac{\partial p^* vv/m}{\partial y}\right) - \frac{\partial p^* v/\dot{\sigma}}{\partial \sigma} - mp^*\left[\frac{RT_v}{p^* + p_t/\sigma}\frac{\partial p^*}{\partial y} + \frac{\partial \phi}{\partial y}\right] + fp^* u + F_H v + F_V v \tag{3-28}$$

$$\dot{\sigma} = -\frac{1}{p^*}\int_0^{\sigma}[\frac{\partial p^*}{\partial t} + m^2(\frac{\partial p^* u/m}{\partial x} + \frac{\partial p^* v/m}{\partial y})]d\sigma' \tag{3-29}$$

式中：u 和 v 为速度的纬向和经向分量；T_v 是虚温；ϕ 为位势高度；f 为科里奥利(Coriolis)参数；R 为干空气的气体常数；m 为地图放大系数(极射赤面投影，Lambert 投影或 Mercator 投影)；F_H 和 F_V 为水平和垂直辐散效应；其中 p^* 的定义如下：

$$p^* = p_s - p_t \tag{3-30}$$

3.2.3.3 连续方程

$$\frac{\partial p^*}{\partial t} = -m^2(\frac{\partial p^* u/m}{\partial x} + \frac{\partial p^* v/m}{\partial y}) - \frac{\partial p^* \dot{\sigma}}{\partial \sigma} \tag{3-31}$$

将上式连续方程沿竖直方向积分可以用来计算模式中地表气压随时间的变化：

$$\frac{\partial p^*}{\partial t} = -m^2\int_0^1(\frac{\partial p^* u/m}{\partial x} + \frac{\partial p^* v/m}{\partial y})d\sigma \tag{3-32}$$

在计算地面气压倾向$\frac{\partial p^*}{\partial t}$之后，$\sigma$ 坐标中在模式每层上的垂直速度($\dot{\sigma}$)都可以由连续方程沿垂直方向积分后求出：

$$\dot{\sigma} = -\frac{1}{p^*}\int_0^{\sigma}\left[\frac{\partial p^*}{\partial t} + m^2\left(\frac{\partial p^* u/m}{\partial x} + \frac{\partial p^* v/m}{\partial y}\right)\right]d\sigma' \tag{3-33}$$

上式中 σ'是一个积分虚设变量且 $\dot{\sigma}(\sigma=0)=0$。

3.2.3.4 热力学方程和 ω 方程

$$\frac{\partial p^* T}{\partial t} = -m^2(\frac{\partial p^* uT/m}{\partial x} + \frac{\partial p^* vT/m}{\partial y}) - \frac{\partial p^* T\dot{\sigma}}{\partial \sigma} + \frac{RT_v\omega}{C_{pm}(\sigma + p_t/p_{ast})} + \frac{p^* Q}{C_{pm}} + F_H T + F_V T \tag{3-34}$$

式中：C_{pm}为湿空气的定压比热；Q 为非绝热加热；$F_H T$ 为水平扩散效益；$F_V T$ 为垂直混合效益和干对流调整。

而

$$\omega = p^*\dot{\sigma} + \sigma\frac{dp^*}{dt} \tag{3-35}$$

其中

$$\frac{dp^*}{dt} = \frac{\partial p^*}{\partial t} + m\left(u\frac{\partial p^*}{\partial x} + v\frac{\partial p^*}{\partial y}\right) \tag{3-36}$$

C_{pm}的表达式为

$$C_{pm} = C_p(1 + 0.8q_v) \tag{3-37}$$

式中：C_p 为干空气的定压比热；q_v 为水汽混合比率。

3.2.3.5 流体静力学方程

$$\frac{\partial\phi}{\partial\ln(\sigma + p_t/p^*)} = -RT_v\left[1 + \frac{q_c + q_r}{1 + q_v}\right]^{-1} \tag{3-38}$$

其中 T_v 由下式给出：

$$T_v = T(1 + 0.608q_v) \tag{3-39}$$

且 q_c 和 q_r 分别为云水混合比和雨水混合比。

3.2.4 模式参数化方案确定

3.2.4.1 模式系统网格区域的选取

根据本项研究的区域范围(24°N～36°N,90°E～105°E),模式的水平分辨率取为20 km,模拟区域中心位于(30°N,97.5°E),东西方向格点数为140,南北方向格点数为100,模式垂直分层为18层,模式顶层高度为50 hPa,模式时间积分步长为30 s。

3.2.4.2 物理参数化方案的确定

由NCEP/NCAR的再分析资料提供初始场和边界条件,对研究区域从1998年4月25日12时连续积分到9月1日12时,进行了共128天的模拟计算,并对运行结果的降水情况作了具体分析。在此基础上,结合南水北调西线工程区域高分辨率的地形和陆面状况,对该区域模式系统中各物理过程的参数化方案的选择进行了试验,基本上确定了适合该区域的物理参数化方案。

(1)积云对流参数化方案:基于Fritsch和Chappell闭合假设的Grell方案。

(2)行星边界层方案:Holtslag方案。

(3)侧边界条件:指数松弛方案。

(4)海洋通量参数化方案:Zeng方案。

(5)辐射参数化方案:NCAR的CCM3辐射方案。

(6)陆面过程参数化方案:BATSle陆面过程方案。

3.2.4.3 资料简介

模式运行所需要的输入数据有地形、陆地类型、天气再分析数据以及海洋表面温度SST数据。其中地形和陆地类型数据分别采用美国地质勘测局的GTOPO30和GLCC(分辨率为10′,约19 km空间分辨率)资料;天气再分析数据使用NNPR1资料,包括气温、高度场、相对湿度、经向风、纬向风等数据,用作初始场和侧边界强迫;SST数据利用美国国家海洋大气管理局(NOAA)提供的1°分辨率的最优内插海洋表面温度的周分析资料。

3.2.5 结果及评价

在本研究中,采用区域气候模式RegCM3对西线工程水源区1998年夏季降水作了模拟。对比分析1998年夏季及6、7、8月各时段实测降水(见图3-9(a)、(b)、(c)、(d))与RegCM3模式模拟对应时段的降水(见图3-9(a1)、(b2)、(c3)、(d4))可知,夏季西线水源区石鼓站、小得石站与泸定站区域呈南北向雨带分布,降水高值区位于小得石站、泸定站附近,且实测降水区与模拟计算降水区均处于一高值中心附近。6、7、8月各月时段降水亦均呈上述南北向主体雨带分布,水源区小得石站、泸定站各月实测降水与模拟降水雨量相近,且均呈高于石鼓站区域的分布特征。由上述模拟计算结果可见,在水源区嵌套外区域模式预测具有可靠性前提下,RegCM3区域气候模式可以作为南水北调西线水源区调水系统的业务化预报模式工具之一(见图3-10)。

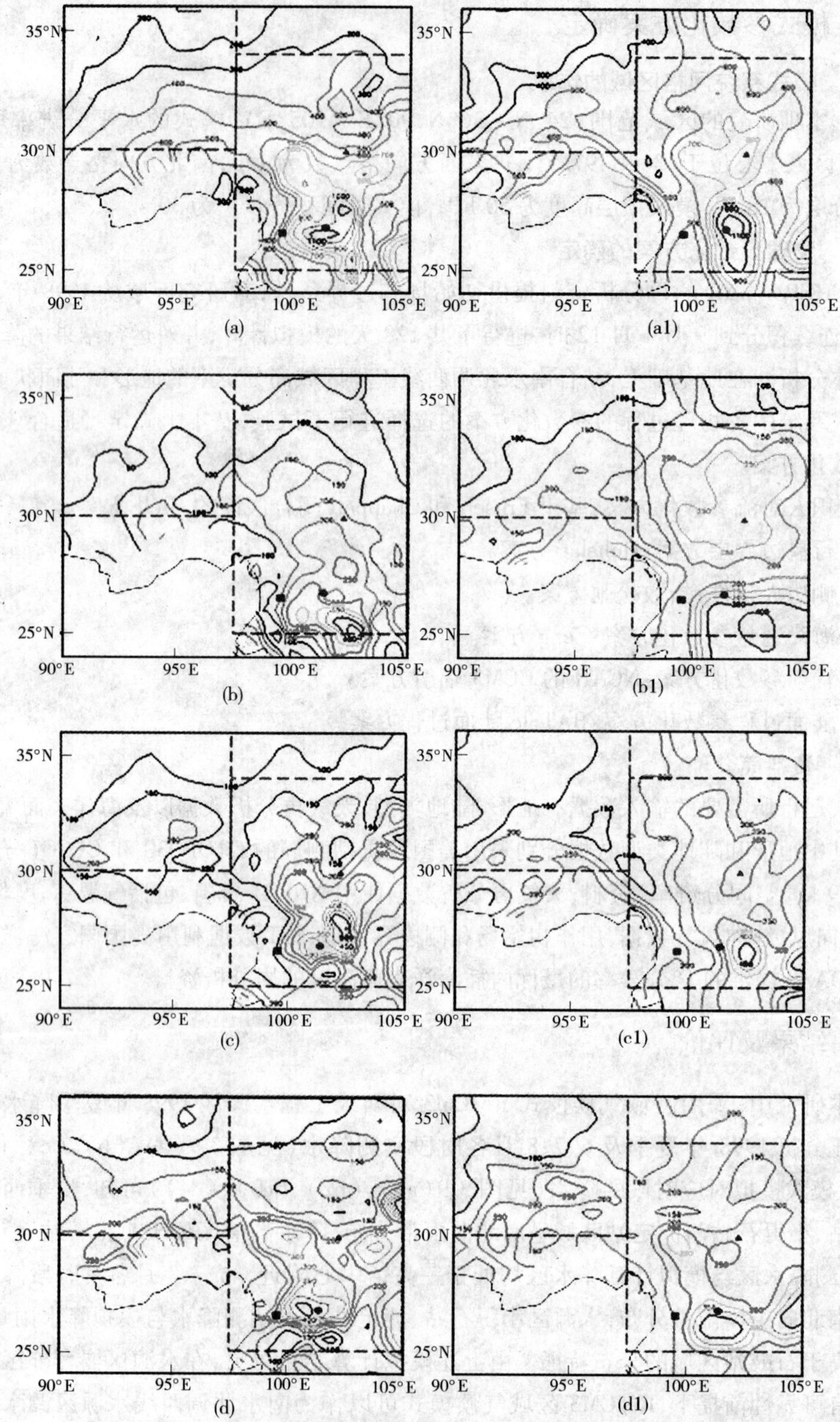

图 3-9　1998 年实测降水与预测结果空间分布对比　（单位:mm）
（a ~ d 为实测结果,a1 ~ d1 为模拟结果）

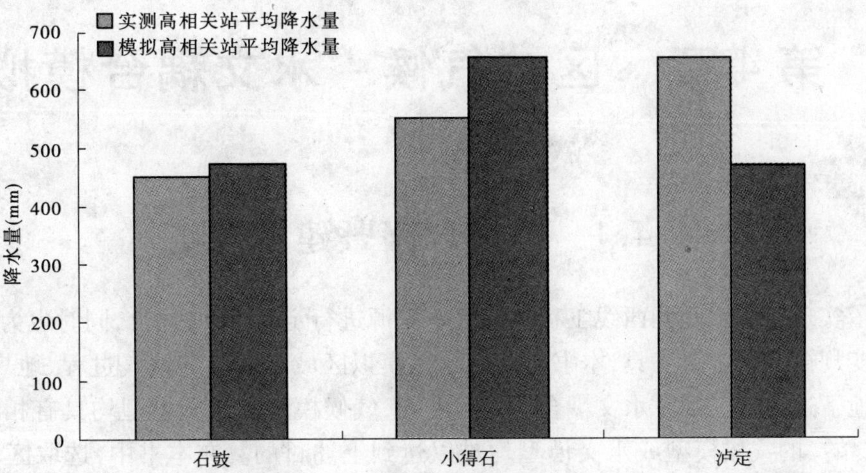

图 3-10　实测降水与预测结果对比

第 4 章　区域气候 - 水文耦合模拟

4.1　总体思路暨建模策略

为了实现对南水北调西线工程水源区水资源进行定量、实时评价，同时也为研究区域水循环演变规律提供定量工具，本书需要构建能模拟区域水循环的大气过程、地表过程、土壤过程及地下过程的气候 - 水文耦合模型。然而，气候模型和水文模型均具有相对独立的发展历程，单一的气候模型或水文模型均难以达到上述目的。在本书中，选取区域气候模式(RegCM3)和水分能量传输模型(WEP 模型)作为耦合模型开发的原始模型，构建区域气候 - 水文耦合模拟模型。RegCM3 模型中已含有陆面过程的模拟模块(BATS)，但该模块主要是进行天然水循环垂直过程的模拟，且空间尺度较大。为此，在本书中，关键是在 RegCM3 模型总体框架内，利用 WEP 模型对西线工程水源区内水循环的陆面过程进行小尺度的详细描述；同时，地表能量过程也按照陆面水循环模拟尺度要求进行模拟；西线工程水源区以外的区域，仍采用 BATS 模型模拟其陆面过程(见图 4-1)。

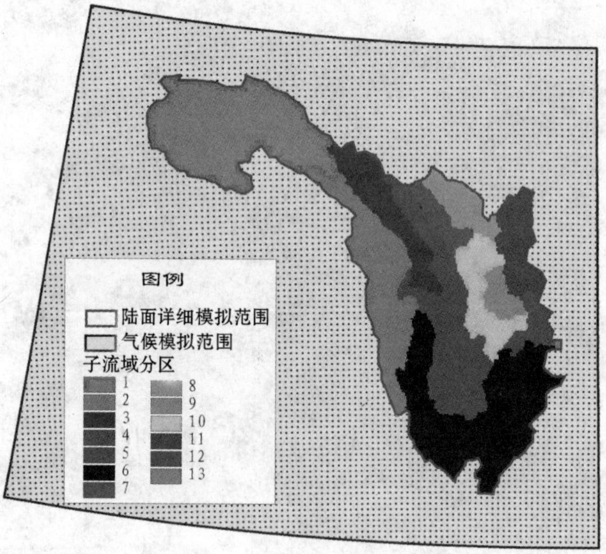

图 4-1　耦合模拟分区策略

由于在 RegCM3 的模拟中，要求所模拟的地域空间是规则的矩形单元。为此，在本研究中，设定流域范围和矩形单元两类模拟边界，以满足陆面水文精细模拟和区域气候模拟的空间要求。对于 RegCM3 模型校验而言，关键是物理过程参数化处理模式的选取；而在分布式水循环模型校验中,需要对植被、土壤、水文地质有关参数进行率定。故在本研究中,采用两步法对模型进行校验:第一步是对分布式水循环模拟模型进行校验,确立分布式水循环模拟中河床材质、导水系数及植生阻抗等参数;第二步是对耦合模型进行整体校验,重点是确立大气过程的参数化方案。

4.2 模型结构

4.2.1 水平结构

模型的空间计算单元采用正方形网格。耦合模型总体格网单元为 10 km×10 km,西线工程水源区范围内的网格单元大小是 5 km×5 km(见图 4-2)。

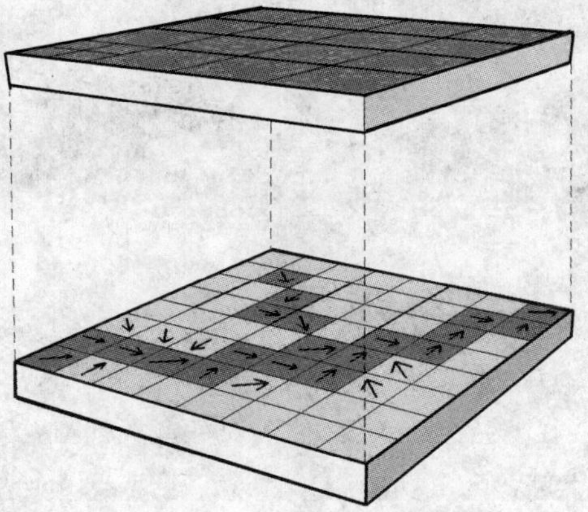

图 4-2 模型水平结构

考虑网格内土地利用的不均匀性,在西线工程水源区范围内,采用“马赛克”法,即根据不同土地利用类型的水文特性,把单元内的土地归成数类,分别计算各类土地类型的地表面水热通量,取其面积平均值为网格单元的地表面水热通量。土地利用首先分为水域、裸地-植被域、不透水域 3 大类。裸地-植被域又分为裸地、草地与耕地、林地 3 类,不透水域分为地表面与都市建筑物。另外,根据流域数字高程(DEM)及数字化河网等,设定网格单元的汇流方向来追迹计算坡面径流。而各支流及干流的河道汇流计算,根据有无下游边界条件采用一维运动波法或动力波法由上游端至下游端追迹计算。西线工程水源区以外的模拟区域,按照 RegCM3/TERRAIN 中的处理方式进行处理。

4.2.2 垂直结构

模型垂直结构整体上遵照 RegCM3 模型的要求,但在水源区范围内,垂直结构做了进一步细化。在铅直方向,从上到下分别依次是 23 层大气分层、植物截留层、地表洼地储留层、土壤层、过渡带层、浅层地下水层和深层地下水层等(见图 4-3)。

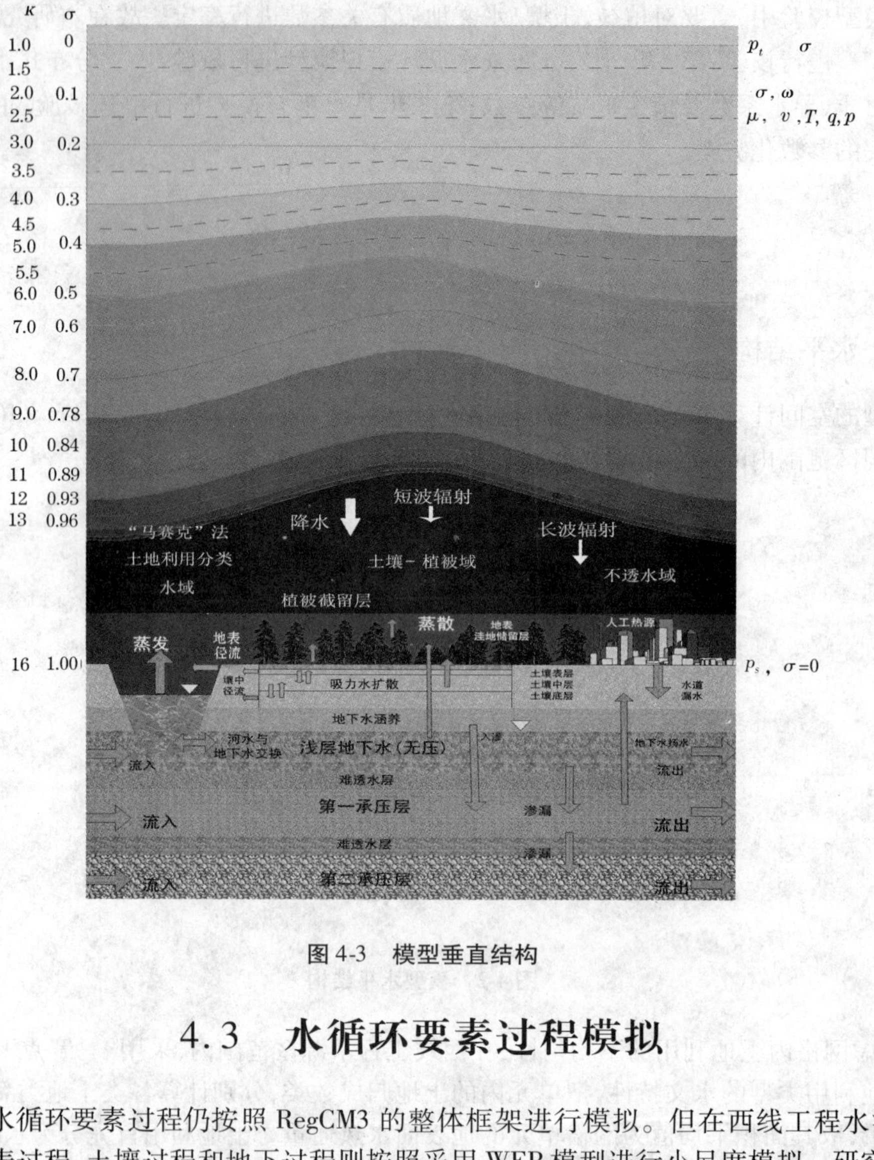

图 4-3　模型垂直结构

4.3　水循环要素过程模拟

区域水循环要素过程仍按照 RegCM3 的整体框架进行模拟。但在西线工程水源区内，水循环地表过程、土壤过程和地下过程则按照采用 WEP 模型进行小尺度模拟。研究区范围内所有的水循环大气过程采用 RegCM3 模型进行大尺度模拟。在本节中，重点介绍水源区范围内地表过程、土壤过程和地下过程模拟及地表过程与不同尺度单元大气耦合过程等。

4.3.1　大气过程模拟

在耦合模型中，水循环大气过程的模拟完全按 RegCM3 模型进行模拟，其基本模拟过程详见第 3 章。但在西线工程水源区范围内的耦合模拟中，需要对大气模拟单元的降水再分配到陆面过程的模拟单元上。在本研究中，采用高程修正的方法进行降水的空间展布。各计算单元降水的高程修正系数则按 1956～2000 年降水序列特征予以确定。

$$p_a = \sum_{i=1}^{4} \left[p_i + \eta_i \times (H_i - \overline{H}) \right] \tag{4-1}$$

式中：p_a 为大气模拟尺度单元上的降水量；p_i 为第 i 个陆面计算单元上的降水量；η_i 为 i 个

$$E_{u2} = \begin{cases} E_{u2\max} & P + H_{u2} \geq E_{u2\max} \\ P + H_{u2} & P + H_{u2} < E_{u2\max} \end{cases} \tag{4-21}$$

$$R_{u2} = \begin{cases} 0 & H_{u2} \leq H_{u2\max} \\ H_{u2} - H_{u2\max} & H_{u2} > H_{u2\max} \end{cases} \tag{4-22}$$

式中：P 为降雨量；H_u 为洼地储蓄量；E_u 为蒸发量；R_u 为表面径流量；$H_{u\max}$ 为最大洼地储蓄深；$E_{u\max}$ 为潜在蒸发量（由 Penman 公式计算）；c 为都市建筑物在不透水域的面积率；下标 1 为都市建筑物；下标 2 为都市地表面。

而裸地－植被域（透水域）的地表径流则根据降雨强度是否超过土壤的入渗能力分以下两种情况计算。

1）霍顿坡面径流（Hortonian overland flow）

当降雨强度超过土壤的入渗能力时将产生这类地表径流 $R1_{ie}$，即超渗产流，由下式计算：

$$\partial H_{sv}/\partial t = P - E_{sv} - f_{sv} - R1_{ie} \tag{4-23}$$

$$R1_{ie} = \begin{cases} 0 & H_{sv} \leq H_{sv\max} \\ H_{sv} - H_{sv\max} & H_{sv} > H_{sv\max} \end{cases} \tag{4-24}$$

式中：P 为降水量；H_{sv} 为裸地－植生域的洼地储蓄；$H_{sv\max}$ 为最大洼地储蓄深；E_{sv} 为蒸散发；f_{sv} 为由通用 Green-Ampt 模型算出的土壤入渗能力。

2）饱和坡面径流（Saturation overland flow）

对于河道两岸及低洼的地方，由于地形的作用，土壤水及浅层地下水逐渐汇集到这些地方，土壤饱和或接近饱和状态后遇到降雨便形成饱和坡面径流，即蓄满产流，需根据非饱和土壤水运动方程来求解。为减轻计算负担，将表层土壤分成数层，按照非饱和状态的达西定律和连续方程进行计算：

$$\frac{\partial H_s}{\partial t} = P(1 - VEG_1 - VEG_2) + VEG_1 \cdot Rr_1 + VEG_2 \cdot Rr_2 - E_0 - Q_0 - R1_{se} \tag{4-25}$$

$$R1_{se} = \begin{cases} 0 & H_s \leq H_{s\max} \\ H_s - H_{s\max} & H_s > H_{s\max} \end{cases} \tag{4-26}$$

$$\frac{\partial \theta_1}{\partial t} = \frac{1}{d_1}(Q_0 + QD_{12} - Q_1 - R_{21} - E_s - Etr_{11} - Etr_{21}) \tag{4-27}$$

$$\frac{\partial \theta_2}{\partial t} = \frac{1}{d_2}(Q_1 + QD_{23} - QD_{12} - Q_2 - R_{22} - Etr_{12} - Etr_{22}) \tag{4-28}$$

$$\frac{\partial \theta_3}{\partial t} = \frac{1}{d_3}(Q_2 - QD_{23} - Q_3 - Etr_{13}) \tag{4-29}$$

$$Q_j = k_j(\theta_j) \qquad (j = 1、3) \tag{4-30}$$

$$Q_0 = \min\{k_1(\theta_s), Q_{0\max}\} \tag{4-31}$$

$$Q_{0\max} = W_{1\max} - W_{10} - Q_1 \tag{4-32}$$

$$QD_{j,j+1} = \bar{k}_{j,j+1} \cdot \frac{\psi_j(\theta_j) - \psi_{j+1}(\theta_{j+1})}{(d_j + d_{j+1})/2} \qquad (j = 1、2) \tag{4-33}$$

$$\bar{k}_{j,j+1} = \frac{d_j \cdot k_j(\theta_j) + d_{j+1} \cdot k_{j+1}(\theta_{j+1})}{d_j + d_{j+1}} \qquad (j = 1、2) \tag{4-34}$$

以上式中：H_s 为洼地储蓄；H_{smax} 为最大洼地储蓄；VEG_1、VEG_2 为裸地－植生域的高植生和低植生的面积率；Rr_1、Rr_2 为从高植生和低植生的叶面流向地表面的水量；Q 为重力排水；$QD_{j,j+1}$ 为吸引压引起的 j 层与 $j+1$ 层土壤间的水分扩散；E_0 为洼地储蓄蒸发；E_s 为表层土壤蒸发；Etr 为植被蒸散（第一下标中的 1 表示高植生、2 表示低植生；第二下标表示土壤层号）；R_2 为壤中径流；$k(\theta)$ 为体积含水率 θ 对应的土壤导水系数；$\psi(\theta)$ 为体积含水率 θ 对应的土壤吸引压；d 为土壤层厚度；W 为土壤的蓄水量；W_{10} 为表层土壤的初期蓄水量。另外，下标 0、1、2、3 分别为洼地储蓄层、表层土壤层、第 2 土壤层和第 3 土壤层。

4.3.2.4 积雪融雪过程

尽管"能量平衡法"对积雪融雪过程的描述提供了很好的物理基础，但由于求解能量平衡方程所需参数及数据多，因此在实践中常用简单实用的"温度指数法"（Temperature-index approach）或称"度日因子法"来模拟积雪融雪日或月变化过程。WEP 模型目前采用"温度指数法"计算积雪融雪的日变化过程：

$$SM = M_f(T_a - T_0) \tag{4-35}$$

$$\frac{\mathrm{d}S}{\mathrm{d}t} = SW - SM - E \tag{4-36}$$

式中：SM 为融雪量；M_f 为融化系数或称"度日因子"；T_a 为气温指标；T_0 为融化临界温度；S 为积雪水当量；SW 为降雪水当量；E 为积雪升华量。

"度日因子"既随海拔高度和季节变化，又随下垫面条件变化，常作为模型调试参数对待。一般情况下为 1～7 mm/（℃·d），且裸地高于草地，草地高于森林。气温指标通常取为日平均气温。融化临界温度通常为 －3～0 ℃。另外，为将降雪与降雨分离，还需要雨雪临界温度参数（通常为 0～3 ℃）。

4.3.2.5 地表过程与大气过程的耦合

就水循环地表过程与大气过程的耦合而言，其关键就是将地表蒸散发水汽通量输入到大气过程模拟中。对于西线工程水源区范围内的地表过程与大气过程耦合而言，主要是建立大气模拟单元与地表模拟单元的空间关系，并计算其对应的蒸散发通量。在本研究中，采用算术平均的方法获得大气模拟单元的蒸散发通量。

$$E_a = \frac{1}{4}\sum_{i=1}^{4} E_i \tag{4-37}$$

式中：E_a 和 E_i 分别为大气计算单元和陆面计算单元的蒸散发通量。

为减少程序二次开发工作量，在本书中，将 RegCM3 中 BNDRY 模块中有关陆面单元水循环计算过程屏蔽，并将上述获得大气计算单元的蒸散发通量赋值给对应的耦合变量（linkage to meteorological model），从而实现水循环地表过程与大气过程的耦合。

4.3.3 土壤过程及地下过程模拟

水循环的土壤过程及地下过程主要包括入渗、壤中径流、地下水运动以及植物蒸腾 4 个方面。

4.3.3.1 入渗

降雨时的地表入渗过程受雨强和非饱和土壤层水分运动所控制。由于非饱和土壤层水分运动的数值计算既费时又不稳定，而许多研究表明，除坡度很大的山坡外，降雨过程中土壤水分运动以垂直入渗占主导作用,降雨之后沿坡向的土壤水分运动才逐渐变得重要。因此,WEP 模型采用 Green – Ampt 铅直一维入渗模型模拟降雨入渗及超渗坡面径流。Green-Ampt 入渗模型物理概念明确,所用参数可由土壤物理特性推出,并已得到大量应用验证。Mein – Larson(1973)及 Chu(1978)曾将 Green – Ampt 入渗模型应用于均质土壤降雨时的入渗计算,Moore – Eigel(1981)将 Green – Ampt 入渗模型扩展到稳定降雨条件下的二层土壤的入渗计算。考虑到由自然力和人类活动(如农业耕作)等引起的土壤分层问题,Jia 和 Tamai 于 1997 年提出了实际降雨条件下的多层 Green – Ampt 模型,以下称通用 Green – Ampt 模型。

如图 4-4 所示,当入渗湿润锋到达第 m 土壤层时入渗能力由下式计算:

$$f = k_m \cdot (1 + \frac{A_{m-1}}{B_{m-1} + F}) \tag{4-38}$$

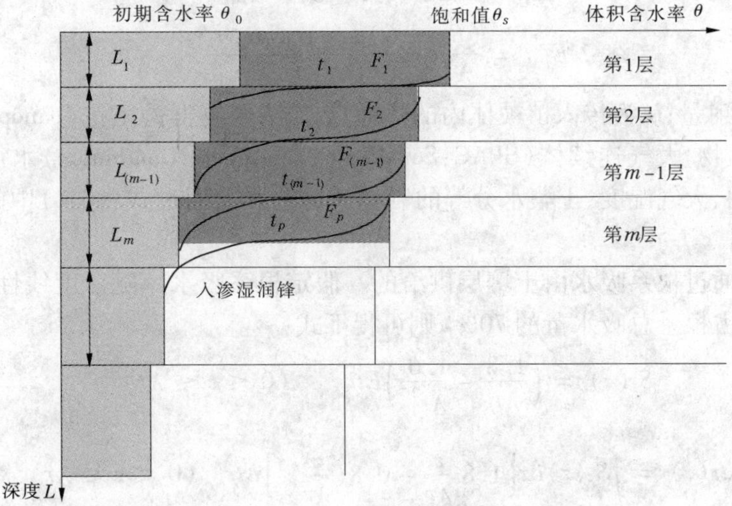

图 4-4　多层构造土壤的入渗示意图

式中:f 为入渗能力;F 为累积入渗量;k_m、A_{m-1}、B_{m-1} 见后述。累积入渗量 F 的计算方法,视地表面有无积水而不同。

如果自入渗湿润锋进入第 $m-1$ 土壤层时起地表面就持续积水,那么累积入渗量由式(4-39)计算;如果前一时段 t_{n-1} 地表面无积水,而现时段 t_n 地表面开始积水,那么由式(4-40)计算。

$$F - F_{m-1} = k_m(t - t_{m-1}) + A_{m-1} \cdot \ln(\frac{A_{m-1} + B_{m-1} + F}{A_{m-1} + B_{m-1} + F_{m-1}}) \tag{4-39}$$

$$F - F_p = k_m(t - t_p) + A_{m-1} \cdot \ln(\frac{A_{m-1} + B_{m-1} + F}{A_{m-1} + B_{m-1} + F_p}) \tag{4-40}$$

$$A_{m-1} = (\sum_{i=1}^{m-1} L_i - \sum_{i=1}^{m-1} L_i k_m / k_i + SW_m)\Delta\theta_m \tag{4-41}$$

$$B_{m-1} = (\sum_{i=1}^{m-1} L_i k_m / k_i)\Delta\theta_m - \sum_{i=1}^{m-1} L_i \Delta\theta_i \tag{4-42}$$

$$F_{m-1} = \sum_{i=1}^{m-1} L_i \Delta\theta_i \tag{4-43}$$

$$F_p = A_{m-1}(I_p/k_m - 1) - B_{m-1} \tag{4-44}$$

$$t_p = t_{m-1} + (F_p - F_{m-1})/I_p \tag{4-45}$$

以上式中：SW 为入渗湿润锋处的毛管吸引压；k 为土壤层的导水系数；θ_m 为土壤层的含水率；θ_0 为土壤层的初期含水率；t 为时刻；F_p 为地表面积水时的累积入渗量；t_p 为积水开始时刻；I_p 为积水开始时的降雨强度；t_{m-1} 为入渗湿润锋到达第 m 层与第 $m-1$ 层交界面的时刻；L 为入渗湿润锋离地表面的深度；L_i 为第 i 层的厚度；$\Delta\theta$ 为 $\theta_s - \theta_0$。

4.3.3.2　**植物蒸腾**

土壤层中的植物蒸腾是水分通过植物的根系吸收，由土壤层上升到地表层，最后在叶面或者冠层上蒸腾蒸发，模型中主要采用的是 Penman-Monteith 公式（Monteith，1973）计算。

$$Etr = VEG \cdot (1 - \delta) \cdot E_{PM} \tag{4-46}$$

$$E_{PM} = \frac{(R_N - G)\Delta + \rho_a C_p \delta_e / r_a}{\lambda[\Delta + \gamma(1 + r_c/r_a)]} \tag{4-47}$$

式中：R_N 为净放射量；G 为传入植被体内的热通量；r_c 为植物群落阻抗（canopy resistance）。蒸腾属于土壤、植物、大气连续体（SPAC：Soil-Plant-Atmosphere Continuum）水循环过程的一部分，受光合作用、大气湿度、土壤水分等的制约。这些影响通过式（4-47）中的植物群落阻抗 r_c 来考虑。

植被蒸腾是通过根系吸水由土壤层供给的。假定根系吸水率随深度线性递减、根系层上半部的吸水量占根系总吸水量的 70%，则可得下式：

$$S_r(z) = \left(\frac{1.8}{\lambda r} - \frac{1.6}{\lambda r^2} z\right) Etr \qquad (0 \leqslant z \leqslant \lambda r) \tag{4-48}$$

$$Etr(z) = \int_0^z S_r(z)\,dz \left[1.8\frac{z}{\lambda r} - 0.8\left(\frac{z}{\lambda r}\right)^2\right] Etr \quad (0 \leqslant z \leqslant \lambda r) \tag{4-49}$$

式中：Etr 为蒸腾量；λr 为根系层的厚度；z 为离地表面的深度；$S_r(z)$ 为深度 z 处的根系吸水强度；$Etr(z)$ 为从地表面到深度 z 处的根系吸水量。

灌溉农田和非灌溉农田的作物蒸腾计算与裸地－植被域类似。根据以上公式，只要给出植物根系层厚，即可算出其从土壤层各层的吸水量（蒸腾量）。在本研究中，认为草与农作物等低植物的根系分布于土壤层的一、二层，而树木等高植物的根系分布于土壤层的所有三层。结合土壤各层的水分移动模型，即可算出各层的蒸腾量。

裸地土壤蒸发由下述修正 Penman 公式（Jia，1997）计算：

$$E_s = \frac{(R_N - G)\Delta + \rho_0 C_p \delta_e / r_a}{\lambda(\Delta + \gamma/\beta)} \tag{4-50}$$

$$\beta = \begin{cases} 0 & \theta \leqslant \theta_m \\ \dfrac{1}{4}\left\{1 - \cos[\pi(\theta - \theta_m)/(\theta_{fc} - \theta_m)]\right\}^2 & \theta_m < \theta < \theta_{fc} \\ 1 & \theta \geqslant \theta_{fc} \end{cases} \tag{4-51}$$

式中：β 为土壤湿润函数或蒸发效率；θ 为表层（一层）土壤的体积含水率；θ_{fc} 为表层土壤的田间持水率；θ_m 为单分子吸力（pF6.0～7.0）对应的土壤体积含水率（Nagaegawa，1996）。

4.3.3.3 壤中径流

在山地丘陵等地形起伏地区,同时考虑坡向壤中径流及土壤渗透系数的各向变异性。壤中径流包括从山坡斜面饱和土壤层中流入溪流的壤中径流,以及从山间河谷平原不饱和土壤层流入河道的壤中径流两部分。第一部分的计算类似下节的地下水流出计算,而从山间河谷平原不饱和土壤层流入河道的壤中径流由式(4-52)计算:

$$R2 = k(\theta)\sin(slope)Ld \tag{4-52}$$

式中:$k(\theta)$为体积含水率θ对应的沿山坡方向的土壤导水系数;$slope$为地表面坡度;L为计算单元内的河道长度;d为不饱和土壤层的厚度。

4.3.3.4 地下水运动、地下水流出和地下水溢出

1)地下水运动

地下水运动按多层模型考虑。将非饱和土壤层的补给、地下水取水及地下水流出(或来自河流的补给)作为源项,按照BOUSINESSQ方程进行浅层地下水二维数值计算。在河流下部及周围,河流水和地下水的相互补给量根据其水位差与河床材料的特性等按达西定律计算。另外,为考虑包气带层过厚可能造成的地下水补给滞后问题,在表层土壤与浅层地下水之间设一过渡层,用储流函数法处理。

浅层(无压层)地下水运动方程:

$$C_u\frac{\partial h_u}{\partial t} = \frac{\partial}{\partial x}\left[k(h_u - z_u)\frac{\partial h_u}{\partial x}\right] + \frac{\partial}{\partial y}\left[k(h_u - z_u)\frac{\partial h_u}{\partial y}\right] + (Q_3 + WUL - RG - E - Per - GWP) \tag{4-53}$$

承压层地下水运动方程:

$$C_1\frac{\partial h_1}{\partial t} = \frac{\partial}{\partial x}\left(k_1D_1\frac{\partial h_1}{\partial x}\right) + \frac{\partial}{\partial y}\left(k_1D_1\frac{\partial h_1}{\partial y}\right) + (Per - RG_1 - Per_1 - GWP_1) \tag{4-54}$$

式中:h为地下水位(无压层)或水头(承压层);C为储留系数;k为导水系数;z为含水层底部标高;D为含水层厚度;Q_3为来自不饱和土壤层的涵养量;WUL为上水道漏水量;RG为地下水流出量;E为蒸发蒸腾量;Per为深层渗漏量;GWP为地下水扬水量;下标u和1分别为无压层和承压层。

2)地下水流出

根据地下水位h_u和河川水位H_r的高低关系(见图4-5),地下水流出量或河水渗漏量由下式计算:

$$RG = \begin{cases} k_bA_b(h_u - H_r)/d_b & h_u \geq H_r \\ -k_bA_b & h_u < H_r \end{cases} \tag{4-55}$$

式中:k_b为河床土壤的导水系数;A_b为计算单元内河床处的浸润面积;d_b为河床土壤的厚度。

3)地下水溢出

在低洼地,地下水上升后有可能直接溢出地表。出现这种情况时,则令地下水位等于地表标高,多余地下水蓄变量记为地下水溢出。

土壤水分吸力关系采用Havercamp公式:

$$\theta = \frac{\alpha(\theta_s - \theta_r)}{\alpha + \{\ln(\varphi)\}^{\beta}} + \theta_r \tag{4-56}$$

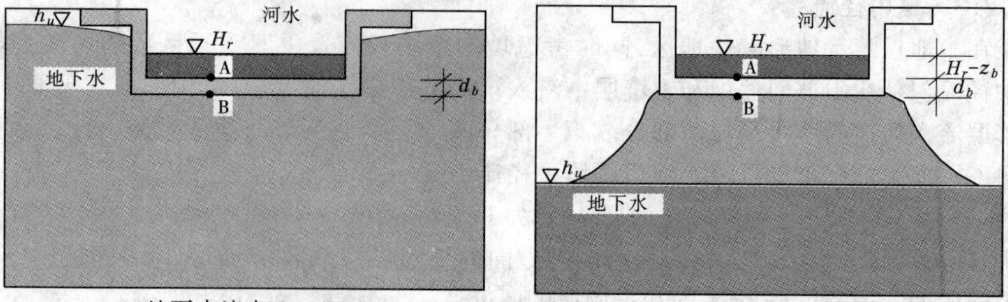

(a)地下水流出($h_u \geqslant H_r$)　　(b)河水渗漏($h_u < H_r$)

图 4-5　地下水与河水交换示意图

式中:θ 为土壤体积含水率;θ_s 为饱和含水率;θ_r 为残留含水率;φ 为吸引压,cm 水柱;α 和 β 为常数。

土壤非饱和导水系数采用 Mualem 公式:

$$k(\theta) = K_s\left(\frac{\theta - \theta_r}{\theta_s - \theta_r}\right)^n \tag{4-57}$$

式中:K_s 为土壤饱和导水系数;$k(\theta)$为不饱和导水系数;n 为常数。

4.3.4　社会水循环过程模拟

按照西线工程水源区社会用水现实情况,社会水循环模拟的内容主要包括农业灌溉及林牧用水、工业与生活用水、污水排水、地下水扬水以及水库内用水。

4.3.4.1　农业灌溉及林牧用水

按灌区或水资源三级区分地市统计地表水及地下水的灌溉用水量,并根据实际灌溉面积及灌溉制度计算各灌区的灌溉定额及其时段分配(旬),最后根据灌溉面积的分布分解到每个计算单元。取自河道或水库的灌溉用地表水,通过建立各灌区与各引水渠(各河道取水口)的水量关系,并在河道汇流计算时以负的横向流入的形式扣除灌溉引水量。

4.3.4.2　工业与生活用水

根据流域内各行政区的实际工业用水量、生活用水量和工业 GDP、人口推定用水的元单位(万元产值用水量、人均用水量)。每个计算单元内的工业 GDP、人口乘以元单位即为该计算单元的工业与生活用水量。漏水量由用水量乘漏水率算出。

4.3.4.3　污水排水

每个计算单元内的生活用水量乘以下水道面积率为排向下水道（污水处理场）的水量,其余水量排向河道。

4.3.4.4　地下水扬水

地下水扬水分为生活用、工业用和灌溉用 3 类。首先,根据用水量、人口、工业产值及灌溉面积的统计数据计算原单位,然后再根据人口、工业产值和灌溉面积的分布及灌溉制度分解到各个计算单元。

4.3.4.5　水库内用水

水库的计算依据水位—断面面积—库容关系曲线、闸堰管道水力学公式、调度规则及连续方程进行计算。

4.4 能量过程模拟

4.4.1 能量平衡方程

能量过程是水循环的基本驱动力。在 RegCM3 模型中,采用美国国家大气研究中心(NCAR)研发的 Community Climate Model(CCM3)对辐射通量进行详细模拟,并采用Monin-obukhov 相似理论模拟陆地表层热通量。在本书中,仍采用本模型进行能量过程的模拟;其中,在西线工程水源区范围内的气—陆间能量传输通量采用与水汽通量交换相同的方式进行尺度转换。西线工程水源区特别是坝址以上的集水区内,经济社会活动较少,在本研究中暂不考虑人工热释放量。地表能量平衡方程为:

$$-\vec{S}_v + \vec{L}_v + H_v + \lambda E_v = 0 \tag{4-58}$$

$$-\vec{S}_g + \vec{L}_g + H_g + \lambda E_g + G = 0 \tag{4-59}$$

以上式中:$\vec{S}$ 为吸收的太阳辐射量;$\vec{L}$ 为吸收的长波辐射量;H 为感热通量;λE 为潜热通量;G 为土壤热通量;下标 v 和 g 分别代表植被和地表。

植被和地表感热通量分别为:

$$H_v = -\rho_1 c_p (T_s - T_v) c_{hv} \tag{4-60}$$

$$H_g = -\rho_1 c_p (T_s - T_g) c_{hg} \tag{4-61}$$

以上式中:T_s 为气温;T_v 为植被温度,T_g 为地表温度;c 为热传导系数。

气—陆间总潜热为:

$$H = -\rho_1 c_p \frac{(\theta_1 - T_s)}{r_{ah}} = H_v + H_g \tag{4-62}$$

式中:θ_1 为底层大气潜温;r_{ah}为感热的空气动力学阻抗。

植被和地表潜热通量分别为:

$$\lambda E_v = -\frac{\rho_1 c_p}{\gamma}[e_s - e_*(T_v)](c_{\omega e} + c_{\omega t}) \tag{4-63}$$

$$\lambda E_g = -\frac{\rho_1 c_p}{\gamma}[e_s - e_*(T_g)] c_{\omega g} \tag{4-64}$$

式中:γ 为湿度;e_s 为水气压;$e_*(T_v)$ 和 $e_*(T_g)$ 分别为植被和地表温度下的饱和水气压;c 为热传导系数。

气—陆界面间总潜热通量为:

$$\lambda E = -\frac{\rho_1 c_p}{\gamma}\frac{(e_1 - e_s)}{r_{aw}} = \lambda E_v + \lambda E_g \tag{4-65}$$

式中:e_1 为底层大气水气压;r_{aw}为水汽的空气动力学阻抗。

4.4.2 短波辐射

大气层顶的太阳辐射为:

$$S_I = S_0 \varepsilon \cos\xi \tag{4-66}$$

$$\cos\xi = \sin\phi\sin\delta - \cos\phi\cos\delta\cos(2\pi t_{local}) \tag{4-67}$$

$$t_{local} = d + \frac{\lambda}{360°} \tag{4-68}$$

式中:d 为天数(0 为 1 月 1 日,364 为 12 月 31 日);ϕ 为纬度(弧度);δ 为太阳偏差弧度;t_{local} 为当地时区的天数(从 0 到 365)。

直接和散射辐射的综合方程为:

$$R_{12} = R_1(\mu_0) + \frac{\overline{T}_1\{(T_1(\mu_0) - e^{-\tau_1^*/\mu_0})\overline{R}_2 + e^{-\tau_1^*/\mu_0}R_2(\mu_0)\}}{1 - \overline{R}_1\overline{R}_2} \tag{4-69}$$

$$T_{12} = e^{-\tau_1^*/\mu_0}R_2(\mu_0) + \frac{\overline{T}_2\{(T_1(\mu_0) - e^{-\tau_1^*/\mu_0})\overline{R}_2 + e^{-\tau_1^*/\mu_0}R_2(\mu_0)\overline{R}_1\}}{1 - \overline{R}_1\overline{R}_2} \tag{4-70}$$

$$\overline{R}_{12} = \overline{R}_1 + \frac{\overline{T}_1\overline{R}_2\overline{T}_2}{1 - \overline{R}_1\overline{R}_2} \tag{4-71}$$

$$\overline{T}_{12} = \frac{\overline{T}_1\overline{T}_{21}}{1 - \overline{R}_1\overline{R}_2} \tag{4-72}$$

每层大气向上和向下辐射通量计算的结果方程为:

$$F_{up} = \frac{e^{-\tau_1^*/\mu_0}R_{up}(\mu_0) + [T_{dn}(\mu_0) - e^{-\tau_1^*/\mu_0}]\overline{R}_{up}}{1 - \overline{R}_{dn}\overline{R}_{up}} \tag{4-73}$$

$$F_{dn} = e^{-\tau_1^*/\mu_0} + \frac{[T_{dn}(\mu_0) - e^{-\tau_1^*/\mu_0}] + e^{-\tau_1^*/\mu_0}R_{up}(\mu_0)\overline{R}_{dn}}{1 - \overline{R}_{dn}\overline{R}_{up}} \tag{4-74}$$

产生的短波加热速率为:

$$Q_{Sol} = \frac{g}{c_p}\frac{F_{dn}(p_k + 1) - F_{up}(p_k + 1) - F_{dn}(p_k + 1) + F_{up}(p_k)}{p_{k+1} - p_k} \tag{4-75}$$

4.4.3 长波辐射

长波辐射采用吸收/释放方程进行模拟。

$$F^{\downarrow}(p) = B(0)\varepsilon(0,p) + \int_0^p \alpha(p,p')\mathrm{d}B(p') \tag{4-76}$$

$$F^{\uparrow}(p) = B(T_s) - \int_0^{p_s} \alpha(p,p')\mathrm{d}B(p') \tag{4-77}$$

其中

$$B(T_s) = \sigma T^4 \tag{4-78}$$

$$\alpha(p,p') = \frac{\int_0^{\infty}\{\mathrm{d}B_v(p')/\mathrm{d}T(p')\}[1 - T_v(p,p')]\mathrm{d}v}{\mathrm{d}B(p')/\mathrm{d}T(p')} \tag{4-79}$$

$$\varepsilon(p,p') = \frac{\int_0^{\infty}B_v(T_\infty)[1 - T_v(0,p)]\mathrm{d}v}{B(0)} \tag{4-80}$$

式中:α 和 ε 分别为辐射吸收量和辐射释放量;v、$B_v(p)$ 为 Planck 方程;T_v 为大气传输量。

大气中主要温室气体 CO_2 和 O_3 的辐射吸收和释放方程为:

$$\alpha(p,p') = \frac{1}{4\sigma T^3(p')}\frac{\mathrm{d}B}{\mathrm{d}T'}(p')A(p,p') \tag{4-81}$$

$$\varepsilon(p,p') = \frac{1}{4\,\sigma T^3(0)}B(0)A(0,p) \tag{4-82}$$

此外,在 CCM3 中还对痕量气体 CH_4、N_2O、CFC_S 对辐射的吸收和释放过程也进行较为精细的参数化处理,详见 CCM3 的用户使用手册。

云的辐射通量通过每层大气中有效云量进行计算:

$$A'_c = \varepsilon_{cld}A_c \tag{4-83}$$

其中

$$\varepsilon_{cld} = 1 - \mathrm{e}^{-Dk_{abs}CWP} \tag{4-84}$$

$$k_{abs} = k_l(1 - f_{ice}) + k_i f_{ice} \tag{4-85}$$

$$k_i = 0.05 + \frac{1}{r_{ei}} \tag{4-86}$$

式中:D 为扩散因子,取值为 1.66;k_{abs} 为长波吸收系数;CWP 是云水通道;k_l 是液态云水的长波吸收系数,取值为 0.903 61;k_i 为云中冰晶吸收系数。

大气长波辐射增温率为:

$$Q_{\lambda\omega}(p_k) = \frac{g}{c_p}\frac{F^{\uparrow}(p_{k+1}) - F^{\downarrow}(p_{k+1}) - F^{\uparrow}(p_k) + F^{\downarrow}(p_k)}{p_{k+1} - p_k} \tag{4-87}$$

4.5 模型输入参数及格式化处理

4.5.1 输入数据构成及整体处理流程

本书中的基本输入数据包括两类:一类是用于大气过程模拟、水源区以外区域陆面过程模拟及确定整体模拟边界条件的大尺度数据,主要包括地形、陆地类型、天气再分析数据以及海洋表面温度 SST 数据等;另一类是用于水源区精细陆面水循环及能量过程模拟的小尺度数据,主要包括数字高程数据、河流形态数据、土壤及水文地质数据、植被遥感数据、土地利用类型数据、经济社会需/用水数据、灌区信息、气象数据。此外,还需要用于河道汇流特征参数提取及陆面模型校验的水文数据。

模型的大尺度输入数据主要来自全球气象/气候模拟的技术支撑单位的有关成果数据,RegCM3 的前处理模块可对其进行直接处理(详见第 3 章)。小尺度数据尚需要进行格式化处理,包括点状数据的空间展布、面状数据(包括矢量数据和栅格数据)格式化提取与存储。所有数据资料在规整后输入工作数据库备用,数据库的构建详见第 7 章。在本节中,重点讨论小尺度数据的格式化处理。

4.5.2 数字高程信息处理

区域地形地貌特征对区域近地层大气运动和能量传输、地表产流和汇流过程具有决定性作用。在水源区地表水循环过程的精细模拟中,表征区域地形地貌及以其为基础的衍生数据主要包括地表高层、坡度、坡向、流向、汇流累积数、数字河网划分及编码、子流域划分等 7 个方面的基础数据。在本研究中,以 1:25 万的国家基础地理信息为基础信息源,并在

ArcGIS 平台的支持下,采用数字高程模型技术获取上述参数,并进行格式化处理。格式化处理步骤与关键技术环节如图 4-6 所示。主要技术环节分述如下。

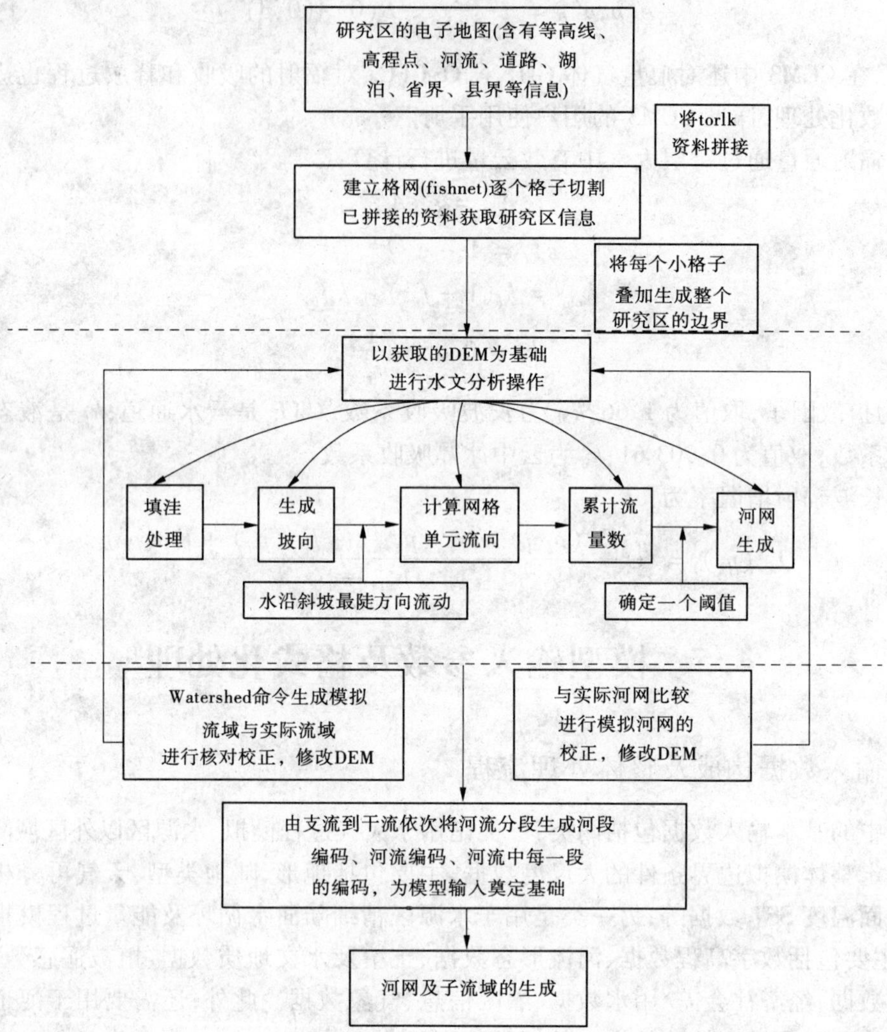

图 4-6　河网及子流域生成流程

4.5.2.1　基础高程信息获取与整理

根据所在区域的经纬度坐标,获取该区域地形图编码;进而从全国基础地理信息数据库中提取所在区域基础高程数据(Terlk),包括等高线和等高点信息;为对数字河网进行修正,还需提取矢量河流水系(Hydnt)数据。在 ArcGIS 平台下,编制 AML 程序,对上述数据进行拼接。为防止在栅格高程数据处理过程中出现计算机内存溢出等数据灾现象,将水源区划分成 16 个矩形小区进行拼接。

同时,为防止在栅栏数据拼接过程中出现边界拼接错误,每个矩形小区的范围进一步向外延拓 10 km 的缓冲区(见图 4-7)。

4.5.2.2　栅格高程数据生成与处理

在 ArcGIS 平台上调用 Topogrid 工具,以各分区的等高线和高程点信息为基础,生成栅

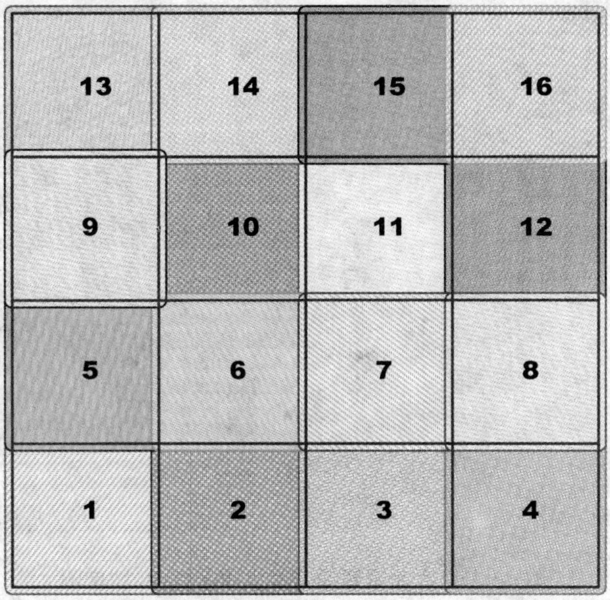

图 4-7　区域数字高程数据拼接分区及缓冲区示意图

格高程数据。在本书中,分别生成 1 km×1 km 和 5 km×5 km 分辨率的高程栅格数据。对各矩形小区的高程切边(Gridclip)和拼接(Gridmerge)后,生成区域高程信息(见图 4-8)。

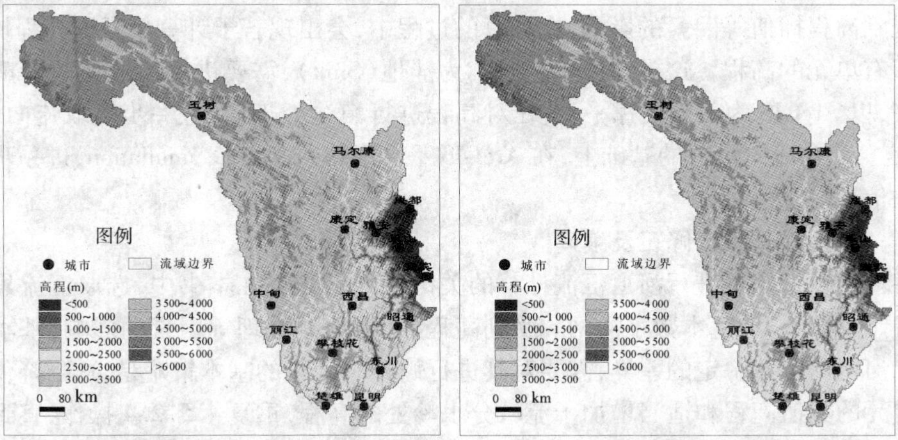

(a)1 km×1 km　　(b)5 km×5 km

图 4-8　南水北调西线工程水源区栅格高程图

4.5.2.3　坡度、坡向数据生成与处理

在生成坡度数据的过程中,大尺度高程信息往往会导致区域坡度降低的失真信息出现。在本研究中,首先以 1 km×1 km 的区域高程信息为基础生成坡度信息(Slope);进而按照单元平均的方法生成 5 km×5 km 的坡度图。坡向数据则直接以 5 km×5 km 数字高程信息为基础提取(Aspect)(见图 4-9)。

4.5.2.4　流向、汇流累积数信息生成与处理

流向是指每个计算单元的地表和地下径流流出方向,是对区域地表产流和地下汇流流

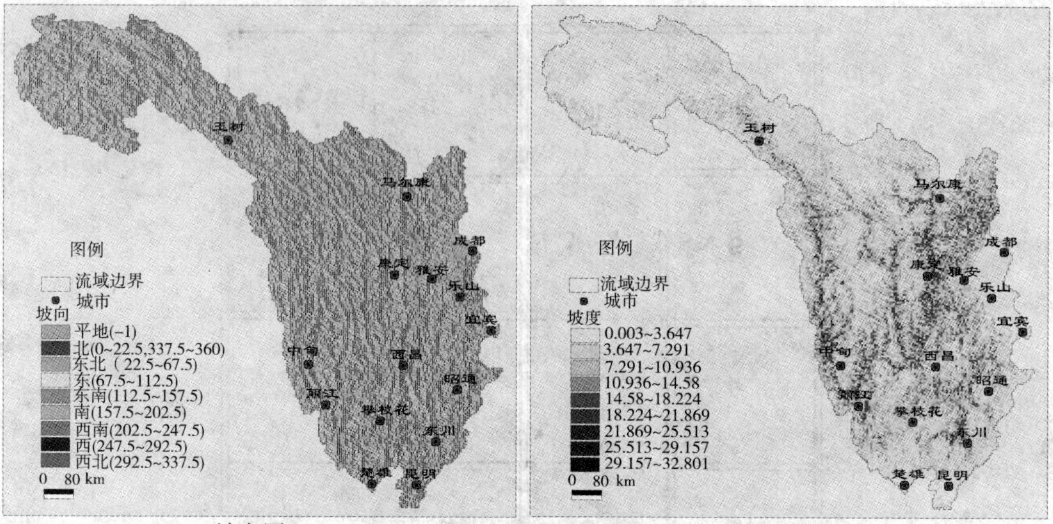

(a)坡向图　　(b)坡度图

图 4-9　南水北调西线工程水源区坡向、坡度图

场的基本描述；也是进行汇流累积数、集水区计算及子流域划分的基本输入信息。根据坡面汇流计算的要求，每个计算单元上产流和汇流量需要向另外一个计算单元流动，亦即对于某个计算单元而言，与其相邻的 8 个计算单元中至少有一个计算单元的高程要小于该计算单元。但受到高程插值等因素的影响，在计算的过程中，会出现若干计算单元的高程均大于与其相邻所有单元的高程。这类计算单元被称为洼地（Sink），需要进行填洼处理（Fill Sink）。在本书中，以 ArcGIS 为关键支撑平台，在对高程进行填洼处理后，进一步提取流向（Flowdirection）信息。在流向信息的基础上，在 ArcGIS 平台上执行 Flowaccumulation，进一步提取汇流累积数信息（见图 4-10）。

4.5.2.5　数字河网提取、修正及编码

数字河网及编码是进行河道汇流计算的关键输入参数。在本书中，选取汇流累积数大于 30 的计算单元作为基本数字河网。受到高程插值、填洼处理等因素的影响，基本数值河网与实际河网尚存在一定的差异，需要对其进行修正。修正的基本策略是，适当降低实际河网所在单元的数值高程和适当增加子流域分水岭处的高程，重复 4.5.2.4 操作，直到数字河网与实际河网相吻合。此外，对于一些尚不满足基本河段单元（3 个网格）的支流，将其从数字河网中删除，其汇流过程纳入到坡面汇流过程进行处理。按照“从上游到下游、从支流到干流”的基本原则进行河段的划分；此外，河段的划分还应充分考虑到水文站点的位置、水利工程及取水坝址位置等关键分段标志，每个水文站和水利工程均应该设置一个节点。河段采用两级编码的方式：第一级为河流级；第二级为所在河流的河段序号（见图 4-11（a））。在河段编码的过程中，要确立各河段紧临下游河段的编码，作为河道汇流计算的基本输入信息之一。

4.5.2.6　坡面汇流计算顺序的提取

各单元坡面汇流计算顺序是进行坡面汇流计算的重要输入信息之一。坡面汇流计算顺序的确立是以流域汇流累积数为基础的。根据汇流累积数的大小和单元所在计算单元的

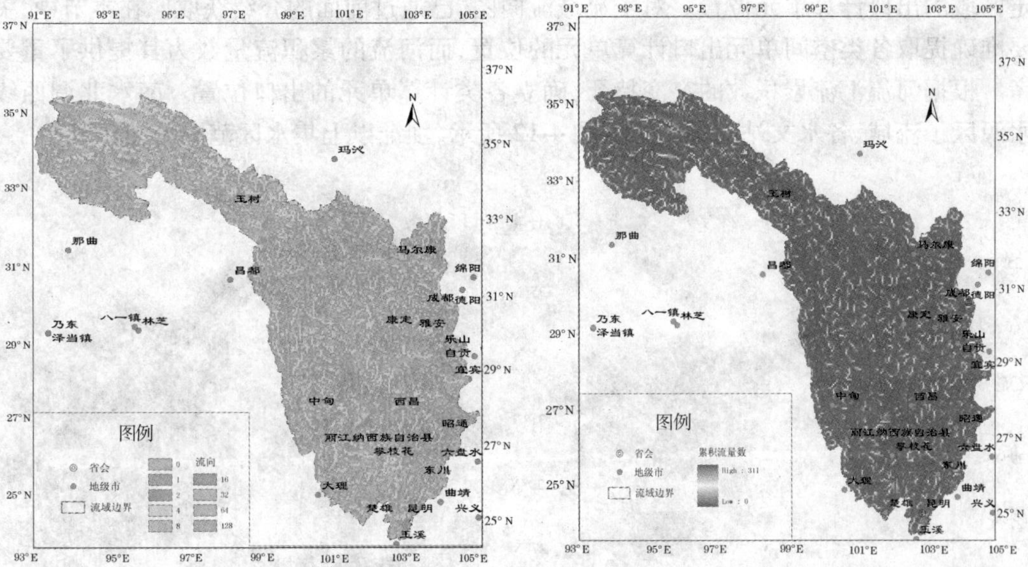

(a)流向　　　　(b)汇流累积数

图 4-10　南水北调西线工程水源区流向和汇流累积数图

行、列号进行坡面汇流的统一编码。西线工程水源区累计有 22 676 个计算单元参与坡面汇流的计算(见图 4-11(b))。

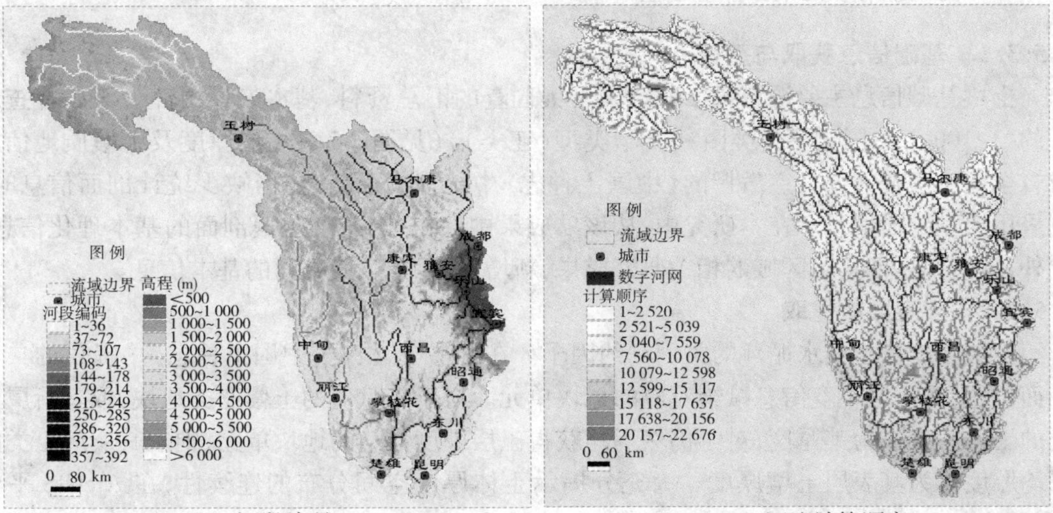

(a)河段编码　　　　(b)汇流计算顺序

图 4-11　南水北调西线工程水源区河段编码和坡面汇流计算顺序

4.5.2.7　子流域及集水区划分

为便于分流域参数的赋值和水循环收支项的统计，在研究过程中，需要进一步进行子流域划分。此外，为便于模型校验，还需要确立各水文站的集水区。在本研究中，以 ArcGIS 为平台，执行 Watershed 操作，实现上述分区目的。Watershed 的主要输入量流域的流向图和所划定区域的出口计算单元位置。对于流域流向图，已通过前面的介绍获取。在本节中，关键是要准确提取各类空间单元出口计算单元的位置，而河流的累积流量数为其提供了重要的参考。根据河流汇流累积数的突变特征，确立各类计算单元的出口位置。南水北调西线工程水源区子流域、各水文站的集水区如图 4-12 所示，坝址以上集水区范围见图 2-3。

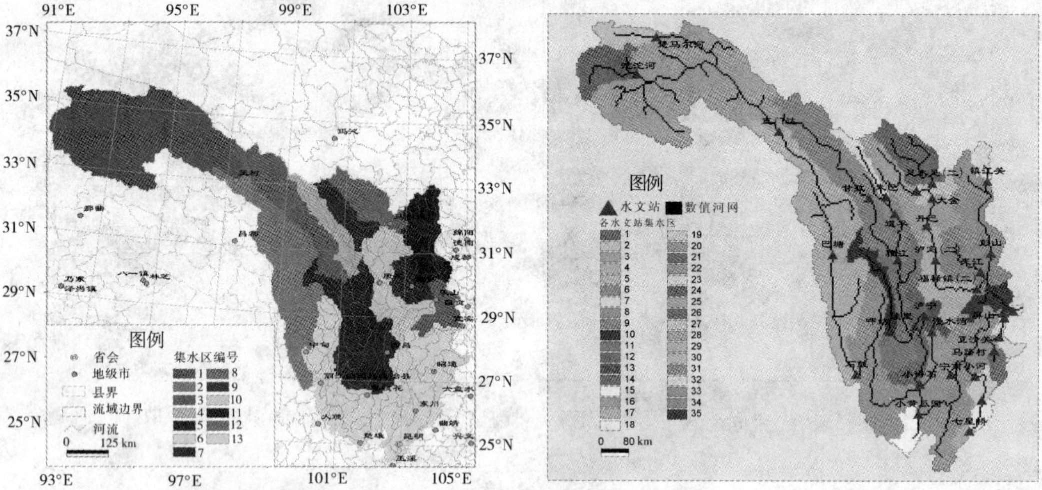

(a) 流域分区　　(b) 水文站集水区

图 4-12　南水北调西线工程水源区子流域划分和水文站集水区

4.5.3　土壤信息及格式化处理

4.5.3.1　基础信息获取与整备

土壤基础信息主要源自第二次全国土壤普查的汇总资料，基本矢量图件为该次普查所获的《1∶100 万中国土壤分类图》（土壤类型（亚类））（见图 2-7）；土层厚度及土壤质地信息取自全国土壤普查办公室编撰的《中国土种志》中统计剖面信息，当缺少统计剖面信息时，则采用典型剖面信息。在本研究中，从该项成果中获得了 68 个土壤剖面的基本理化信息。此外，本研究还搜集了区域的相关研究成果，新增了 32 个土壤剖面的基本信息。

4.5.3.2　土层厚度提取

土层厚度是土壤水循环的关键制约因子。在本书中，根据《中国土种志》中提供的典型剖面位置，将土层厚度信息赋给对应的地块单元。对于未赋值的土壤亚类地块，取其所属亚类的平均厚度作为其厚度；对于仍然不能获得土层厚度信息的地块单元，则取其所属土类的平均厚度作为其表层土壤厚度。为充分揭示土体厚度空间分布的连续性，在 ArcGIS 平台上，获取各空间分布单元质心的坐标，以所有质心坐标和土层厚度为基础，采用克里格（Kriging）方法进行插值，获得研究区域表层土壤厚度分布的栅格格式的分布图。在此基础上，进行栅格的空间统计，获取各计算单元的表层土壤厚度（见图 4-13）。西线工程水源区土壤厚度分布见图 4-14。

4.5.3.3　土壤质地与土壤再分类

土壤质地特征直接影响到水循环的入渗过程，本研究需要在综合土壤质地信息的基础上按照国际土壤分类标准进行重新分类。

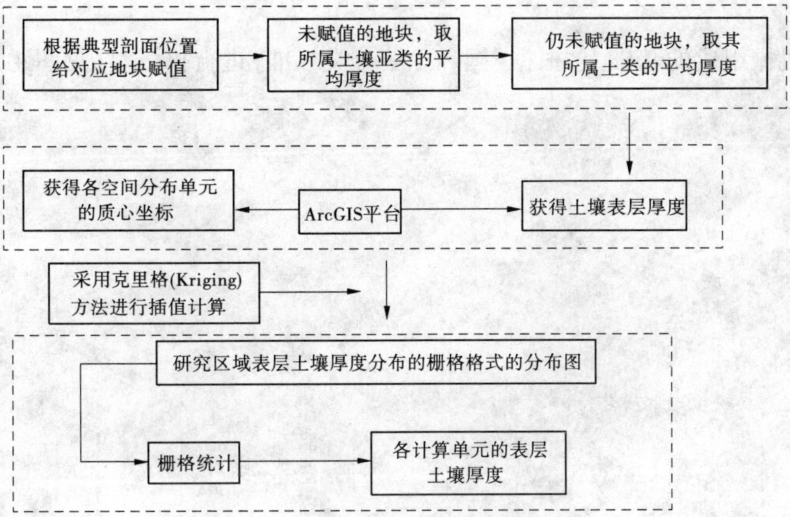

图 4-13　土壤厚度数据处理流程

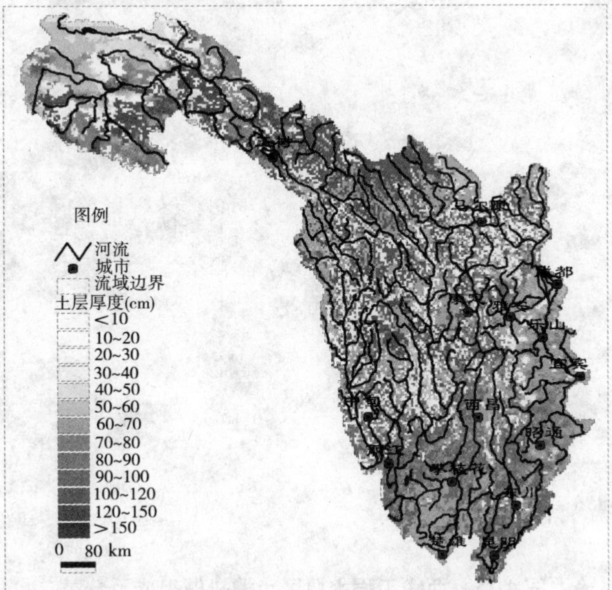

图 4-14　西线工程水源区土壤厚度分布

在本研究中采用土层厚度加权的方法获取各统计剖面的不同粒径的平均构成特征；在此基础上，采用面积加权的办法，获得各计算单元不同粒径的平均构成特征。土壤剖面加权平均土壤质地构成计算公式为：

$$r_j = \frac{\sum_{i=1}^{n} r_{ij} \cdot h_i}{\sum_{i=1}^{n} h_i} \tag{4-88}$$

式中：r_j 为 j 种粒径的土壤构成；r_{ij} 为 j 种粒径土壤颗粒在 i 土层百分比；h_i 为 i 土层的厚度；n

为土层数。

在土壤机械组成的基础上，根据《国际土壤分类标准》进行再分类（见图 4-15）。

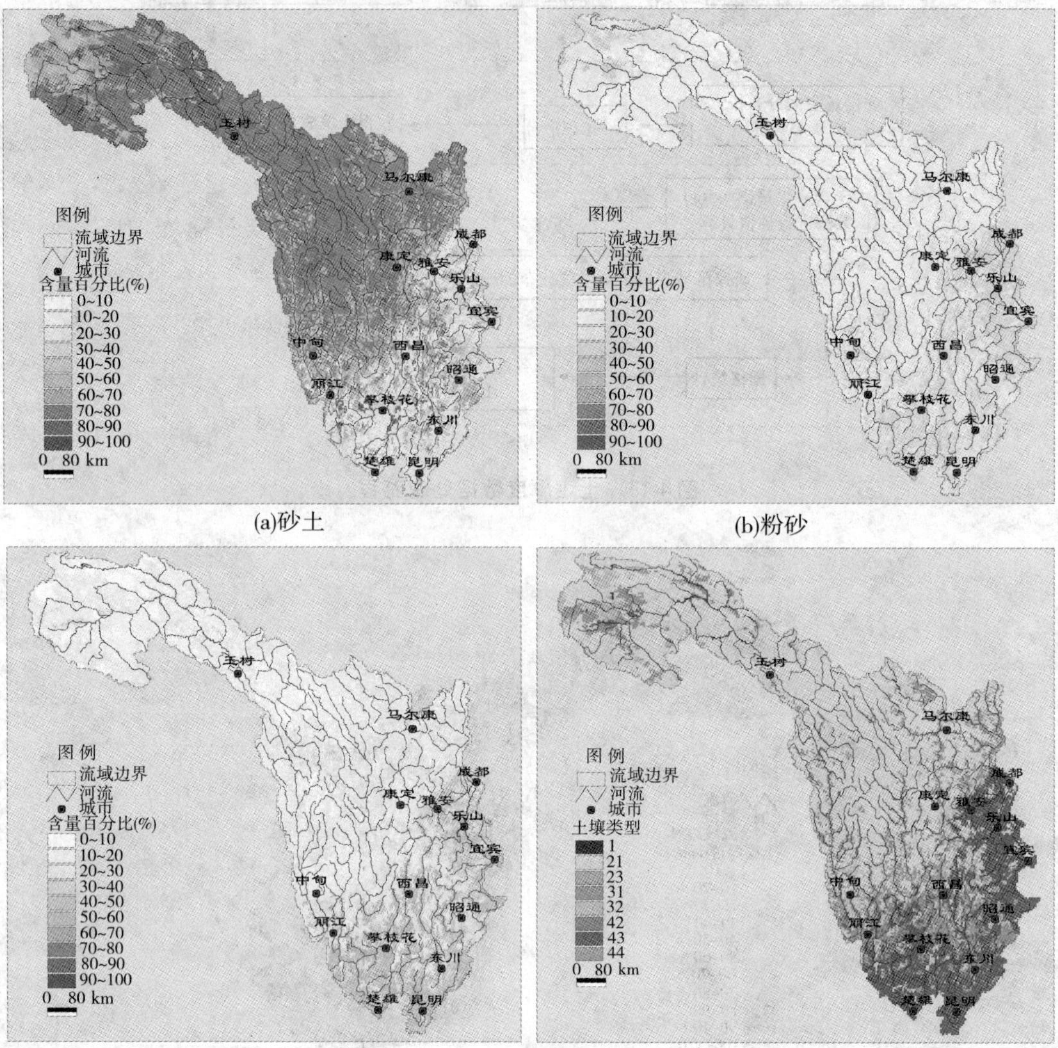

(a)砂土　(b)粉砂　(c)黏土　(d)土壤类型

图 4-15　西线工程水源区土壤机械组成及分类

4.5.4　水文地质参数

本研究中所用到的水文地质参数为全国水资源综合规划相关成果，主要包括岩层厚度、给水度、导水率和地下水埋深。将这些矢量数据按照统一的坐标系统和投影方式进行变换，并转换成栅格格式，然后进行栅格的空间统计，获取各计算单元的水文地质参数。

4.5.5　植被

在分布式水循环模拟中，植被参数是冠层截留和蒸散发模拟计算的重要参数，因此本次研究对各类植被信息进行加工处理，并获取所需的相关植被参数。

4.5.5.1 源信息

本次采用的植被参数的源信息主要为1982~2000年逐旬AVHRR/NOAA系列的影像资料和1999~2005年MODIS影像成果资料,空间分辨率为8 km×8 km,NOAA已经对这些影像进行了图像处理,如坐标变换、图像增强等,并采用双标纬等级圆锥投影的方式进行了投影(见图4-16)。

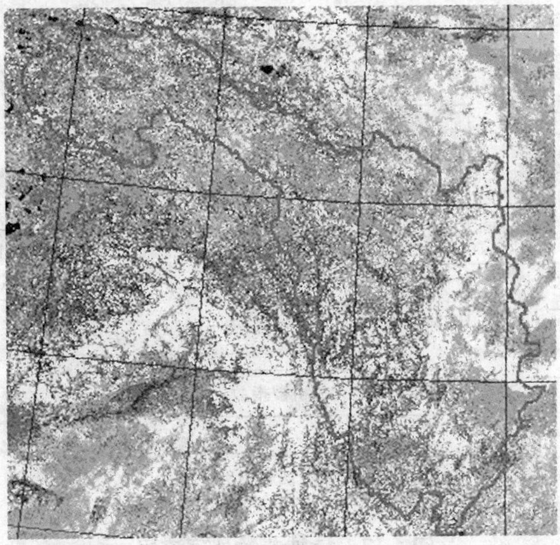

图4-16 南水北调西线工程水源区MODIS影像图(第185~192天合成)

4.5.5.2 植被指数(*NDVI*)

植被指数(*NDVI*)是植被遥感的关键性表征参数,是进行植被盖度计算的重要基础。1982~2000年*NDVI*根据NOAA/AVHRR影像第一通道(*CH*1)和第二通道(*CH*2)的反射率进行求算:

$$NDVI = \frac{CH2 - CH1}{CH2 + CH1} \tag{4-89}$$

为消除云层等的干扰,采用最大值法(即取各像元各月的最大值作为当月值)对*NDVI*进行综合处理。由于植被参数的空间分辨率是8 km×8 km,为达到本研究中分布式模型空间分辨率5 km×5 km的要求,需要对所获得的植被指数进行重新插值处理。具体方法为:首先,获取原始数据各像元的质心坐标,将其植被指数作为属性字段,在此基础上生成点图层。然后,对此点图层采用克里格(Kriging)插值,从而获得空间分辨率为5 km×5 km的植被指数栅格分布图。最后,通过空间统计,获得各计算单元的植被指数。在本书中, 以ArcGIS平台为支撑,通过编制相关的AML进行批处理。1999~2005年植被指数则直接采用MODIS成果资料,并依据1999~2000年两种对在AVHRR/NOAA和MODIS影像上获得的NDVI参数进行归一化处理。

4.5.5.3 植被盖度(*VEG*)

根据植被遥感原理,在植被指数的基础上,求算植被盖度,计算公式为:

$$VEG = \frac{NDVI - NDVI_{min}}{NDVI_{max} + NDVI_{min}} \tag{4-90}$$

4.5.5.4 **叶面积指数(LAI)**

叶面积指数是在植被盖度的基础上,采用"消光法"求算,公式为:

$$LAI = K^{-1} \cdot \ln(1 - VEG)^{-1} \tag{4-91}$$

式中:K 为植被群体消光系数,受植被类型和生育期影响。

植被参数处理流程如图 4-17 所示 。

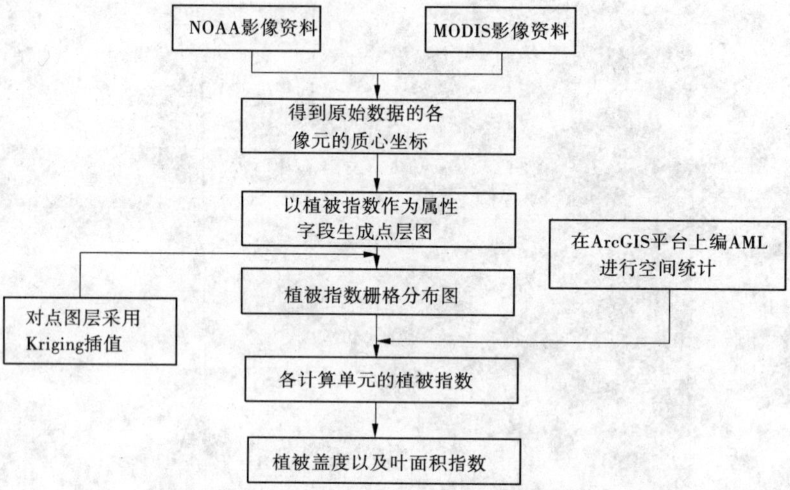

图 4-17 植被参数处理流程

4.5.6 土地利用

本次研究土地利用源信息源自《全国资源环境遥感宏观调查与动态研究》课题的研究成果数据——两个时段(1985 年和 2000 年)全国分县土地覆盖矢量数据。该数据是在多期的 TM 影像的基础上,配合其他影像数据解译获得,空间分辨率为 30 m。

长江流域土地覆盖面积较大,受到软件存储记录数量和计算机内存的限制,同时源数据也是以县为单元进行分幅存储的,故不能对整个流域进行直接操作。在本研究中,采用分区处理与整体处理相结合的办法,进行流域土地覆被 5 km 空间尺度的 MOSAIC 处理。具体操作流程如下:① 根据流域边界范围,生成 5 km 格网的矢量图层(HHNET);② 将流域省界图与所生成的格网图叠加,获取各省的网格图(不包括省界)和省界穿过区网格图;③ 将所得到的网格图与各省的土地覆盖图进行叠加(UNION)分析,获得分省 MOSAIC 土地覆盖图和省界穿过区的 MOSAIC 土地覆盖图;④ 生成各类土地覆盖类型数据并对面积进行统计,得到各类土地覆盖类型的面积;⑤ 生成土地覆盖的网格单元数据。

在完成上述操作流程后,基于统一的 ArcGIS 平台,汇总并输出所生成的各计算单元的土地覆盖类型数据,作为二元模型基本输入参数。在处理的过程中,涉及到大量的图形处理和表处理,这些过程均是在 ArcGIS 平台上编制相关的 AML 程序完成的。具体处理过程如图 4-18 所示。

4.5.7 气象水文信息处理

4.5.7.1 **基础信息源**

为进行降水模拟结果的验证和陆面水循环过程的校正,在本研究中,累计收集了 164 个

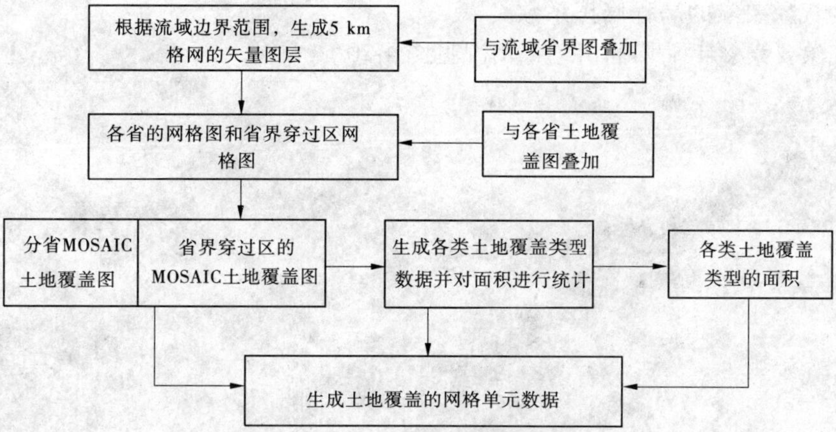

图 4-18 土地利用信息处理流程

气象站 1956 ~ 2005 年逐日的气象信息，以及 138 个水文站逐日的水文信息。此外，为推算河槽形状参数和河道汇流的曼宁糙率，在本研究中，还收集了 10 年 35 个实测大断面成果，以及 2000 ~ 2005 年的洪水摘录表。所用水文气象站点的位置如图 4-19 所示。

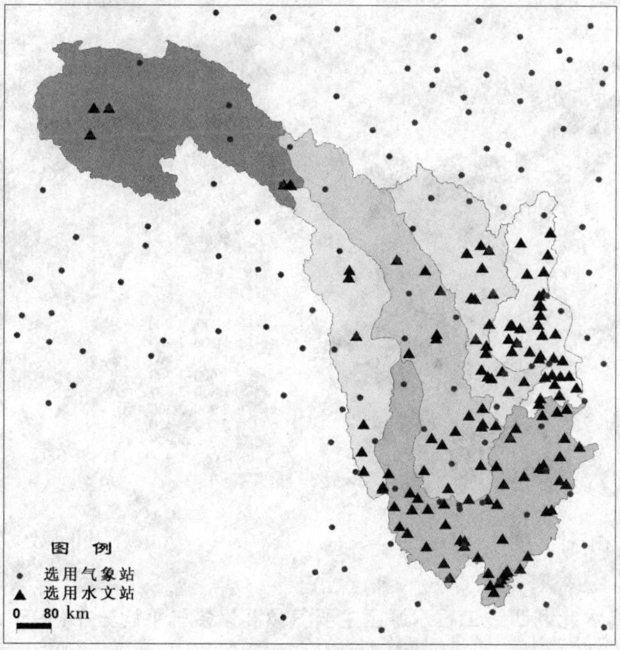

图 4-19 选用水文气象站点位置

4.5.7.2 空间展布

在陆面水循环模拟中，需要输温度、降水、风速、相对湿度、日照等气象要素参数。在本研究中，采用高程修正的距离平方反比法对气象要素信息进行空间展布。计算公式为：

$$P = \sum_{i \in I_R} P_i \frac{1/d_i^n}{\sum_i 1/d_i^n} + \eta \cdot \left(\sum_{i \in I_R} H_i \frac{1/d_i^n}{\sum_i 1/d_i^n} - H \right) \tag{4-92}$$

式中：P 为待估点的降水量；P_i 为雨量站的降水量；d_i 为雨量站到待估点的距离；I_R 为用来插值的雨量站点集合；H_i 为雨量站的海拔高度；H 为待插值点的海拔高度；n 为权重系数，一般取 2；η 为气象要素的高程修正系数。

主要气象要素多年平均插值结果情况见图 4-20。

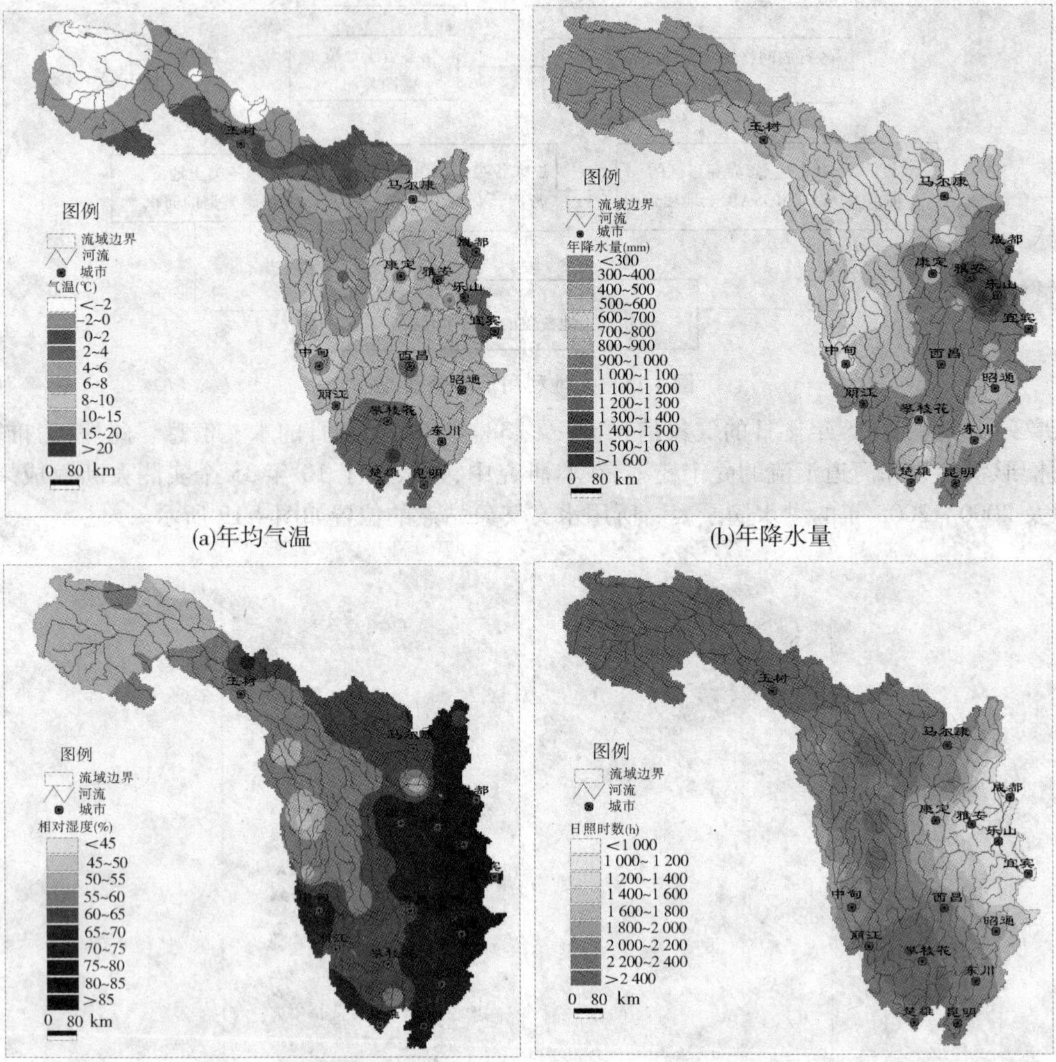

(a)年均气温　　(b)年降水量

(c)相对湿度　　(d)日照时数

图 4-20　南水北调西线工程水源区主要气象要素多年平均分布(1956～2000 年)

4.5.8　经济社会用水

在流域“自然－人工”二元水循环模拟中，经济社会用水信息是重要的输入信息之一。在本研究中，重点考虑农业用水、工业用水及生活用水(包括城镇生活用水和农村生活用水)。在日常水资源管理中，经济社会用水是按照行政区或流域分区进行统计；而在分布式水循环模拟中，上述信息需要按照计算单元进行输入。为此，需要对用水信息进行空间展布。

由于流域/区域的土地利用格局决定其用水的空间格局，因此可根据土地利用的空间分布格局进行用水的空间展布。结合土地利用分类，将农业用水分别展布到水田和水浇地上；将工业用水和城镇生活用水分别展布到城镇用地上；将农村生活用水展布到农村居民点上。

规定同一用水统计单元内，用水定额相同，在用水空间展布中，根据用水总量和对应土地利用类型的面积，计算单位面积上各类用水的定额，并将上述定额赋给对应的计算单元。

在本研究中，用水源信息为1995～2005年各地级市年用水统计数据。对于用水过程而言，农业用水按照区域灌溉制度进行月用水过程分配，进而按天平均分配日用水过程；其他用水过程则按天平均进行日用水过程分配（见图4-21）。

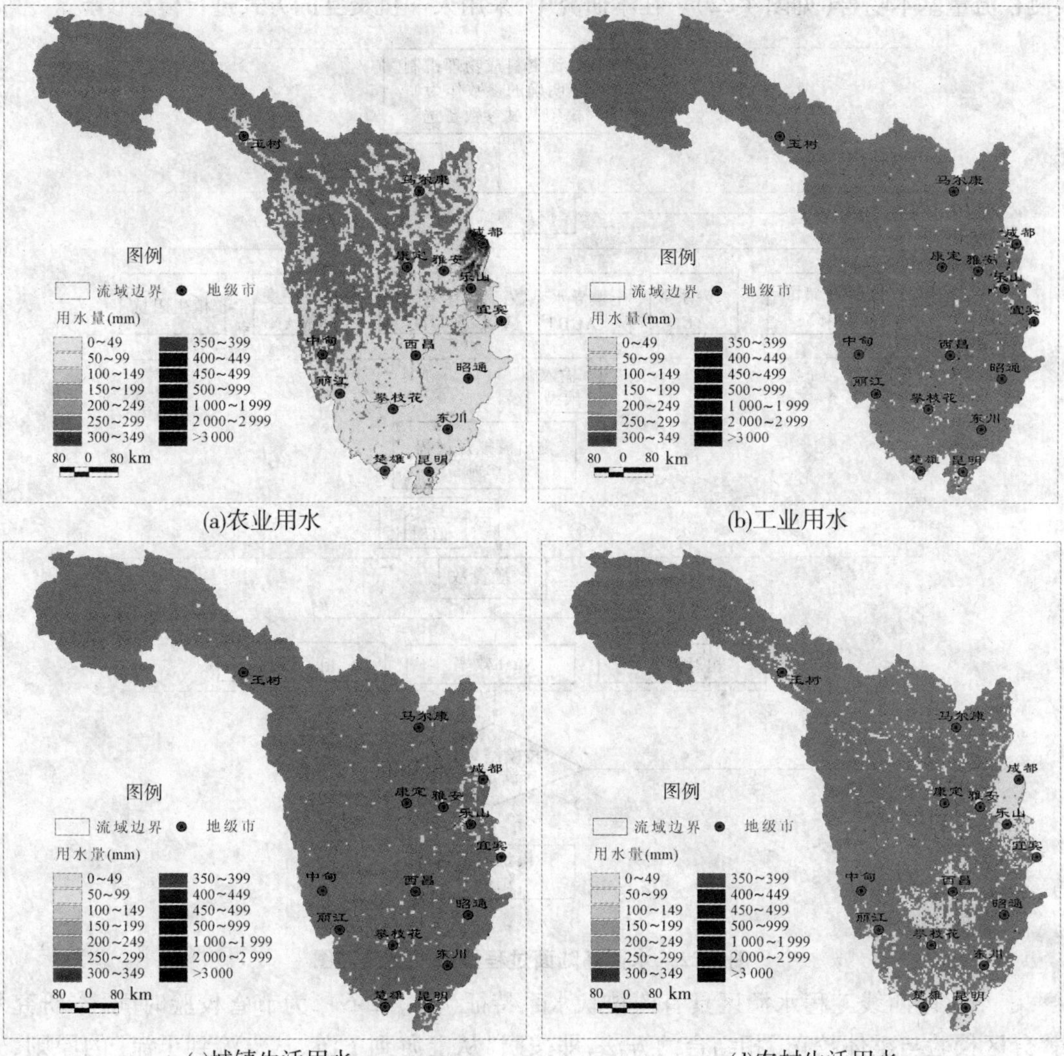

图4-21　1995～2005年西线工程水源区年用水空间分布

4.6　水循环陆面过程模拟参数估计与校验

4.6.1　校验总体策略与流程

尽管在本研究中，采用具有物理机制的分布式水循环模拟技术，对区域水循环陆面过程进行模拟，但受到物理过程表达、参数选取、尺度选取等方面不确定性的影响，尚需要对水循环陆面过程的模拟进行校验，对模型中土壤参数、水文地质参数等有关参数进行进一步率定。

水循环陆面过程校验的核心区域是西线工程水源区。在校验的过程中，屏蔽水循环的大气过程模拟，并采用历史序列的气象数据作为模型气象驱动数据。采用试错法分区调整洼地储留、入渗系数、土壤导水系数、河床导水率、地表糙度、植生阻抗等参数，使得模拟径流量与实测径流量基本吻合（见图 4-22）。在本研究中，采用人—机交互的方式进行模型校验。

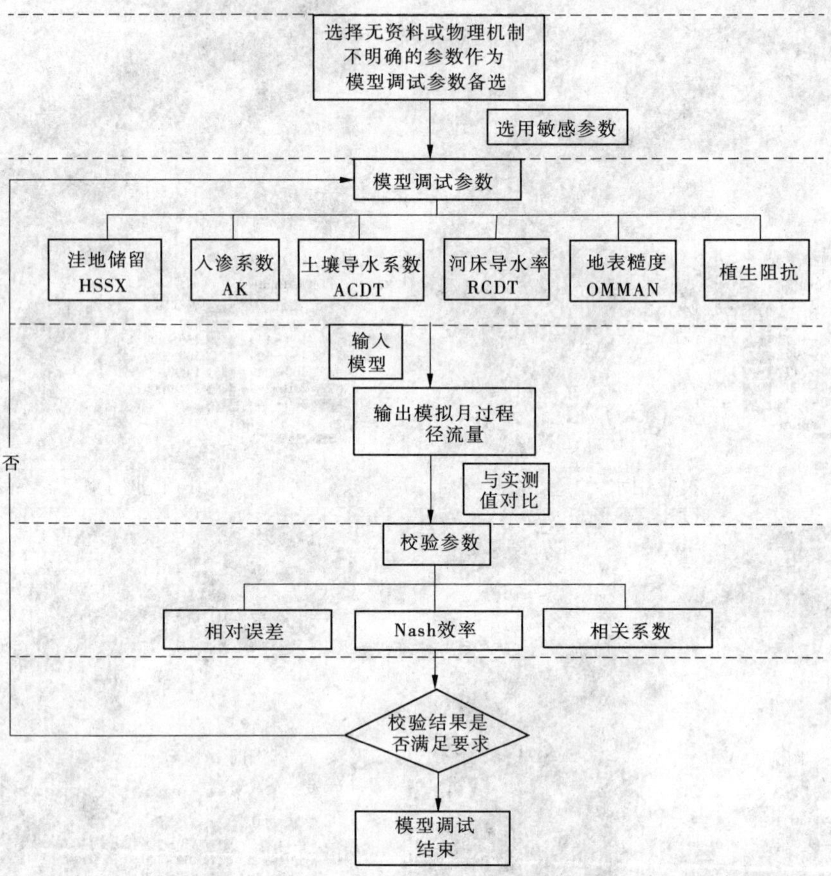

图 4-22　水循环陆面过程模拟校验流程图

南水北调西线工程水源区具有树枝状水系特征（见图 2-6），为节省校验时间，本研究采用“分区校验与整体校正”相结合的方法，即按照“从上游到下游、从支流到干流”的原则，先对干流上各支流所在流域进行校验，再对整个流域进行校验。

4.6.2　参数估算

4.6.2.1　**土壤参数**

本研究综合土壤质地信息（黏土、壤土和砂土的百分比等）基础上，按照国际土壤分类标准将长江流域土壤分成 4 类 12 种：①砂土类：砂土或壤质砂土；②壤土类：砂质壤土，壤土和粉砂质壤土；③黏壤土类：砂质黏壤土，黏壤土和粉砂质黏壤土；④黏土类：砂质黏土，壤黏土，粉砂质黏土，黏土和重黏土。

本研究对土壤水分特性参数进行了概化计算,推定出4类土壤的水分特性参数。为考虑冰冻对山区土壤导水系数的影响,土壤导水系数随摄氏零下温度绝对值的增加呈指数递减。

另外,在蒸发计算及热循环计算时,用到了土壤及其他介质的热力学特性参数。同时,本研究根据土壤的成分构成和土壤含水率,通过建立经验公式考虑了土壤的热力学特性参数随土壤湿度的变化。

4.6.2.2 地下水含水层参数

各平原区地下水含水层的渗透系数、传导系数和给水度等参数参照《全国水资源综合规划》确定。而山区饱和土壤层的参数结合径流模拟验证推定:渗透系数取表层土壤饱和透水系数×横向不均匀系数(一般取5),传导系数定为:渗透系数×土壤层厚度(m),给水度定为0.05。

4.6.2.3 植被

植被的主要参数包括植被覆盖率(*VEG*)、叶面积指数(*LAI*)、植被高度(h_c)、根系深度(l_r)和最小叶孔阻抗($rs_{\min}$)等。其中,植被覆盖率和叶面积指数采用遥感反演成果(见4.5.5.4);植被高度(h_c)、根系深度(l_r)参照有关研究成果获取(见表4-1)。林地、草地和灌木的最小叶孔阻抗($rs_{\min}$)分别为250 s/m,作物的最小叶孔阻抗($rs_{\min}$)确定为150 s/m。

地表覆盖的空气动力学参数见表4-2。

表4-1 植被参数一览表

<table>
<tr><th rowspan="2">类型</th><th rowspan="2">参数</th><th colspan="12">月份</th></tr>
<tr><th>1</th><th>2</th><th>3</th><th>4</th><th>5</th><th>6</th><th>7</th><th>8</th><th>9</th><th>10</th><th>11</th><th>12</th></tr>
<tr><td rowspan="2">林地</td><td>h_c(m)</td><td colspan="12">10</td></tr>
<tr><td>l_r(m)</td><td colspan="12">2</td></tr>
<tr><td rowspan="2">草地</td><td>h_c(m)</td><td colspan="3">0.1</td><td colspan="7">0.2</td><td colspan="2">0.1</td></tr>
<tr><td>l_r(m)</td><td colspan="12">0.5</td></tr>
<tr><td rowspan="2">灌木</td><td>h_c(m)</td><td colspan="12">5</td></tr>
<tr><td>l_r(m)</td><td colspan="12">1.5</td></tr>
<tr><td rowspan="2">作物</td><td>h_c(m)</td><td colspan="2">0</td><td>0.1</td><td colspan="2">0.5</td><td colspan="5">1</td><td colspan="2">0</td></tr>
<tr><td>l_r(m)</td><td colspan="2">0</td><td>0.1</td><td colspan="2">0.5</td><td colspan="5">1</td><td colspan="2">0</td></tr>
</table>

表4-2 地表覆盖的空气动力学参数

类型	运动量输送粗度 z_{om}(m)	水蒸气及热输送粗度 $z_{ov}=z_{oh}$(m)	置换高度 d(m)
森林	$0.123\ h_c$	$0.1\ z_{om}$	$0.67h_c$
草地	$0.123\ h_c$	$0.1\ z_{om}$	$0.67h_c$
灌木	$0.123\ h_c$	$0.1\ z_{om}$	$0.67h_c$
作物	$0.123\ h_c$	$0.1\ z_{om}$	$0.67h_c$
水域	0.001	0.001	0
土壤	0.005	0.005	0
城市地面	0.1	0.1	0
建筑物	$0.30\ h_{uc}$	$0.1\ z_{om}$	$0.30\ h_{uc}$

4.6.2.4 汇流参数

汇流包括坡面汇流与河道汇流。河道汇流过程中考虑了河水与地下水的水量交换,即地下水以基流的形式补给河水或河水以渗漏的形式补给地下水。

坡面汇流采用运动波模型计算,需要率定的参数是糙率,又称 Manning 糙率。它反映边界表面粗糙程度对水流阻力的影响,边界表面越粗糙,糙率值越大。

坡面汇流计算的 Manning 糙率取计算单元内各类土地利用 Manning 糙率的面积调和平均值。参照相关资料,各类土地利用 Manning 糙率的取值为林地 0.3、草地 0.1、农田 0.2、裸地 0.05、裸岩及城市地面 0.02、水域 0.01。此外,按照面积加权的办法,对沼泽湿地区的地表糙率进行调整。各时段地表糙率见图 4-23。

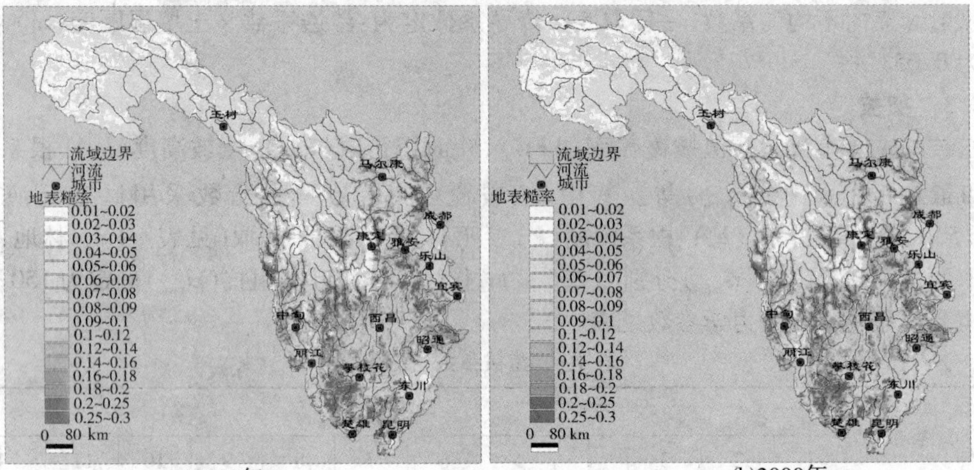

(a)1985年　　　　(b)2000年

图 4-23　南水北调西线工程水源区地表糙率分布

河道汇流需要率定的参数也是糙率,它影响河道汇流速度。本模型采用的 Manning 糙率根据各断面实测洪水反演值(水文年鉴)设定。河道与地下水交换量和河床材料特性密切相关,本研究将河床材料透水系数除以河床材料厚度的商作为模型调试参数。首先,根据各地河床材料质地和厚度选取初值,然后再作适度微调。

4.6.3 模型校验

4.6.3.1 校验期

模型校验主要根据收集到的长江流域 11 个主要水文测站 16 年逐日或逐月实测天然径流系列进行。模型校验包括两步:先用 1985 ~ 1995 年 11 年的径流资料进行模型校正,再用 1996 ~ 2000 年 5 年的径流资料进行模型验证。模型校正期为 1985 年 1 月 ~ 1995 年 12 月累计 11 年,模型验证期为 1986 年 1 月 ~ 2000 年 12 月累计 5 年。

4.6.3.2 校验准则

校验准则包括:模拟期年均径流量误差尽可能小;Nash-Sutclife 效率尽可能大;模拟流量与观测流量的相关系数尽可能大。

4.6.3.3 校验方案

首先对土壤饱和导水系数按土壤类别进行调试,因为它敏感地影响着地表径流的产流总量及峰值;然后对含水层的传导系数及给水度、河床材料透水系数按土壤类别进行调试,它主要影响河川的退水期流量及年径流总量;坡面汇流 Manning 糙率按土地利用类别进行调试,它主要影响河川径流过程线各洪峰部的形状。另外,土壤渗透系数以及洼地储留对夏季流量及起涨时间有较大影响。模型校正后,保持所有模型参数不变,进行了 16 年水循环要素(地下水资源、地表水资源等)的连续逐日模拟逐月统计。

4.6.3.4 校验结果

总体上看,模型模拟精度较高,各指标均达到了许可要求,获得了很好的模拟效果。该模型可以通过模拟,分析未来情势变化下的水循环演变规律和水循环演变的驱动机制,分析人类活动影响下的水循环各要素的变化和响应机制。可用于西线工程水源区水资源的定量评价(见表 4-3、表 4-4,图 4-24 ~ 图 4-30)。

表 4-3 校正期模拟结果各指标

1985 ~ 1995 年(校正期)					
水文站	实测径流量年均值(亿 m^3)	模拟径流量年均值(亿 m^3)	相对误差(%)	月径流过程 Nash 效率系数	相关系数
直门达(通天河)	365.18	359.89	-1.45	0.44	0.86
石鼓(金沙江)	1 341.62	1 313.26	-2.11	0.73	0.92
泸定(大渡河)	909.71	905.59	-0.45	0.83	0.91
夹江(青衣江)	486.7	485.63	-0.22	0.91	0.96
彭山(岷江)	412.86	394.90	-4.35	0.82	0.91
泸宁(雅砻江)	1 423.86	1 519.75	6.73	0.74	0.86
小得石(雅砻江)	1 646.56	1 639.63	-0.42	0.80	0.90

表 4-4 验证期模拟结果各指标

1996 ~ 2000 年(验证期)					
水文站	实测径流量年均值(亿 m^3)	模拟径流量年均值(亿 m^3)	相对误差(%)	月径流过程 Nash 效率系数	相关系数
直门达(通天河)	362.98	377.83	4.09	0.74	0.94
石鼓(金沙江)	1 450.78	1 439.47	-0.78	0.82	0.93
泸定(大渡河)	884.72	876.37	-0.94	0.83	0.92
夹江(青衣江)	422.17	422.03	-0.03	0.85	0.92
彭山(岷江)	346.26	357.78	3.33	0.72	0.85
泸宁(雅砻江)	1 549.28	1 548.83	-0.03	0.85	0.93
小得石(雅砻江)	1 772.65	1 678.96	-5.29	0.87	0.94

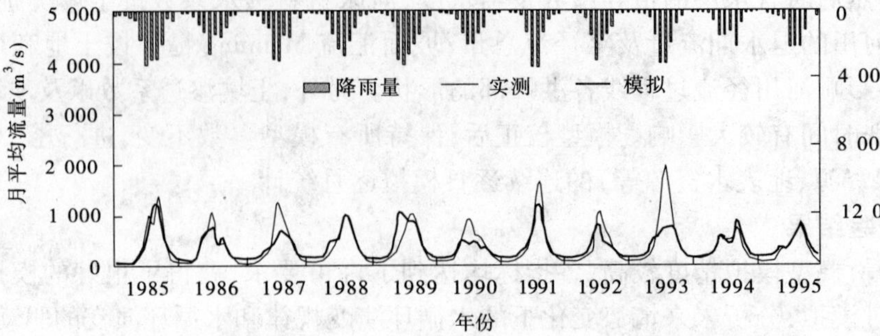

(a)校正

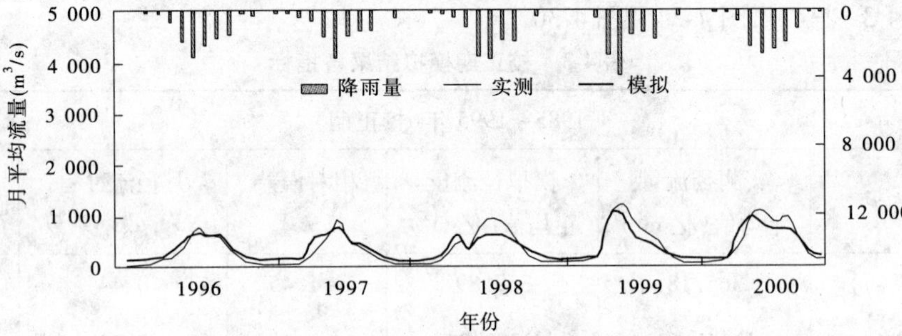

(b)验证

图 4-24　通天河直门达水文站校验成果

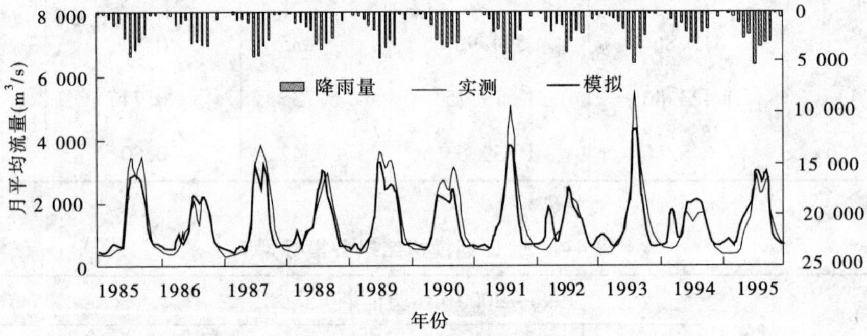

(a)校正

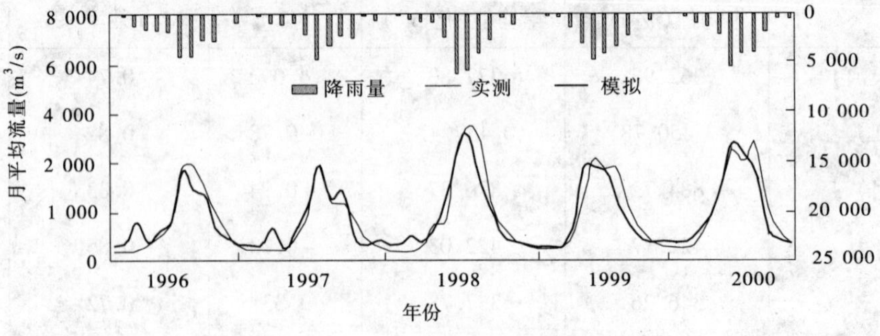

(b)验证

图 4-25　金沙江石鼓水文站校验成果

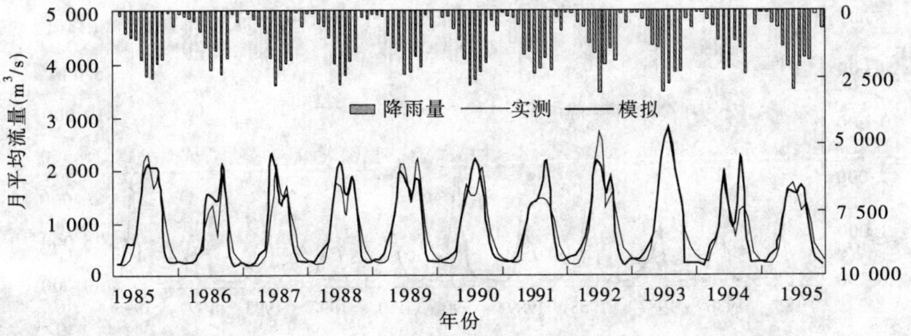

(a)校正

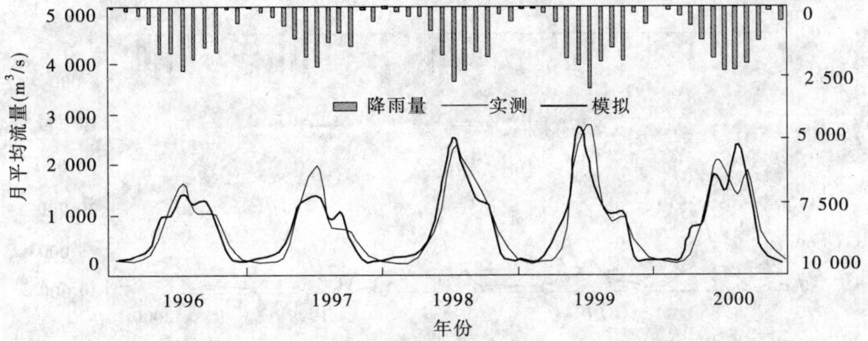

(b)验证

图 4-26　大渡河泸定水文站校验成果

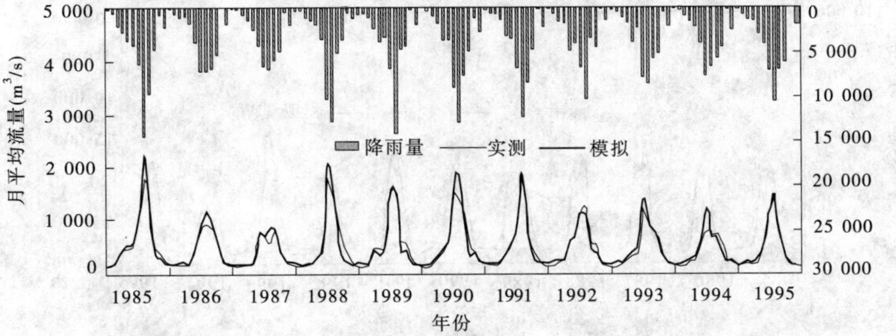

(a)校正

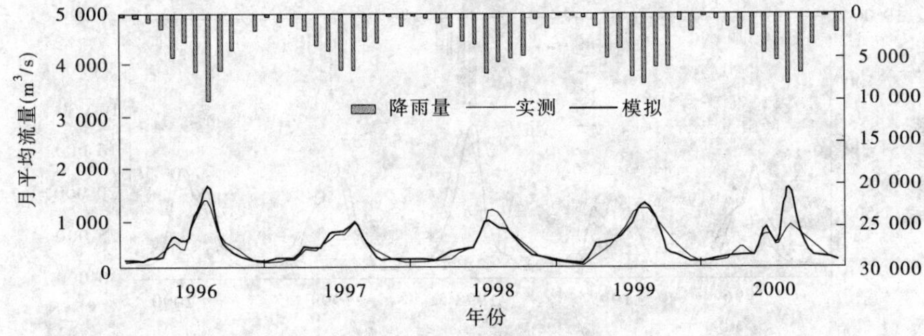

(b)验证

图 4-27　青衣江夹江水文站校验成果

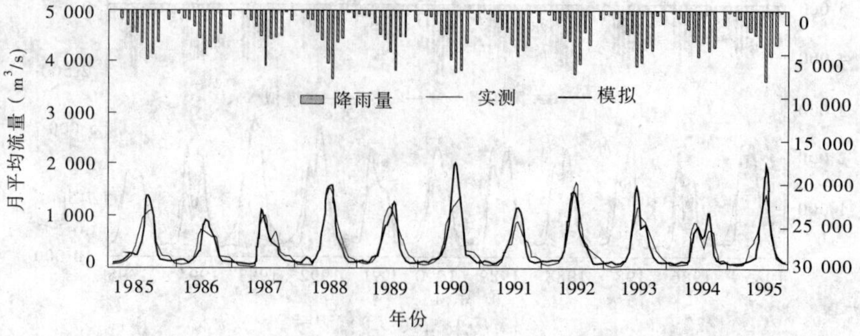

(a)校正

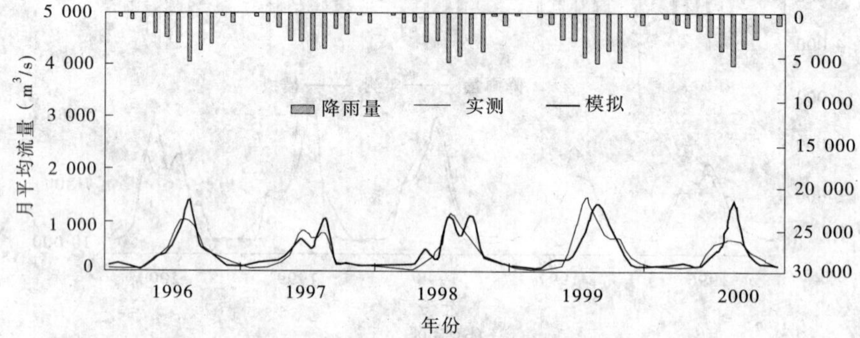

(b)验证

图 4-28　岷江彭山水文站校验成果

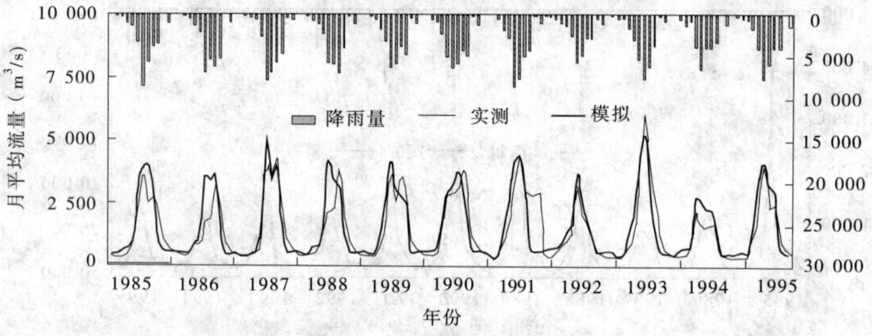

(a)校正

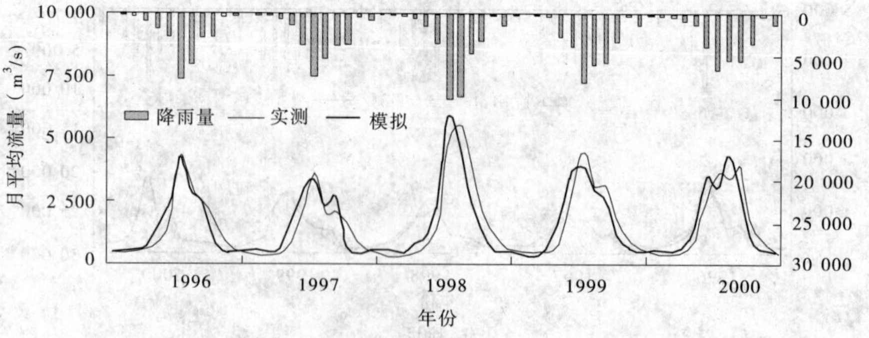

(b)验证

图 4-29　雅砻江泸宁水文站校验成果

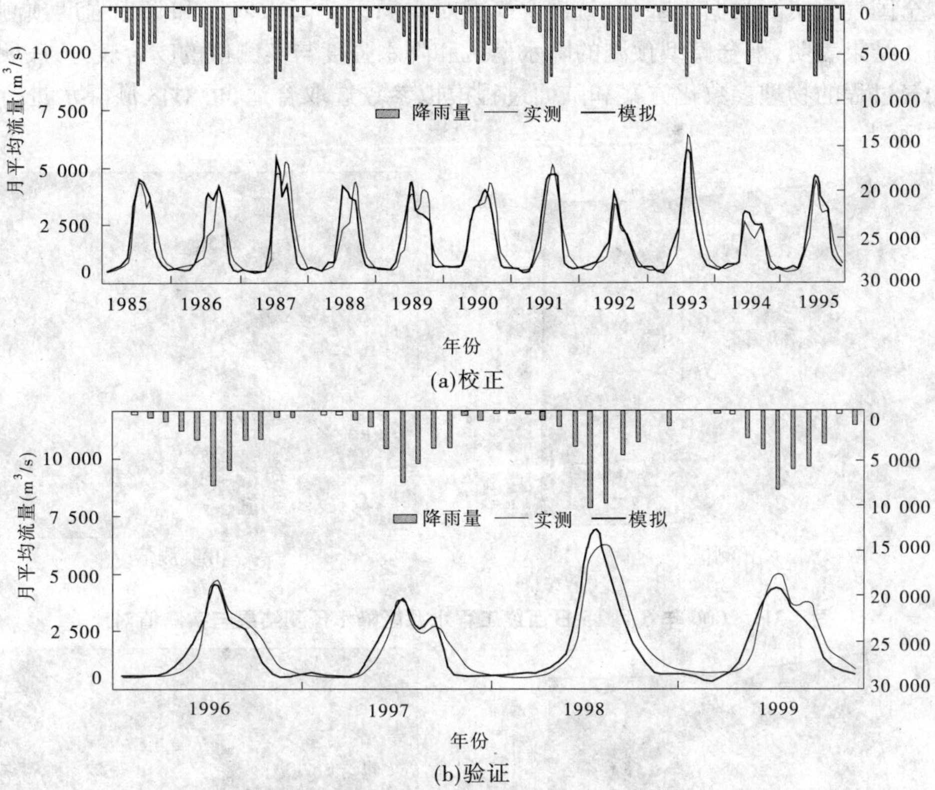

图 4-30 雅砻江小得石水文站校验成果

4.7 气 - 陆耦合模型整体验证

4.7.1 验证重点与时段选取

在本研究中，气 - 陆耦合模型主要用于区域水资源的定量评价。为此，模型验证的重点是与水资源评价相关的水循环要素过程的验证。在上节中，已对陆面水循环过程的有关参数进行了细致率定，验证结果较好。在本节中，重点是对水循环气 - 陆耦合模型的大气过程进行验证，分析大气过程模拟中物理参数化方案的合理性。

结合降水的演变特征和验证资料的完备程度，在本研究中，选取时段为 2006 年 6 月 15 日 12 时 ~19 日 12 时共计 5 天(见图 4-31 ~ 图 4-36)。

4.7.2 整体验证方案和验证结果

在气 - 陆耦合模型整体验证过程中，维持陆面过程的基本参数和模拟策略不变；并参照第 3 章降水预报结果，大气过程模拟中的物理参数化方案如下。

(1)积云对流参数化方案：基于 Fritsch 和 Chappell 闭合假设的 Grell 方案。

(2)行星边界层方案：Holtslag 方案。

(3)侧边界条件：指数松弛方案。

(4)海洋通量参数化方案：Zeng 方案。

以全国气象实测数据为基础,就耦合模型对水源区的降水落区和降水强度预测结果进行验证。结果表明,耦合模型预测的降水落区和降水强度与实测值的吻合较好,表明耦合模型中大气过程的物理参数化方案和陆面过程模拟参数选取合适,可对区域降水进行较好的模拟和预测。

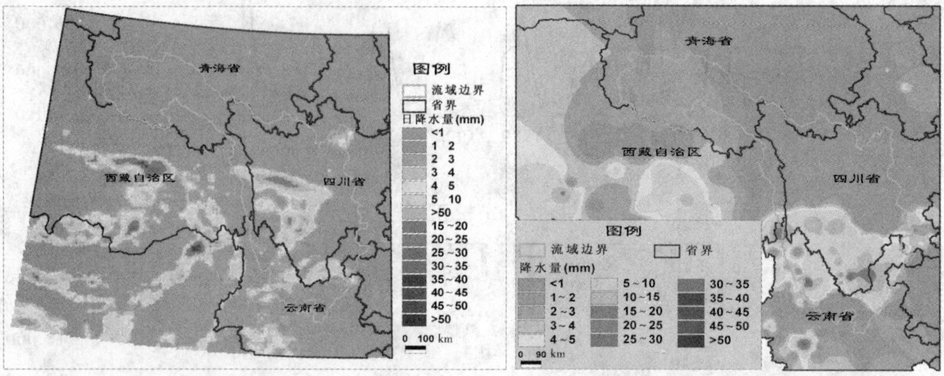

(a)预测值　　(b)实测值

图 4-31　2006 年 6 月 15 日西线工程水源区降水预测结果与实测值对比

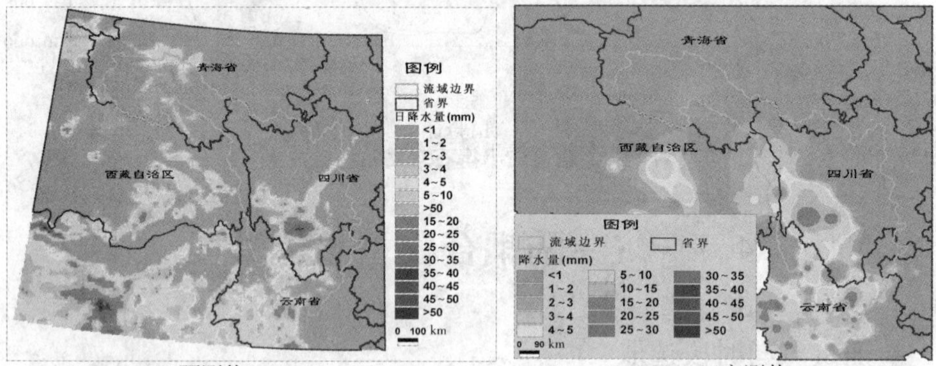

(a)预测值　　(b)实测值

图 4-32　2006 年 6 月 16 日西线工程水源区降水预测结果与实测值对比

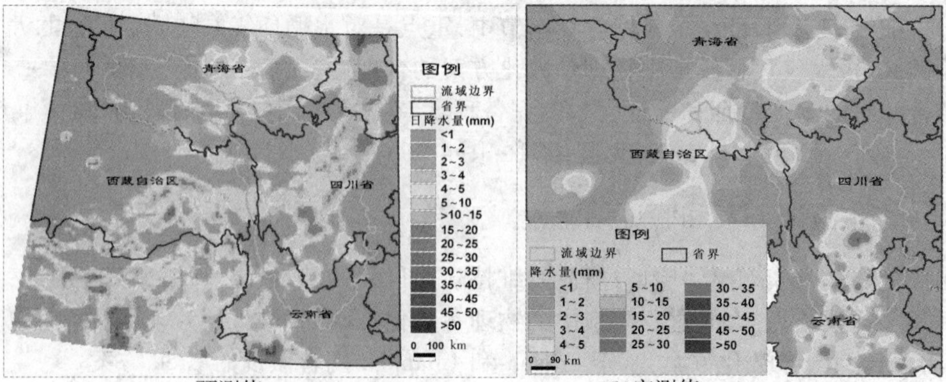

(a)预测值　　(b)实测值

图 4-33　2006 年 6 月 17 日西线工程水源区降水预测结果与实测值对比

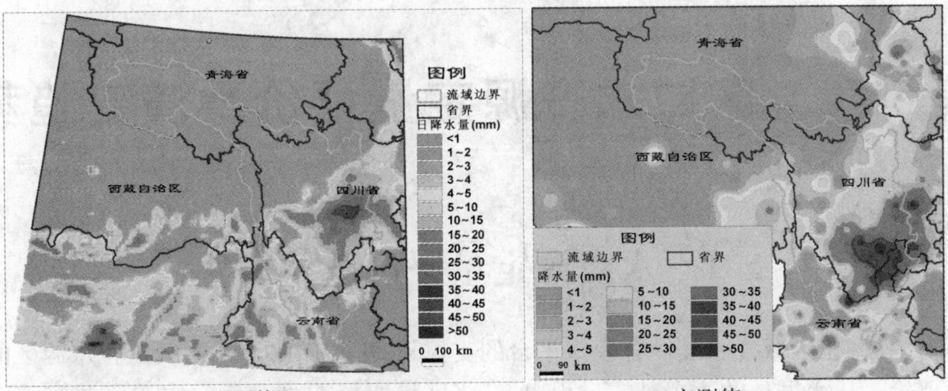

(a)预测值 (b)实测值

图 4-34 2006 年 6 月 18 日西线工程水源区降水预测结果与实测值对比

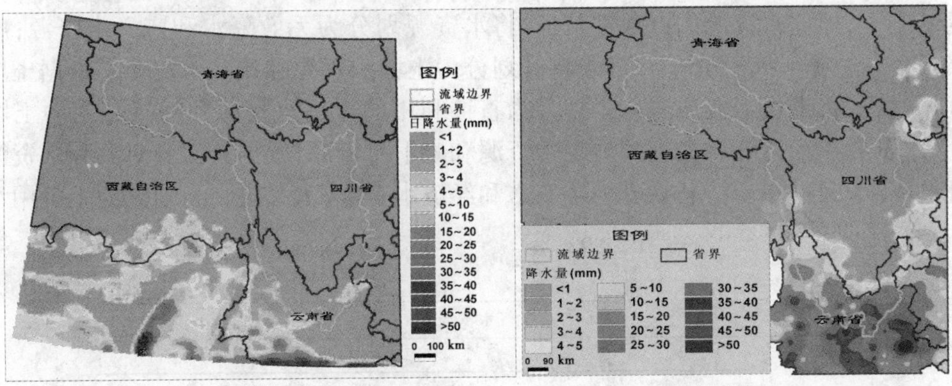

(a)预测值 (b)实测值

图 4-35 2006 年 6 月 19 日西线工程水源区降水预测结果与实测值对比

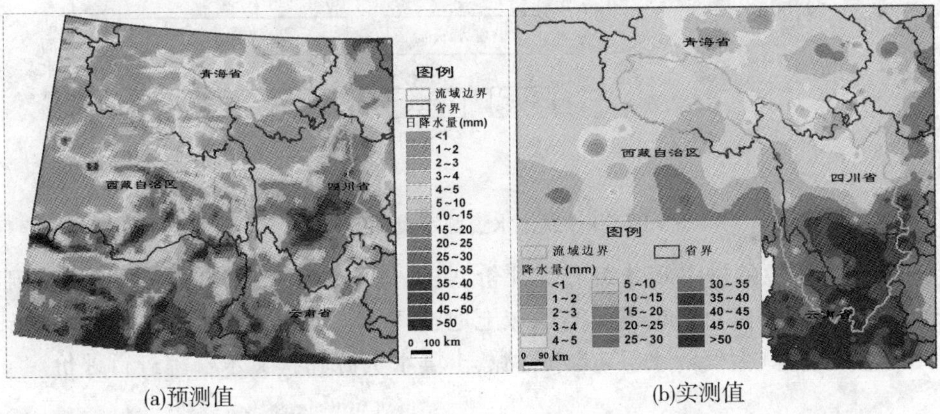

(a)预测值 (b)实测值

图 4-36 2006 年 6 月 15 ~ 19 日西线工程水源区累积降水预测结果与实测值对比

第5章　区域水资源定量评价及演变趋势

5.1　水资源定量评价总体方案

本书中，将在区域气－陆耦合模拟平台的支撑下，进行南水北调西线工程水源区的水资源定量评价。从水循环的4个基本过程出发，将区域水资源划分为空中水资源和陆面水资源。其中，空中水资源将从水循环大气过程的角度进行评价，包括大气水汽通量和大气降水资源两个层面；陆面水资源将从水循环的地表过程、土壤过程和地下过程进行评价。在大气降水的基础上，根据水资源的有效性特征，将水资源划分为无效降水和广义水资源；广义水资源又进一步根据其赋存介质/载体，将其划分为土壤水资源和狭义水资源。根据土壤水资源的利用过程，将土壤水资源进一步划分为直接利用的土壤水资源和间接利用的土壤水资源；狭义水资源包括传统意义上的地表水资源和地下水资源；根据其服务对象和水资源配置与管理的需求，又进一步将其划分为生态水和经济水；经济水又进一步划分为生产用水和生活用水两种类型（见图5-1）。

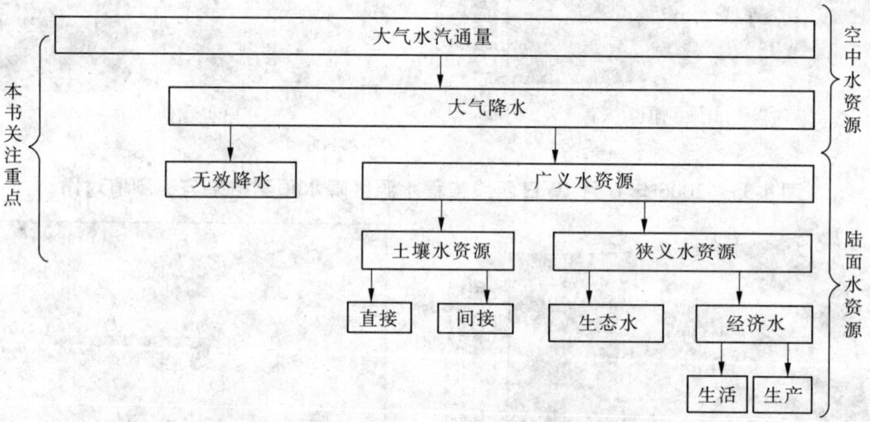

图5-1　立体水资源定量评价方案

对于狭义水资源的进一步分级分类评价，需要以区域水资源的合理配置为基础；土壤水资源的进一步分级分类评价，需要与区域土地整理与管理相结合。为此，在本研究中将重点围绕大气水汽资源、大气降水、广义水资源、土壤水资源和狭义水资源进行评价。

5.2　水资源定量评价及演变趋势分析技术

5.2.1　空中水资源

为了克服资料中大地形区地表以下虚假水汽的干扰，垂直积分是在300 hPa到地表

(p_s)之间进行的。从地表(p_s)到 300 hPa 厚度的整层大气含水量(Q)、纬向水汽输送量(Q_u)及经向水汽输送量(Q_v)的计算方法如下:

$$Q(x,y,t) = \frac{1}{g}\int_{300}^{p_s} q(x,y,p,t)\,\mathrm{d}p \tag{5-1}$$

$$Q_u(x,y,t) = \frac{1}{g}\int_{300}^{p_s} q(x,y,p,t)u(x,y,p,t)\,\mathrm{d}p \tag{5-2}$$

$$Q_v(x,y,t) = \frac{1}{g}\int_{300}^{p_s} q(x,y,p,t)v(x,y,p,t)\,\mathrm{d}p \tag{5-3}$$

式中:p_s 为地面气压;q 为比湿;u 为纬向;v 为经向;g 为重力加速度。

采用箱格网整层水汽净收支分析技术方案,分析了西线水汽源区区域总水汽收支的变化。

区域水汽总收支的计算方法如下:

$$Q_W = \sum_{y=\varphi_1}^{\varphi_2} Q_u(\lambda_1,y,t) \tag{5-4}$$

$$Q_E = \sum_{y=\varphi_1}^{\varphi_2} Q_u(\lambda_2,y,t) \tag{5-5}$$

$$Q_S = \sum_{x=\lambda_1}^{\lambda_2} Q_v(x,\varphi_1,t) \tag{5-6}$$

$$Q_N = \sum_{x=\lambda_1}^{\lambda_2} Q_v(x,\varphi_2,t) \tag{5-7}$$

$$Q_T = Q_W + Q_E + Q_S + Q_N \tag{5-8}$$

式中:Q_W、Q_E、Q_S、Q_N 分别为西、东、南、北 4 个边界水汽收支;Q_T 为区域边界水汽总收支;φ_1、φ_2、λ_1、λ_2 分别为各边界对应的纬度和经度。

5.2.2 广义水资源

广义水资源是指通过天然水循环不断补充和更新,对于社会经济发展和生态环境保护具有效用的一次性淡水,其来源于降水,赋存形式包括地表水、土壤水和地下水,是指对于社会经济系统和生态环境系统有效的降水通量。

冠层截留蒸发(包括林草冠层蒸发和人工建筑物冠层蒸发)对维护植物正常生理和人类居住环境是有益的,因而是有效的;地面截流蒸发中,居工地地面截留蒸发、作物和林草的小棵间截留蒸发分别对于人类和生态环境主体有直接环境效用,因而是有效的;而难利用土地截留蒸发(沼泽地本次研究将其归并到水域类)、稀疏草地的大棵间截留蒸发(依据覆盖度确定)等都作为无效蒸发。土壤蒸散发分为两类:一是土壤水蒸散发;二是潜水蒸散发。土壤水蒸散发当中,蒸腾耗散的水分直接参与了生物量的生成属于有效水分,另外居工地土壤蒸发、作物和林草棵间土壤蒸发对于人类和生态环境主体也有直接环境效用,作为有效蒸发;而对于裸地土壤蒸发、稀疏草地的大棵间土壤蒸发等都作为无效水分;潜水蒸散发从狭义的地下水资源转化而来,全部属于有效水分。

综合以上的各水分有效性的界定,广义水资源总量等于不重复的有效蒸散发量与狭义水资源总量之和:

$$W_s = (R_s + R_g) + E_p + E_{ss} + E_{es} \tag{5-9}$$

式中：W_s 为广义水资源量；R_s 为地表水资源量；R_g 为不重复的地下水资源量；E_p 为冠层截流蒸发量；E_{ss} 为地面截流有效蒸发量；E_{es} 为与地表水、地下水不重复的土壤水有效蒸发量。

5.2.3 土壤水资源

依据水资源的三大评价准则——有效性、可控性和可再生性，可以认为土壤水是水资源的重要组成部分。但是，由于其对降水的过分依赖和易于耗散等自然特性使人们未能将其纳入到水资源的范畴，更没有明确统一的定义。为此，本研究从宏观尺度上，立足于水循环，将土壤水资源重新定义为：赋存于土壤包气带中，具有更新能力，并能被人类生产和生活直接与间接利用（包括对生态环境的维持）的土壤水量及对维持天然生态环境具有一定作用的土壤水量。依据其作用范围包括可被植被直接吸收利用的土壤水资源量和最大可能被利用的土壤水资源量。为综合考虑土壤水资源在水循环过程中的承接作用和对生态环境的资源作用，本文将对存在于整个包气带的最大可能被利用的土壤水资源（以下统称为土壤水资源）进行分析。

在天然水循环过程中，土壤水资源的补给实质是降水入渗、潜水蒸发到土壤并保持在非饱和带内的水量，但是由于潜水蒸发是地下水的重要组成部分，为避免重复评价，将土壤水资源表示为：

$$S = P_{入} = P - R_g - R_s - I - D - R_{lr} \tag{5-10}$$

式中：S 为非饱和带内土壤水资源通量；$P_{入}$ 为蓄存在土壤水系统的补给通量；P 为降水通量；R_g 为深层渗漏通量（降水对地下水的补给）；R_s 为降水形成的地表径流通量；I 为冠层截留通量；D 为洼地储流通量；R_{lr} 为侧向壤中流量。

又由于土壤水资源是一个动态转化的过程量，在其接受补给的同时也在消耗。因而，土壤水资源的消耗实质是消耗量和未消耗量之和，可表示为：

$$S = T + E_s + \Delta W = ET + \Delta W \tag{5-11}$$

式中：E_s 为土壤蒸发消耗通量（包括裸地土壤蒸发和植被棵间土壤蒸发）；T 为植被蒸腾消耗通量，两者共同构成土壤水资源的消耗量，即蒸发蒸腾量（ET）；W 为时段土壤水蓄变量，可认为是土壤水资源未被消耗量，在多年平均尺度上，土壤水蓄变量为零，因此在多年平均尺度上，土壤水资源量等于蒸发蒸腾消耗量。

5.2.4 狭义水资源

为指导全流域和分片水资源规划与管理，本次评价分别对西线工程水源区的“片水”资源和主要水文断面的水资源进行评价。“片水”资源指的是各统计分区内各单元产流汇入到各自河流的总水量和各子流域不重复的地下水资源量；水文断面水资源量也包括两部分，其中不重复的地下水资源量与分片口径一致，而地表水则是指无人类用水消耗，真正流经该水文断面的河川径流量，与小片地表水资源量相比要小，数量上等于“片水”资源减去小片汇流点到水文断面的河道汇流损失。

5.2.5 水资源演变规律评价技术

不同评价口径下的水资源演变过程，均属于时间演变系列。对于时间系列而言，趋势性、随机性和周期性是其基本属性,定量识别上述属性是进行水资源演变规律分析的关键。下面分别对本研究中所用到的趋势性、随机性和周期性的分析方法进行阐释。

5.2.5.1 趋势性判别

趋势分析法称之趋势曲线分析、曲线拟合或曲线回归,它是迄今为止研究最多,也是最为流行的定量预测方法。它根据已知的历史资料来拟合一条曲线,使得这条曲线能反映负荷本身的增长趋势,然后按照这个增长趋势曲线,对要求的未来某一点估计出该时刻的负荷预测值。常用的趋势模型有线性趋势模型、多项式趋势模型、对数趋势模型、幂函数趋势模型、指数趋势模型、逻辑斯蒂(logistic)模型、龚伯茨(gompertz)模型等,寻求趋势模型的过程是比较简单的,这种方法本身是一种确定的外推,在处理历史资料、拟合曲线,得到模拟曲线的过程,都不考虑随机误差。采用趋势分析拟合的曲线,其精确度原则上对拟合的全区间都是一致的。在很多情况下,选择合适的趋势曲线,确实也能给出较好的预测结果。但不同的模型给出的结果相差会很大,使用的关键是根据地区发展情况,选择适当的模型。在本研究中,采用秩相关系数法进行分析。

5.2.5.2 随机性判别——PLFIM

分析时间序列的线性趋势是研究气候变化经常使用的方法,它可以使人们了解某一段时间内气候的总体变化趋势,但对于一个时间尺度较长的气候序列,整个时间段上的线性趋势往往并不能描述出气候变化的波动特征,因此 Tomé 和 Miranda 在 2004 年提出了一种新的气候变化趋势转折判别模型(Piecewise Linear Fitting Model,简称 PLFIM)。为了探讨西线水源区空中水资源的年代际变化规律及转折特征,我们采用了 Tomé 等在 2004 年提出的气候变化趋势转折判别模型(PLFIM)。

PLFIM 模型的基本思路为:首先根据所研究的气候变化问题的时间尺度,给定趋势转折点的最小间隔,然后确定趋势转折的判别条件(根据研究目的不同,可以是要求两个连续分段的线性变化趋势符号相反或变化程度达到一定的百分比)。在两个相邻趋势转折点的时间间隔必须大于或等于给定最小间隔的前提条件下(即滤掉了变化周期小于这一最小间隔的气候波动),可以得到很多种分段组合情况,分别计算每种组合内各时间段的线性变化趋势,并根据趋势转折判别条件判断其间是否发生了趋势转折,最后利用统计分析原则确定满足趋势转折判别条件的最佳分段组合,即可得到所需时间尺度上的趋势转折点检验结果以及各时间段的线性变化趋势。PLFIM 的数学原理简单介绍如下:

为描述方便,设有一长度为 m,有 3 个趋势转折点的时间序列:

$$y_i = \{y_1, \cdots, y_{bp(1)}, \cdots, y_{bp(3)}, \cdots, y_m\} \tag{5-12}$$

其中 $bp(1)$、$bp(2)$、$bp(3)$ 为序列中趋势转折点的位置。这样,时间序列 y_i 就被分为 4 个时间段,对每个时间段分别进行线性拟合,可得到 4 个方程:

$$\begin{cases} y_i = a_1 t_i + c_1, i = 1, \cdots, bp(1) \\ y_i = a_2 t_i + c_2, i = bp(1) + 1, \cdots, bp(2) \\ y_i = a_3 t_i + c_3, i = bp(2) + 1, \cdots, bp(3) \\ y_i = a_4 t_i + c_4, i = bp(3) + 1, \cdots, m \end{cases} \tag{5-13}$$

因为各个时间段是连续的,则有:

$$\begin{cases} c_2 = c_1 + (a_1 - a_2) t_{bp(1)} \\ c_3 = c_1 + (a_1 - a_2) t_{bp(1)} + (a_2 - a_3) t_{bp(2)} \\ c_4 = c_1 + (a_1 - a_2) t_{bp(1)} + (a_2 - a_3) t_{bp(2)} + (a_3 - a_4) t_{bp(3)} \end{cases} \tag{5-14}$$

对于趋势转折点个数和位置未知的情况,需求解超定线性方程组:

$$Y = AS \tag{5-15}$$

其矢量解 $S = (a_1 \quad a_2 \quad a_3 \quad a_4 \quad c_1)$,$Y = \{y_1, y_2, \cdots, y_m\}$,而

$$A = \begin{vmatrix} t_1 & 0 & 0 & 0 & 1 \\ \vdots & \vdots & \vdots & \vdots & \vdots \\ t_{bp(1)} & 0 & 0 & 0 & 1 \\ t_{bp(1)} & t_{bp(1)+1} - t_{bp(1)} & 0 & 0 & 1 \\ \vdots & \vdots & \vdots & \vdots & \vdots \\ t_{bp(1)} & t_{bp(2)} - t_{bp(1)} & 0 & 0 & 1 \\ t_{bp(1)} & t_{bp(2)} - t_{bp(1)} & t_{bp(2)+1} - t_{bp(2)} & 0 & 1 \\ \vdots & \vdots & \vdots & \vdots & \vdots \\ t_{bp(1)} & t_{bp(2)} - t_{bp(1)} & t_{bp(3)} - t_{bp(2)} & 0 & 1 \\ t_{bp(1)} & t_{bp(2)} - t_{bp(1)} & t_{bp(3)} - t_{bp(2)} & t_{bp(3)+1} - t_{bp(3)} & 1 \\ \vdots & \vdots & \vdots & \vdots & \vdots \\ t_{bp(1)} & t_{bp(2)} - t_{bp(1)} & t_{bp(3)} - t_{bp(2)} & t_m - t_{bp(3)} & 1 \end{vmatrix} \tag{5-16}$$

为$(m \times 5)$的矩阵。一般而言,这一类的超定方程组无通常意义下的解,但可以转化为求超定方程组的最小二乘解($S^* = \min \| Y - AS \|$)的代数问题,其具有如下的形式解:

$$S^* = (A^{\mathrm{T}}A)^{-1}A^{\mathrm{T}}Y \tag{5-17}$$

具体计算中,首先给定趋势转折点之间的最小间隔(dt)和趋势转折的判别条件,根据时间序列长度和 dt,可以确定趋势转折点最大可能个数,$l = \mathrm{int}(m/\mathrm{d}t) - 1$,然后定义 b 和 bp 为有 $l+1$ 个元素的矢量(数组),其中 bp 的第一个元素设为 1,其后 l 个元素为序列中的趋势转折点的位置;b 的第一个元素为零,其后 l 个元素为趋势转折点的时间值,即:

$$b(i) = t(bp(i)) \tag{5-18}$$

对矩阵 A 进行赋值后,采用矩阵 QR 分解方法对所有的可能组合进行连续求解,最后选择残差平方和最小的解,即可得到给定时间尺度上的趋势转折点和各时间分段的线性变化趋势。

5.2.5.3 周期性判别——功率谱分析

功率谱分析可以很好地研究一些复杂的波动现象,把水资源的时间序列看成多种不同频率振动波的叠加,将其作为时间序列,应用傅里叶(Fourier)级数展开,在频域上分析不同的波的贡献,从而找出振动的主频。将水资源时间序列按照傅里叶级数展开为:

$$f(t) = a_0 + \sum_{k=1}^{\infty} (a_k \cos\omega_k t + b_k \sin\omega_k t) \tag{5-19}$$

式中:$f(t)$为时间序列函数(即降水量);ω_k 为第 k 个谐波的圆频率。

对于离散序列傅里叶系数:

$$a_k = \frac{2}{n}\sum_{i=1}^{n} x_i \cos\frac{2\pi k}{n}(t-1) \qquad (5\text{-}20)$$

$$b_k = \frac{2}{n}\sum_{i=1}^{n} x_i \sin\frac{2\pi k}{n}(t-1) \qquad (5\text{-}21)$$

n 为系列长度。不同波数的 k 的功率谱值：

$$S_k^2 = (a_k^2 + b_k^2)/2 \qquad (5\text{-}22)$$

然后，可以用波数和离散功率谱值 S_k^2 为坐标轴做谱图，则不同波数的周期为：

$$T_k = n/k \qquad (5\text{-}23)$$

5.3 西线工程水源区水资源定量评价及演变趋势

5.3.1 空中水资源及其演变

5.3.1.1 评价边界条件

为了探讨南水北调西线工程水源区的空中水资源的特征，主要采用从地面到 300 hPa 整层积分的计算方案，研究整层水汽输送通量及整层大气含水量的演变特征；采用箱格网整层水汽净收支已经侧边界流的计算方案探讨西线水源区区域水汽收支情况。采用 1957 年 9 月 ~2002 年 9 月 ECMWF（欧洲中期天气预报中心）再分析资料的全球 2.5° ×2.5° 月平均风场、比湿场（23 层等压面），由于 ECMWF 没有地面气压，因此用 ECMWF 资料计算整层水汽通量及水汽总量时，将用 NCEP/NCAR 再分析资料的全球地面气压场代替；采用 1948 年 1 月 ~2004 年 12 月 NCEP/NCAR 再分析资料的全球 2.5° ×2.5° 月平均风场（17 层等压面）、比湿场（8 层等压面）以及全球地面气压场。由于西线工程水源区的特殊地理位置，东、西部气候特征差异明显，因此我们按 3 个区域即整个西线水源区（24°N ~36°N，90°E ~105°E）以及西区（30°E ~36°N，90°E ~97.5°E）和东区（25°N ~34°N，97.5°E ~105°E）进行计算（见图 5-2）。

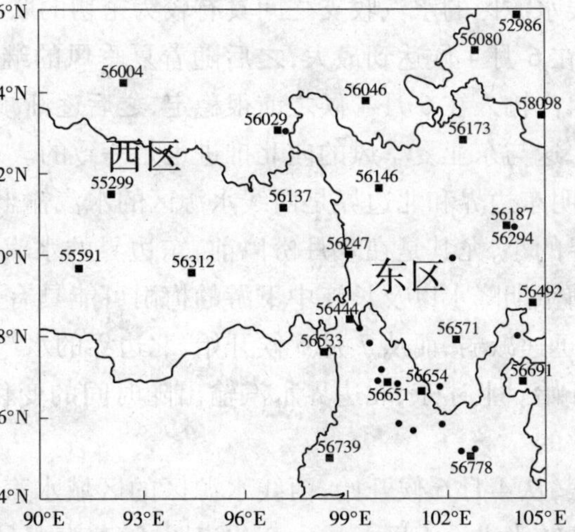

图 5-2 区域划分示意图

为了克服资料中大地形区地表以下虚假水汽的干扰，垂直积分是在 300 hPa 到地表(p_s)之间进行的。从地表(p_s)到 300 hPa 厚度的整层大气含水量(Q)、纬向水汽输送量(Q_u)及经向水汽输送量(Q_v)。

5.3.1.2 夏季水汽收支总体特征

夏季西线水源区为水汽汇区，平均总收入为 91.87×10^6 kg/s，其东边界平均向下游地区输送水汽 34.45×10^6 kg/s，北边界向西北地区输送水汽 1.36×10^6 kg/s。因此，本区对周边地区的水汽收支有重要影响，是向西北、长江中下游地区输送水汽的重要通道(见图 5-3)。

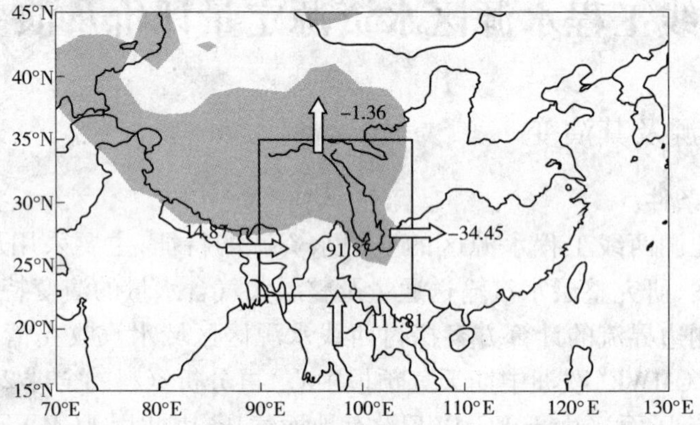

图5-3 西线水源区夏季气候平均水汽收支状况(1951～2000 年平均) (单位：$\times10^6$ kg/s)

从各边界的水汽收支动态来看，西边界和南边界为西线水源区水汽输入边界。其中，5 月 4 候之前以西边界水汽输入为主，5 月 4 候以后，南边界取代西边界成为主要的水汽输入边界。一般情况下，5 月中旬以后，随着南海夏季风的暴发，东亚季风环流建立，在对流层低层，夏季风向北推进，将孟加拉湾和南海上空大量的水汽带入到西线水源区，表明东亚夏季风的建立和推进与西线水源区的水汽收支之间具有较为密切的联系。从图 5-4 中还可以看到，南边界的水汽输入在 6 月 4 候达到最大，之后随着夏季风的继续北推，南边界水汽输入逐渐减小。西边界的水汽输入在 6 月 4 候之前很稳定，之后逐渐减弱，到 8 月 4 候达到最低值，接着开始有所增加，这与东亚夏季风的向北推进也是一致的。东边界和北边界的水汽收支基本上都是负值，表明东边界和北边界是西线水源区的水汽输出边界。相对而言，北边界的水汽输出量比东边界的小，尤其是在 8 月份以前，东边界的水汽输出比北边界大得多，这与我国东部地区华南前汛期降水以及长江中下游的梅雨可能具有一定的联系。7 月 3 候以后，东边界的水汽输出迅速减弱，而从 7 月 6 候开始，北边界的水汽输出超过了东边界，这恰好对应于华北雨季的开始。上述东、北边界水汽输出随时间的变化与我国东部雨带的逐渐北移进程基本上是一致的。

就区域总收支而言，从 4 月 6 候开始，西线水源区的区域水汽收支由负值转为正值，即西线水源区从水汽源区转为水汽汇区。这一变化表明，随着南海夏季风在 5 月的暴发，西线水源区区域水汽收支明显增加(见图 5-4)。

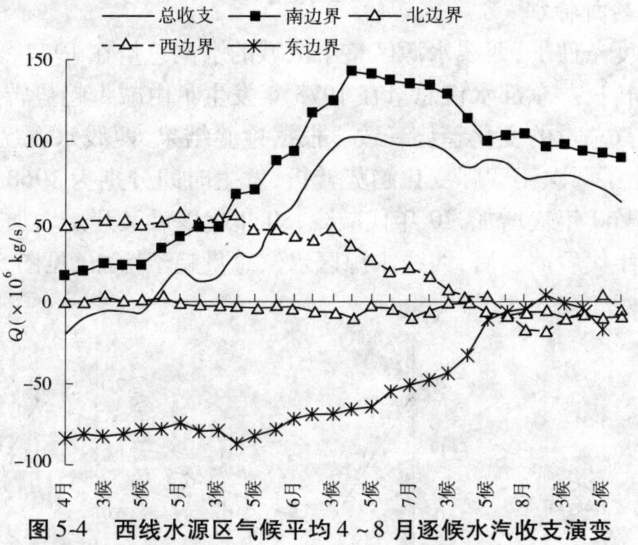

图 5-4　西线水源区气候平均 4～8 月逐候水汽收支演变

5.3.1.3　夏季水汽收支演变规律

1) 趋势性

西线工程水汽源区整个区域、西区和东区的水汽总量的年际变化特征十分明显，呈现出由减少到增加的变化趋势，见图 5-5。

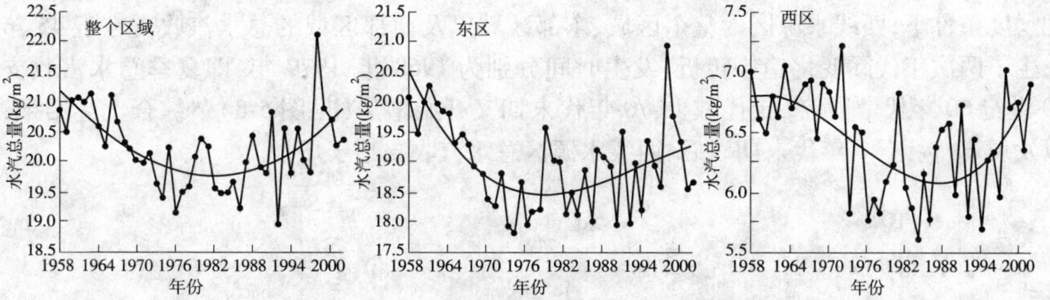

图 5-5　西线水源区夏季水汽总量的年际变化

西线水汽源区整个区域以及东、西区域的区域总水汽收支均呈现出“先减少后增加”的年际变化特征，结合总水汽量年际变化特征的分析可见，两者的年际变化特征基本一致。但区域总水汽收支的年际变化趋势没有水汽总量的变化显著（见图 5-6）。

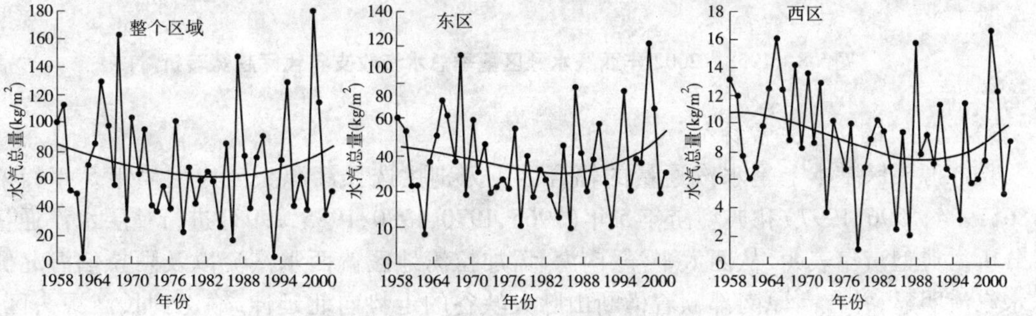

图 5-6　西线水源区夏季水汽总收支的年际变化

2）年代际趋势转折特征

年代际时间尺度条件下，西线水源区整个区域的水汽总量在 1977 年就发生了由减少趋势转为增加趋势的转折。东部水汽总量在 1973 年发生了由减少趋势转为增加趋势的转折，其与整个区域的水汽总量的变化趋势一致。根据检验结果，西线水源区西部区域的水汽总量在近 45 年中发生了两次年代际变化趋势转折，发生时间分别为 1968 年、1979 年，即夏季水汽总量在 20 世纪 60 年代增加，70 年代减少，80 年代以后又开始增加。综合上述结果，可以发现 20 世纪 70 年代后期以后，西线水源区水汽总量趋于增加（见图 5-7）。

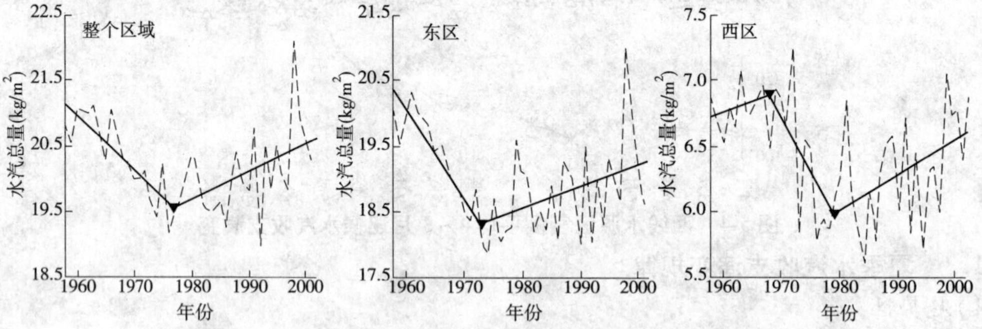

图 5-7　1958～2002 年西线水源区夏季水汽总量年代际趋势转折检验

在探讨近 45 年来西线水源区夏季各区域水汽总收支的年代际变化趋势转折年代际时间尺度条件下，西线水源区的整个区域、东部区域以及西部区域的总水汽收支在近 45 年中发生了两次年代际变化趋势转折，发生时间分别为 1968 年、1979 年，即夏季总水汽收支在 20 世纪 60 年代增加，70 年代减少，70 年代末期又开始增加（见图 5-8）。综合上述结果，可以发现 20 世纪 70 年代末期以后，西线水源区总水汽收支趋于增加。

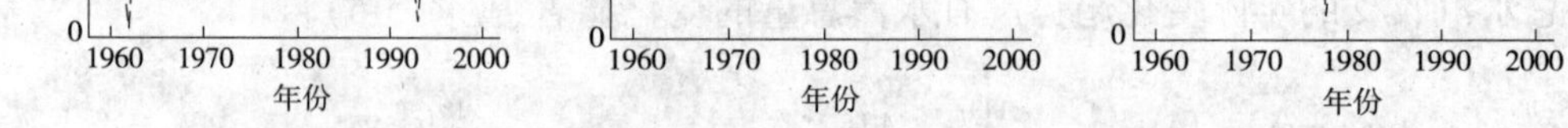

图 5-8　1958～2002 年西线水源区夏季总水汽收支年代际趋势转折

3）水汽输送及其异常特征

长江源头区基本上是水汽通量的辐合区。分别挑选长江源头区典型旱年 5 年（1973，1986，1994，1996，1997）和典型涝年 5 年（1965，1970，1980，1985，1998）进行整层水汽通量合成分析。典型涝年表明，从西太平洋、南海、孟加拉湾地区偏西水汽流以及阿拉伯海北侧偏东水汽流明显，并在高原南部顺着横断山脉大峡谷的走势向北延伸，输送到长江源头区，另外在中国东部、东海、中纬度西太平洋地区出现了显著的水汽辐合环流；典型旱年水汽辐合出现在阿拉伯海东部和孟加拉湾地区以及中国华南地区,在高原南部没有向北输送到长江源头区的水汽流。此外,长江源头区涝年时为明显的水汽辐合区,旱年则相反为水汽辐散区(见图5-9)。

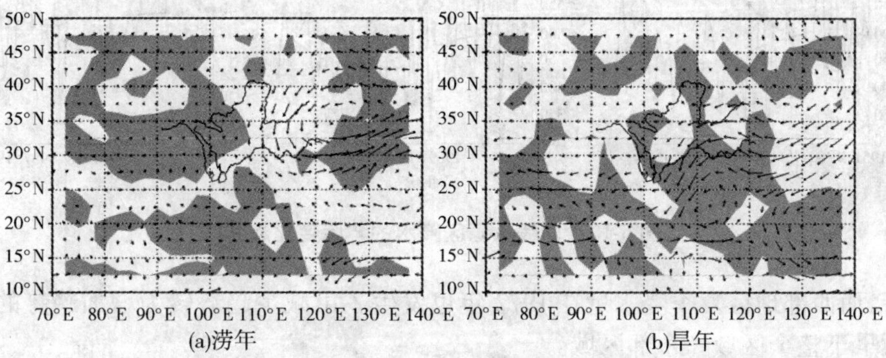

图 5-9 夏季长江源头区旱、涝年合成的整层水汽通量距平场

5.3.2 降水及其演变

5.3.2.1 分区降水量评价

南水北调西线工程水源区降水从东南向西北呈下降趋势,青衣江和岷江干流地区多年平均降水量为1 258.1 mm,是通天河流域同期多年平均降水量的3.55倍。其他各三级区的降水量见表5-1。

表 5-1 西线工程水源区降水评价结果

三级区	平均值(mm)	统计特征		不同频率年降水量(mm)			
		C_v	C_s/C_v	20%	50%	75%	95%
通天河	358.66	0.16	2.0	400.2	350.7	314.0	265.0
直门达—石鼓	727.25	0.12	2.0	795.1	719.8	663.0	585.7
石鼓以下干流	852.17	0.10	2.0	1 040.2	957.2	894.1	808.1
雅砻江	954.44	0.11	2.0	925.5	844.8	783.6	700.8
大渡河	969.01	0.06	2.0	1 009.1	959.9	921.5	868.2
青衣江和岷江干流	1 248.13	0.10	2.0	1 362.6	1 253.9	1 171.2	1 058.6

注:统计时段为1956~2000年。

5.3.2.2 降水演变规律

1)年际变化趋势

西线水源区整个区域以及东、西区域的夏季降水量同样呈“先降后升”的年际变化趋势(见图5-10)。

2)年代际趋势转折

西线水源区整个区域以及东部区域的夏季降水量均在1977年由减少趋势转为增加趋

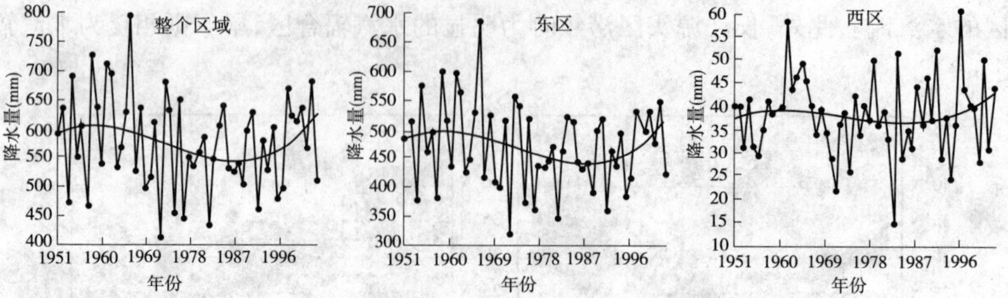

图 5-10　西线水源区降水的年际变化趋势

势的转折，而西部地区夏季降水量在 1972 年也发生了由减少趋势转为增加趋势的转折，年代际转折早于整个区域和东部区域。

综合上述的分析，可见 70 年代末期西线水源区夏季各区域水汽总量以及区域总水汽收支均呈现出增加趋势，整个区域及东部区域夏季降水量在 70 年代后期同样表现为增加趋势，西部区域的夏季降水在 70 年代初期就发生了由减少到增加的趋势，早于上述的两个区域。虽然降水的年代际转折年份与空中水资源的并非完全一致，但总体上 70 年代末期以后两者均呈现出增多的趋势，这可能与降水局域性强更容易受到地理位置、地形等因素的影响有关（见图 5-11）。

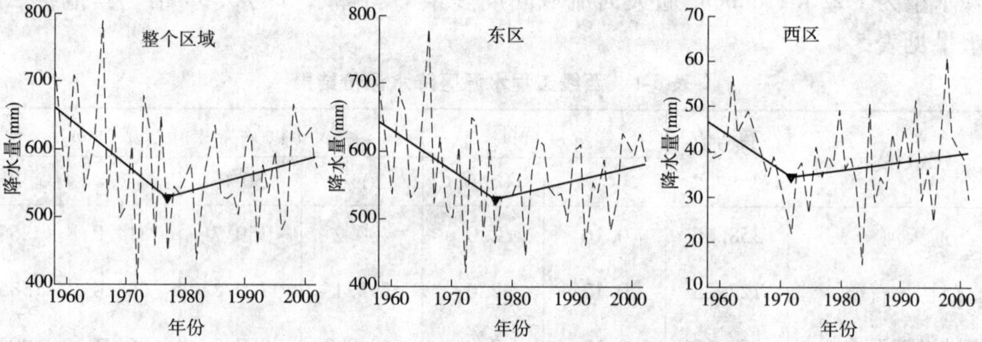

图 5-11　西线水源区降水的代际变化趋势

3）周期性分析

为系统揭示西线工程水源区降水的周期性演变规律，在本研究中，分别在各三级区内选取具有长系列降水测站的实测降水数据进行小波分析。

通天河流域降水有 $T=10$、11 年主要周期，3～5 年周期也在局部有所表现；20 世纪 70 年代以前以 10、11 年振荡为主，高频震荡有 2 年和 5 年周期。70 年代以后以低频振荡为主，高频震荡有 3～4 年周期，振荡能量也有增强趋势。雅砻江流域降水有 $T=11$ 年与 $T=5$ 年两个主要周期；70 年代与 80 年代振荡较弱，进入 90 年代后 11 年周期振荡愈显剧烈。大渡河流域降水有 9 年和 21、22 年两个主要周期，2 年的高频振荡周期也较明显；70 年代中后期，21、22 年的长周期，渐渐缩短，到 2000 年变为 17 周期。岷江和青衣江流域降水有 7 年与 21、22 年两个主要周期，2 年周期在局部年代明显；1965 年以前以 2 年与 7 年周期为主，之后以 7 年与 21、22 年周期为主，且振荡加剧。21、22 年周期渐渐缩短。雅砻江流域降水有 $T=13$ 年一个主周期；高频振荡以 4 年为主，后期渐渐消失。金沙江石鼓以下降水有 $T=10$、11 年一个主要周期（见图 5-12）。

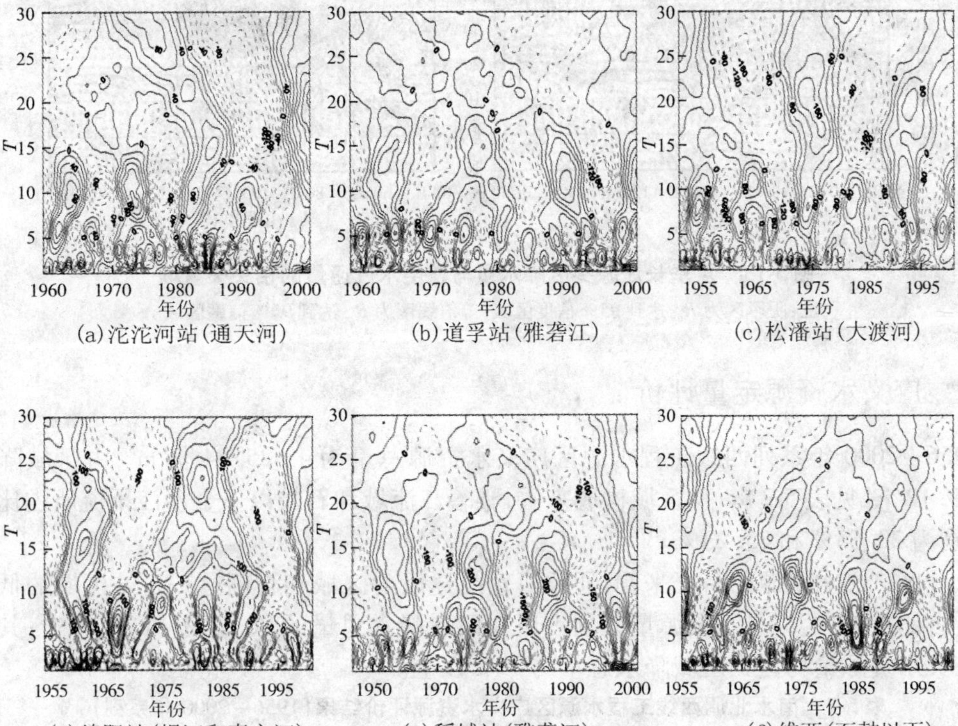

(a)沱沱河站（通天河） (b)道孚站（雅砻江） (c)松潘站（大渡河）

(d)绵阳站（岷江和青衣江） (e)稻城站（雅砻江） (f)维西（石鼓以下）

图 5-12 西线工程水源区降水小波分析成果

5.3.2.3 降水与水汽输送的相关分析

局地降水的变化主要由环流和水汽变化共同作用，水汽通量综合反映了这两方面的影响，其散度特征与降水分布则有很好的对应关系。在本研究中，采用相关矢量方法，以追踪水汽源，并揭示其水汽输送轨迹，有关相关矢量场的数学形式如下：

$$R(x,y)=R_{qu}(x,y)+R_{qv}(x,y)j \tag{5-24}$$

式中：R_{qu} 和 R_{qv} 分别为降水量与整层水汽通量分量 Q_u 和 Q_v 之间的相关系数。

位于长江源头区西侧的高原地区上的大片正相关区，相关矢量显著向东，尤其在同期，意味着向东的水汽输送加强时，长江源头区降水偏多，说明该区域的水汽输送异常变化对长江源头区夏季降水的异常有重要影响；图 5-13(a) 中位于中国东部海洋上有大片负相关区，相关矢量显著向西；图 5-13(b) 中东部海洋也存在向西的相关矢量，只是显著相关区域比较小，且同期相关分布场中，中高纬的西北太平洋地区也存在显著向西的相关矢量，另外高原北侧的巴尔客什湖一带也存在显著的向西水汽输送；同样说明上述区域的水汽输送异常变化对长江源头区夏季降水的异常也有比较重要影响；经向输送相关场中显著的特征为在长江源头区南部来自阿拉伯海以及孟加拉湾的西南水汽输送和其西北侧的偏西北的水汽输送；中国东部地区以及西太平洋地区也存显著正相关区（见图 5-13）。

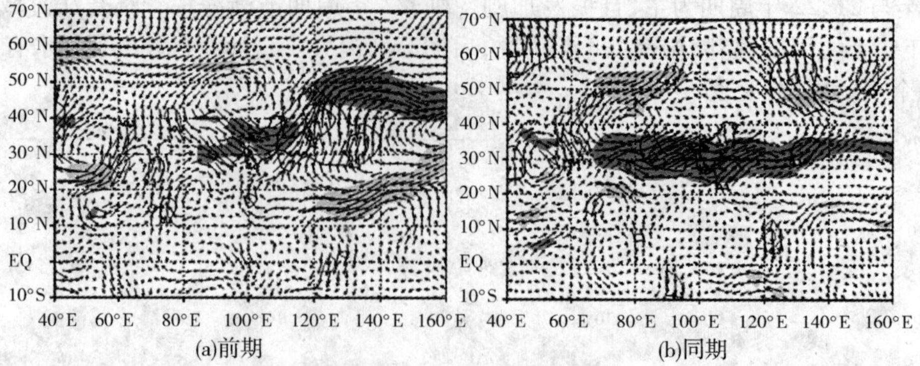

图 5-13 夏季长江源头区降水量与整层水汽通量的相关矢量场

注：阴影区为 R_{qu} 达到 95% 信度区域；等值线区为 R_{qv} 达到 95% 信度区域。

5.3.3 广义水资源定量评价

1956～2000 年系列西线工程水源区广义水资源总量为 4 825.84 亿 m^3，占区域降水总量的 99.12%（见表 5-2）。从区域构成来看，雅砻江流域和石鼓以下金沙江干流所占比重最大，分别为 22.65% 和 25.23%。

从分区广义水资源的特征来看，通天河直门达以上区域和直门达—石鼓区域的低效蒸发量所占比重较大，广义水资源量分别占所在区域降水总量的 96.77% 和 97.97%；其他三级区广义水资源量均占到区域降水总量的 99% 以上。

表 5-2 南水北调西线工程水源区广义水资源评价结果（1956～2000 年系列）

流域分区	计算面积（km^2）	广义水资源量（亿 m^3）	占全流域的比重（%）	降水量（亿 m^3）	占降水的比重（%）
通天河直门达以上	137 700	477.94	9.90	493.88	96.77
直门达—石鼓	77 325	550.90	11.42	562.34	97.97
雅砻江	129 550	1 093.21	22.65	1 103.98	99.02
石鼓以下干流	127 750	1 217.73	25.23	1 219.30	99.87
大渡河	77 025	743.62	15.42	746.38	99.63
青衣江和岷江干流	59 500	742.43	15.38	742.64	99.97
全流域汇总	608 850	4 825.83	100.00	4 868.52	99.12

降水是南水北调西线工程水源区广义水资源演变的决定性因子，其演变的时间序列特征与区域降水演变的时间序列特征完全相同，故在本研究中，不再分析其周期性和趋势性特征。

5.3.4 土壤水资源定量评价

南水北调西线工程水源区总土壤水资源量为 2 390.72 亿 m^3，分别占区域降水和广义水资源量的 49.11% 和 49.54%。从区域构成来看，石鼓以下干流土壤水资源量占区域土壤水资源总量的 23.09%；通天河直门达以上流域所占比重较小，仅为 10.28%（见表 5-3）。

表 5-3　南水北调西线工程水源区土壤水资源评价结果(1956～2000 年系列)

流域分区	计算面积(km^2)	土壤水资源(亿 m^3)	占全流域的比重(%)	占降水的比重(%)	占广义水资源的比重(%)
通天河直门达以上	137 700	245.88	10.28	49.79	51.45
直门达—石鼓	77 325	439.45	18.38	78.15	79.77
雅砻江	129 550	372.71	15.59	33.76	34.09
石鼓以下干流	127 750	552.01	23.09	45.27	45.33
大渡河	77 025	331.55	13.87	44.42	44.59
青衣江和岷江干流	59 500	449.12	18.79	60.48	60.49
全流域汇总	608 850	2 390.72	100.00	49.11	49.54

从各分区土壤水资源的特征而言,雅砻江流域土壤水资源占区域降水和广义水资源的比重较小,分别为 33.76% 和 34.09%;直门达—石鼓段土壤水资源占区域降水和广义水资源的比重较大,分别达到 78.15% 和 79.77%。

5.3.5　狭义水资源及其演变

5.3.5.1　狭义水资源评价成果

南水北调西线工程水源区地处青藏高原东麓,除在青衣江和岷江干流区平原区有地下水资源的赋存外,水资源均以地表水资源的形式存在。

1956～2000 年系列,南水北调西线工程水源区地表水资源总量为 2 429.87 亿 m^3,加之青衣江和岷江干流区不充分的地下水资源量 0.6 亿 m^3,区域狭义水资源总量为 2 430.47 亿 m^3,占区域广义水资源总量的 50.36%;区域产水系数为 0.499(见表 5-4)。

表 5-4　南水北调西线工程水源区地表水资源评价成果(1956～2000 年)

区域		通天河	直门达—石鼓	雅砻江	石鼓以下干流	大渡河	青衣江和岷江干流	合计
本研究	面积(km^2)	137 700	77 325	129 550	127 750	77 025	59 500	608 850
	水资源量(亿 m^3)	133.35	213.69	607.19	512.10	488.88	474.66	2 429.87
	占广义水资源比重(%)	27.90	38.79	55.54	42.05	65.74	63.93	50.35
	产水系数	0.270	0.380	0.550	0.420	0.655	0.640	0.499
综合规划	面积(km^2)	137 704	77 412	128 556	130 301	77 111	58 300	609 384
	水资源量(亿 m^3)	124.47	208.57	610.28	538.83	479.15	473.80	2 435.10
	产水系数	0.256	0.373	0.560	0.431	0.647	0.646	0.501

注:产水系数 = 地表水资源量/降水量。

从各分区狭义水资源占广义水资源的比重来看，大渡河流域所占的比重较大，达到65.74%；通天河流域所占的比重最小，仅为27.9%。从狭义水资源的产水系数空间差异来看，大渡河流域及青衣江和岷江干流区的产水系数最大，分别为0.655和0.64；通天河流域及直门达—石鼓区的产水系数较小，分别为0.27和0.38。

总体上看，本研究狭义水资源评价量与全国水资源综合规划成果基本吻合。但本研究中从水循环要素过程演变的角度进行区域狭义水资源评价，且通过高精度数值地形，进一步校正了各分区范围，通天河流域、石鼓以下干流区和大渡河流域的评价结果与全国水资源综合规划成果数据分别相差了8.88亿m^3、26.73亿m^3和9.73亿m^3；误差分别为7.13%、4.96%和2.03%。

5.3.5.2 趋势性分析

从南水北调西线工程水源区水资源演变的趋势性来看，除石鼓以下干流区水资源呈增加趋势外，其他流域的水资源均呈下降趋势，但这些演变趋势均不显著(见图5-14)。

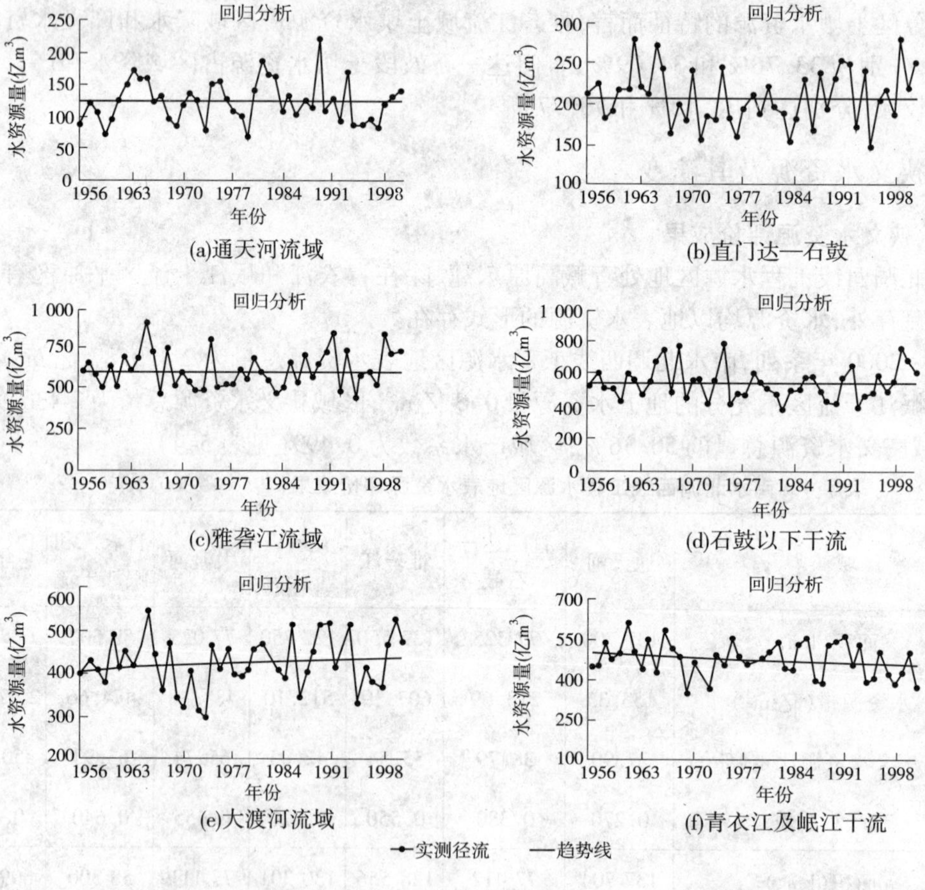

图5-14 南水北调西线工程水源区主要三级区水资源演变趋势

5.3.5.3 周期性分析

从区域水资源演变的周期性来看，通天河流域有8~9年的演变周期；直门达—石鼓段有 12 ~ 13 年演变周期；雅砻江流域有 10 ~ 11 年的演变周期；石鼓以下干流的周期性不明显；大渡河流域有 12 年的演变周期；青衣江和岷江干流流域有 14 ~ 15 年的演变周期（见图 5-15）。

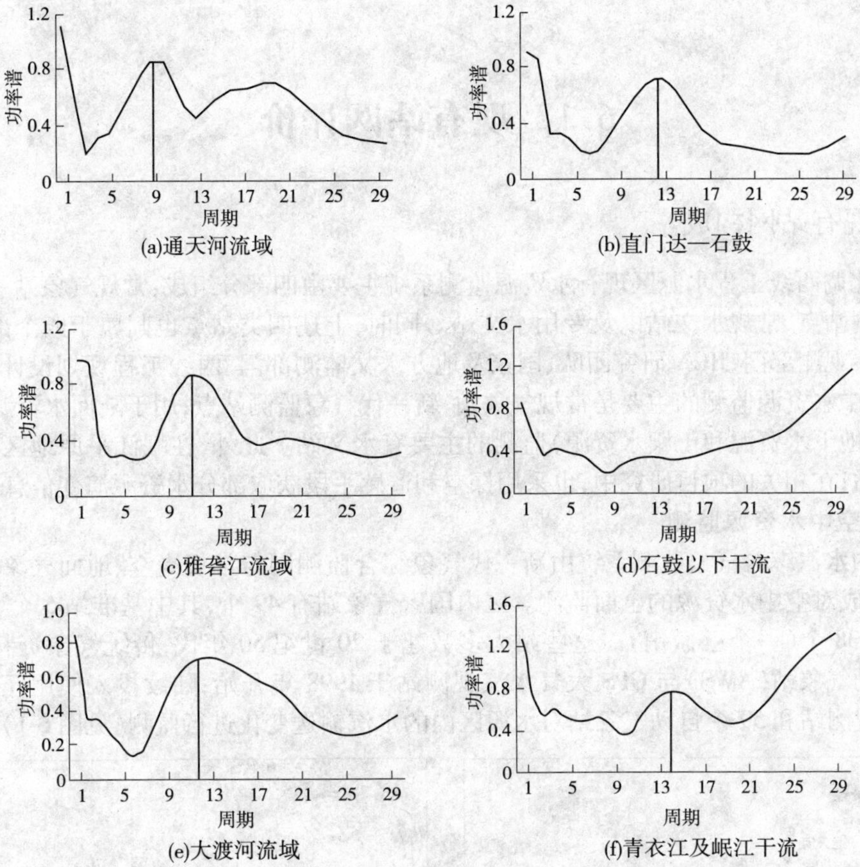

图 5-15　南水北调西线工程水源区主要三级区水资源演变周期分析成果

第 6 章　区域水资源立体监测与数据同化

6.1　现有站网评价

6.1.1　现有站网构成

南水北调西线工程水源区现有水资源监测系统主要由四部分组成：常规气象站、新一代自动气象监测站点、常规水文站以及专用水文站。同时，上述四类站点也归属于四个部门：国家和地方气象观测部门、JICA 研究团队、国家及地方水文监测部门、西线工程规划设计部门。其中，用于空中水资源监测的主要是常规气象站、新一代气象监测站点；用于陆面水资源（包括地表水资源、地下水资源和土壤水资源）监测的主要有水文站。此外，在岷江平原地区有一些地下水监测站；在相关的项目研究中，也采用探空和遥感手段获取部分水资源演变信息。

6.1.1.1　空中水资源监测

区域内水汽综合气象监测系统由新一代气象综合监测网与常规高空、地面气象观测网组成，现已形成对空中水资源的全面监测。区内国家气象站有 49 个，其中基准站 5 个、一般站 6 个、基本站 38 个（一个已撤销）。这些站大多数建于 20 世纪 50 年代，传统气象资料系列长。新一代自动气象站（AWS）与 GPS 大气水汽观测站于 1998 年开始，陆续投入使用，已有 25 台 GPS 水汽观测站和 59 个自动气象站对水源区内的水汽输送变化进行监测（见图 6-1）。

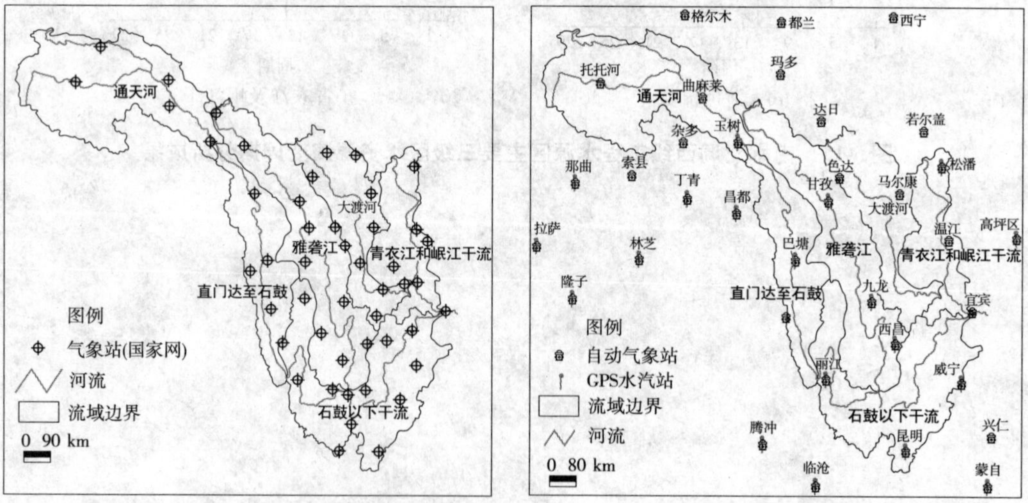

（a）气象站　　　　（b）GPS 和 AWS 站

图 6-1　南水北调西线工程水源区现有空中水资源观测系统

6.1.1.2　陆面水资源监测

在全国水文观测站网体系逐渐发展与完善的背景下，南水北调西线水源区水文站网建设也取得较大成果，至 2000 年，区内共设有 138 个国家水文监测站，其中 22 个水位站、116

个降水(蒸发)站。随着西线工程规划设计工作的开展,引水坝址附近陆续增设了 6 个专用水文站(见图 6-2)。

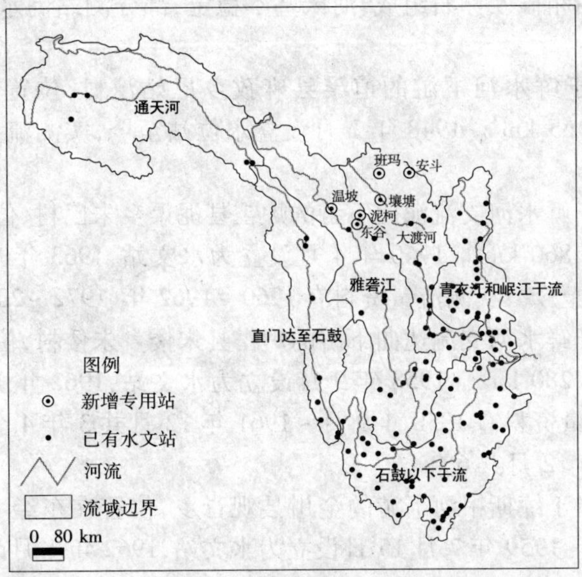

图 6-2 南水北调西线工程水源区地表水文站点分布

当前,水源区内与西线工程规划设计和运行调度密切相关的水文站有 24 处。其中,雅砻江流域有 10 处,大渡河流域有 14 处。在这些站点中,国家站有 18 处,专用站有 6 处(见表 6-1)。

表 6-1 调水区邻近地区水文测站特征值

河流名称			站名	集水面积(km^2)	测站类别
雅砻江	鲜水河	达曲	东谷	3 824	专用站
			朱倭	4 280	国家站
		泥曲	泥柯	4 664	专用站
			朱巴	6 860	国家站
		鲜水河	道孚	14 465	国家站
	雅砻江	雅砻江	温波	19 800	专用站
		雅砻江	甘孜(二)	33 119	国家站
		雅砻江	雅江(二)	65 923	国家站
		雅砻江	洼里(二)	102 406	国家站
		雅砻江	泸宁	108 277	国家站
大渡河	绰斯甲河	杜柯河	壤塘	4 910	专用站
		杜柯河	俄德	6 358	国家站
		绰斯甲河	绰斯甲	14 794	国家站
	足木足河	玛柯河	班玛	4 337	专用站
			甲拉寺	1 432	国家站
		阿坝河	安斗	1 764	专用站
			阿坝	2 469	国家站
		梭磨河	马尔康(二)	2 356	国家站
		足木足河	足木足	19 896	国家站
	大渡河	大渡河	大金	40 484	国家站
		大渡河	丹巴	52 738	国家站
		大渡河	泸定	58 943	国家站
		大渡河	福禄镇(二)	76 452	国家站
		大渡河	铜街子	76 383	国家站

与南水北调西线第一期工程水文分析计算关系密切的水文测站包括道孚、朱巴、朱倭、绰斯甲、足木足等国家水文站，东谷、泥柯、壤塘、班玛及安斗等专用水文站。各站测验河段河道大体顺直，河床由粗砂及卵石组成，河床基本稳定，部分测站高水市微有冲淤变化。各站基本测验情况如下。

道孚站：该站位于鲜水河下游的道孚县麻孜乡尼姑沱村，位置在东经101°04′，北纬31°02′，集水面积14 465 km^2。1948年2月设立水位站至今，实测流量资料收集有1956～2003年共48年。

朱巴站：该站位于鲜水河支流泥曲下游的炉霍县泥渠乡朱巴村，位置在东经100°41′，北纬31°26′，集水面积6 860 km^2。1960年4月设立为水文站，1963年1月改为水位站，1972年1月又改为水文站至今。实测流量资料有1960～1962年、1972～2003年共35年。

朱倭站：该站位于鲜水河支流达曲下游的炉霍县朱倭乡朱倭村，位置在东经100°19′，北纬31°38′，集水面积4 280 km^2。1958年9月设立为水文站，1962年1月改为水位站，1968年1月撤销。实测流量资料有1958年9月～1961年12月共3年4个月，实测水位资料有1962年1月～1967年12月共6年。

绰斯甲站：该站位于绰斯甲河下游的金川县观音乡，位置在东经101°41′，北纬31°49′，集水面积14 794 km^2。1959年7月15日设立为水文站，1962年1月改为水位站，1967年1月恢复测流，1968年又改为水位站，到1983年又改为水文站至今。实测流量资料有1960年、1961年、1967年及1983～2003年共24年。

足木足站：该站位于足木足河下游的马尔康县足木足乡江嘴村，位置在东经102°01′，北纬32°00′，集水面积19 896 km^2。1958年11月设立为水文站至今，实测流量资料有1959～2003年共45年。

东谷专用水文站：该站位于鲜水河支流达曲下游的甘孜县四通达乡四通达村，位置在东经100°12′，北纬31°45′，集水面积3 824 km^2。观测项目有水位、流量、降水、冰情等，2001年6月设立。

壤塘专用水文站：该站位于绰斯甲河支流杜柯河下游的壤塘县林业局二林场处，下距壤塘县城33 km，位置在东经100°48′，北纬32°20′，集水面积4 910 km^2。观测项目有水位、流量、降水、蒸发、冰情等，1999年5月设立。

班玛专用水文站：该站位于足木足河支流玛柯河下游的班玛县城附近，位置在东经100°45′，北纬32°56′，集水面积4 337 km^2。观测项目有水位、流量、冰情等，1999年5月设立。

安斗专用水文站：该站位于足木足河支流阿坷河上游的阿坝县安斗乡，位置在东经101°34′，北纬32°59′，集水面积1 764 km^2。观测项目有水位、流量、降水、冰情等，2003年6月设立。

6.1.2 存在问题分析

总体上看，现有西线工程水源区水资源观测站网尚存在地基站点稀疏、布局不尽合理、监测手段落后和信息共享不畅等4个方面的问题。

6.1.2.1 地基站点稀疏

受到高寒气候等因素的综合影响，西线工程水源区水资源地基站点十分稀疏。气象站点的布设密度为0.8站/万 km^2，坝址以上集水区内仅有7个气象站，整个区内仅有15个自动气象站,其中坝址以上集水区内仅有1个自动气象站,远低于国内平均水平。水文站点尤为稀疏,远低于国家水文站网规划标准,甚至出现大范围的盲区。大部分地下水资源开发区域缺少观测井或井网密度不能满足要求。总之,现有的地基观测数据难以满足区域水资源精细评价,并且与工程运行调度基本要求的差距较大。

6.1.2.2 布局不尽合理

受到观测条件的影响,当前西线工程水源区的水资源观测站点往往位于离县城或乡镇较近的河谷地区。由于该区水循环过程的空间差异十分明显,且受到地形条件的影响十分显著,现有格局下的监测站点布局与区域水循环特征精细表征的矛盾十分显著。以降水为例,若采用通用TISSEN多边形法、在现有观测站点的基础上进行面雨量的求算,误差可达到20% ~30%以上;采用降水随高程演变经验系数进行结果修正,其误差也大于10%。这也表明,该区的水文站网需要进一步完善;同时,还需要充分利用模拟技术和空基观测技术(遥感技术、探测技术等)进行区域水循环演变规律的分析和水资源的定量评价。

6.1.2.3 监测手段落后

本区水资源监测仍然以地基监测为主,基础设施建设标准普遍偏低,仪器设备老化,监测能力弱,许多测站和观测项目仍依赖人工观测,严重制约了水资源测报信息的传输时效和质量。以四川省水文观测为例,目前80%的测报设施(观测站房、水文缆道、水位测井等)是20世纪70~80年代修建的,由于建设标准低和长期没有生产经费而年久失修等原因,测洪能力普遍低于20年一遇,有的甚至低于10年一遇,大洪水到来时不少测报设施因水毁而失去测报时机,严重影响防洪指挥工作的开展。同时,目前大多数测站仍采取人工观测或简单的机械式纸介质自动装置记录,采集信息难以通过各种数字化信息通道及时传送和计算机处理,大多数观测站的仪器设备仍维持在七八十年代的装备水平,60%以上的测验仪器已达到或超过使用期限,先进的测报设备无力引进,面对超历史洪水,大多数测站仍在拼设备、拼人员甚至拼生命,以超常方式和简陋设备坚持测报,与国内外同行业(或相似行业)普遍采用的自动采集、卫星通信、计算机处理与传输手段相比,差距十分明显。

6.1.2.4 信息共享不畅

本区水资源观测信息分属于4类职能部门:气象部门、水文部门、研究部门和规划设计部门。受到管理体制的制约,部门之间的信息共享较为不畅,使得有限的监测信息的使用价值又进一步降低。

总之,本区的水资源监测较为落后,在未来的发展中,需要在监测站点补充、站点位置优化、更新监测设施、革新监测手段等方面加大投入。

6.2 监测站网优化原则、依据与目标

6.2.1 优化原则

水资源监测站点优化的总体原则是:以最少的监测投入获得最完善的水资源时空演化信息。具体包括以下原则。

6.2.1.1 客观性原则

水资源站点要充分遵循区域水循环及其驱动机制的演变规律,明确监测任务和重点。

如在地基空中水资源观测中，要充分考虑到区域大气环流场，同时还应充分考虑地形地貌条件导致降水、温度、风速等要素的局地差异；在陆地水资源监测中，要充分遵循地表产流和汇流的演变规律。需要特别指出的是，对于一些水循环特征差异明显或发生时空突变时，要增设有关观测站点和加密观测。

6.2.1.2 整体性原则

随着水资源开发程度的深入，需要从水循环的各个要素过程对水资源的演变规律进行定量表征。为此，在水资源监测站网的优化中，要从水循环的整体出发，充分考虑到多圈层水循环的基本特征，监测信息的多用途特征，进行统一布置。

6.2.1.3 共享性原则

由于受到传统管理体制与机制制约，当前水资源监测信息难以在大范围共享使用。随着管理的规范化、国家观测信息共享平台的建设，信息共享已成为国家资源环境监测的重大发展方向。在水文站网的优化中，要注重对各类观测设施的整合，最大限度地发挥观测资源的效应。

6.2.1.4 信息化原则

西线工程水源区的水资源监测条件较为恶劣，特别是一些无人区难以布设有人值守的测站。对此，可在现代信息技术的支持下，布设无人值守的监测台站；同时，还应充分利用信息化手段，做好信息的传输和使用。

6.2.1.5 经济性原则

需要指出的是，水资源观测站网的建设是以大量的人力、物力和财力为基础的，在优化的过程中，要对各观测站点的必要性进行充分论证，注重现有观测站点监测能力建设，充分发掘“一站多能”和“一台多站”的布局模式，适当新增观测站点。

6.2.2 优化依据

西线工程水源区水资源监测站网优化要在有关行业规范的基础上，充分利用现有监测网络资源，充分吸纳有关研究新成果。优化的依据主要包括以下三个方面。

1）气象与水文监测发展规划

各地气象和水文部门都编制了相应的监测发展规划；为充分发挥区域水资源监测的综合优势，需要充分吸收区域水文监测最新成果。

2）行业规划与标准

考虑到西线工程水源区的水资源监测体系需要采取多部门联合管理与信息互惠共享的方式予以建设和管理。为此，需要充分参照行业部门的有关规划与标准，如“水文站网优化技术导则”等。

3）水文、气象及生态监测研究新成果

在西线工程水资源监测站网的优化中，要充分吸收国家对地观测、国家气候观测、国家生态系统网络等观测的新成果。

6.2.3 优化目标

西线工程水源区水资源监测的优化目标是：在充分整合区域水资源监测资源的基础上，

建成一个立体、高效的水资源监测网络系统，满足工程规划设计与运行调度的需要。具体目标包括两个方面：

（1）形成合理的水资源监测空间布局体系，监测网络能覆盖整个水源区，监测盲区予以消除，能充分反映区域水资源的演变特征。

（2）强化现有台站的信息采集能力，监测的信息化程度得到显著增加。

总之，通过本规划，形成空基－地基一体化的水资源监测网络系统，为工程建设与运行调度、区域生态保护、经济社会发展提供支撑。

6.3 地基－空基一体化的立体监测站网体系设计

6.3.1 总体设计方案

在垂直方向上，要对水循环的大气过程、地表过程、土壤过程、地下过程进行整体监测；同时，还要对与水循环伴生的水化学过程和水生态过程进行适当监测（见图6-3）。

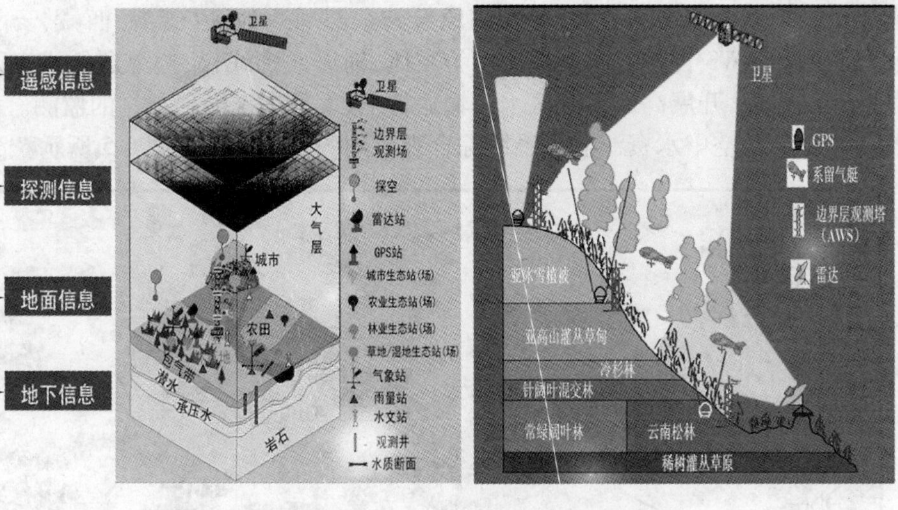

图6-3 西线工程水源区水资源监测垂向体系结构

采用高精度遥感技术，对区域整体的水循环演变特征进行监测；通过探空、雷达、边界层观测以及GPS水汽观测等地基观测方式对空中水资源进行观测；通过雨量站、水文站、观测井等对陆面水资源进行观测。此外，充分利用有关实验台站的信息，对重点地区的水资源演变特征进行监测；还需要根据山地垂直地带性特征进行观测。在水平方向，站点的布设要与区域大气水汽体场相吻合。

在本研究中，重点从水资源量的角度，提出区域水资源构成的监测方案。

6.3.2 空中水资源监测优化方案

水汽通量监测优化方案是以青藏高原及其东部周边地区水汽输送及其水循环结构为基本依据进行设计的（见图6-4）。

南水北调西线工程水源区空中水资源监测系统将以中日政府间合作JICA（Japan Inter-

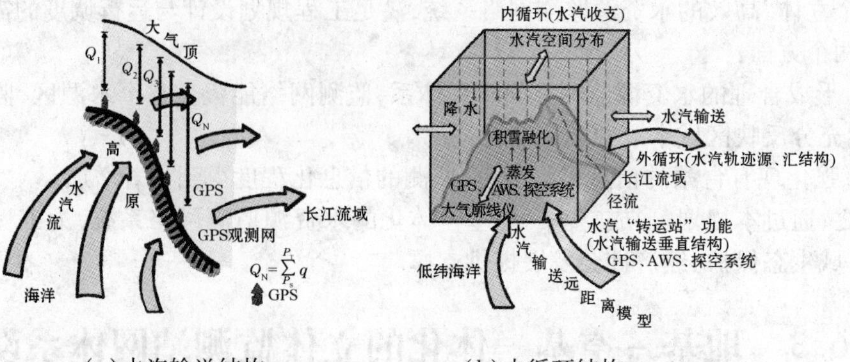

(a)水汽输送结构　　　　　　(b)水循环结构

图 6-4　青藏高原及其东部周边地区水汽输送及其水循环结构

national Cooperation Agency)渠道项目"中日气象灾害合作研究中心"的观测计划为基础观测资源进行设计。根据已在高原区域建立的观测站,以及扩大至高原东南周边区域和中国长江流域上游地区的观测计划,设计高原及其东部周边局地水循环过程中大气水汽与地面气象要素的长期观测网布局方案,即在高原及其东部周边地区(青海、西藏、云南、四川)以GPS 水汽观测和 AWS 自动气象站观测网为主体,辅以风廓线仪、边界层铁塔以及探空观测等现代化观测手段,开展高原关键区水汽输送特征、大尺度水循环结构的监测。南水北调西线调水工程水源区空中水资源监测系统综合观测网的站点布局如图 6-5 所示。

图 6-5　大气水汽通量系统综合观测网的站点布局

此外,结合南水北调一期工程规划实施,在项目区布置 5 套多普勒雷达系统,对区域空中水资源进行监测(见图 6-6)。

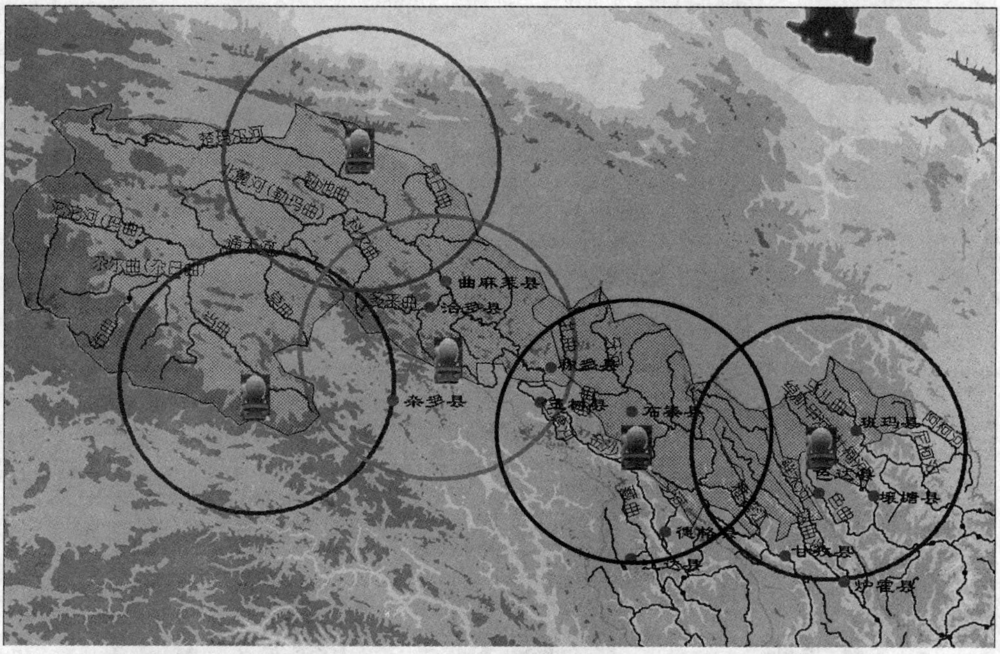

图 6-6　西线一期工程多普勒雷达布置及探测范围示意

6.3.3　陆面水资源监测优化方案

在四川省水文发展“十一五”规划中，从水文站网基础设施建设、水质水量监测、水生态监测、水土保持监测、地下水监测、墒情监测等 6 个方面，系统布置了辖区的水文监测工作，能满足本区陆面水资源监测需要。在本研究中，在对重要站点进行适当介绍的基础上，重点提出坝址以上集水区陆面水资源的立体监测方案。

6.3.3.1　四川省境内规划方案介绍

四川省境内将新增地表水水质站 31 处、降水站 54 处、生态水文监测站 14 处、水位站 7 处、水文站 25 处和土壤墒情站 14 处。空间布局见图 6-7。

6.3.3.2　坝址以上集水区陆面水资源规划方案

新增自动气象站：本区气象资料十分匮乏，但该区的观测工作十分困难，故规划布设自动气象站，以对其降水、气温、风速、湿度和辐射等信息进行观测。结合本区现有气象观测站点，需要新增加 18 处自动气象站观测站点（见图 6-8）。

18 处 AWS 设站理由如下：1 号、2 号 AWS 为观测莫曲和当曲分水岭气候演变及随高程变化；17 号 AWS 一方面用于观测沱沱河源头气象特征，另外一方面沱沱河相配合，分析高原区高程对气象变化的影响；4 号 AWS 用于观测楚玛尔河源头区气象演变，同时与伍道梁气象站配合分析高层影响；5 号、18 号 AWS 为观测水源区北侧气候变化；6 号、7 号 AWS 为观测金沙江与雅砻江分水岭的气象特征；8 号、10 号 AWS 为监测达曲气象变化特征；9 号 AWS 为监测鲜水河河谷气象特征；11 号为监测鲜水河与绰斯甲河分水岭的气象变化特征；12 号为监测绰斯甲河谷气象变化特征，与 11 号配合分析气象条件随高程变化；13 号、14 号为杜柯河气象变化监测；15 号、16 号为阿柯河的气象要素变化观测。

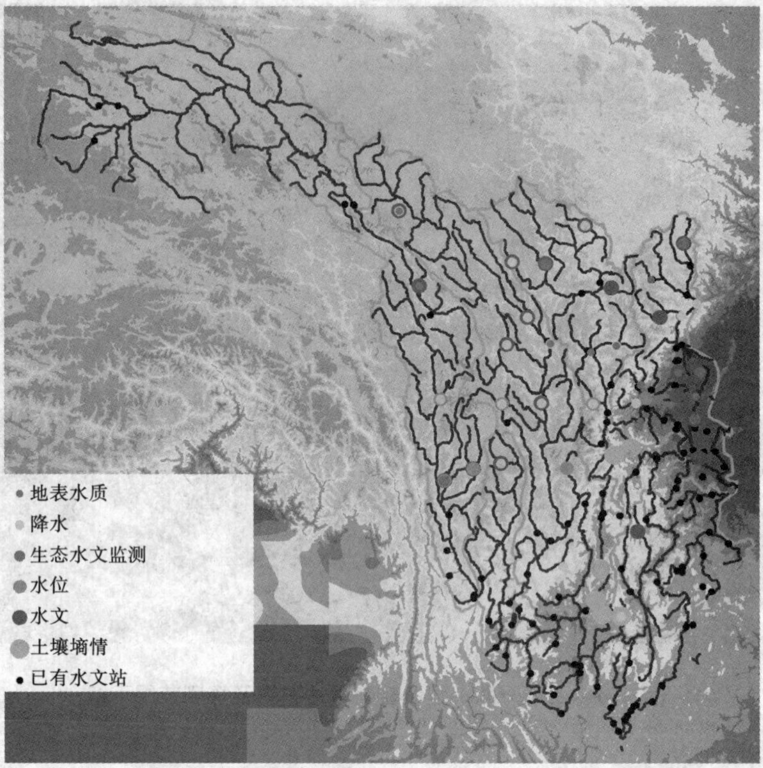

图 6-7　西线工程水源区四川省境内水文站网规划图

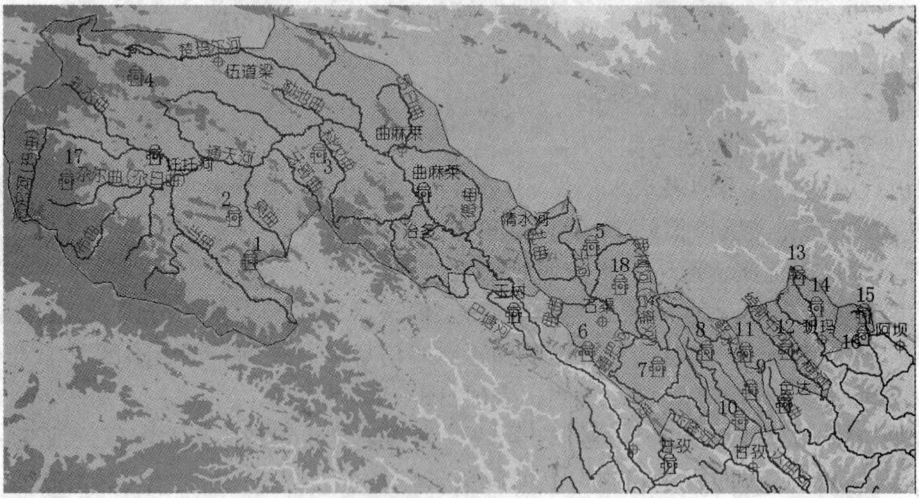

图 6-8　坝址以上集水区新增自动气象站(AWS)规划方案

新增水文/水质站:结合河道汇流演进规律,本区需要新增水文站 7 处(见图 6-9)。其中 1 号为当曲的控制站;2 号为楚玛尔河控制站;3 号为通天河接纳楚玛尔河和昂尔曲后的控制站;4 号为通天河坝址以上控制站;5 号为雅砻江坝址以上入库控制站;6 号为鲜水河的控制站;7 号为杜柯河坝下控制站。其中 4 号、7 号两站同时进行水质监测。

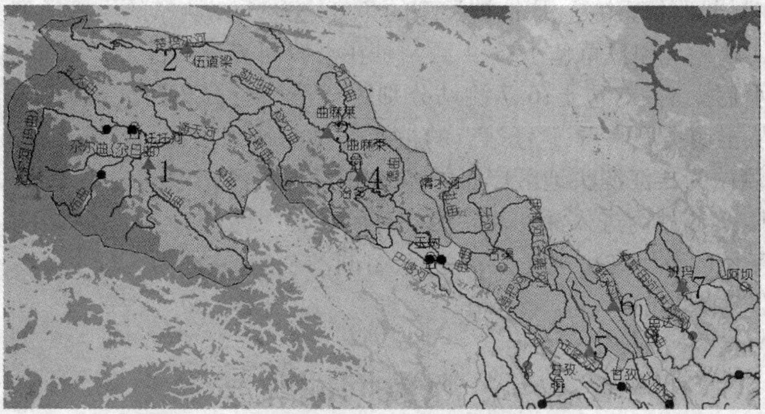

图 6-9　坝址以上集水区新增水文站规划方案

新增加墒情观测站：本区土壤墒情资料十分匮乏，影响到土壤水资源的充分利用。根据区域土壤和植被类型，确立新增加 7 个土壤墒情点（见图 6-10）。

(a)各测站土壤类型(底图为区域土壤类型)

(b)各测站植被类型(底图为区域植被类型)

图 6-10　土壤墒情观测点土壤和植被类型

这7个测站设置的理由是：从植被类型的角度来看，1、2测站的土壤类型为该区通天河流域广泛分布的寒钙土和薄草毡土；3、4测站是在大渡河流域广泛分布的草毡土和黑毡土；5测站为大渡河流域典型的毡土；6、7测站分别为草毡土与石灰性草甸土、淋溶灰褐土和灰褐土过渡带。从土壤类型来看，1号站点的植被类型为通天河流域广布的草原和稀树灌木草原；2、4、5、6测站为长江源头地区广布的草甸和草本沼泽；3测站为受到人类活动影响的灌丛和萌生矮林；7测站为进入深切河谷区的针叶林。因此，上述7个测站能充分代表西线工程坝址以上区域的土壤和植被类型；通过长时间的观测，它们为区域水资源演变预测和区域整合整治提供重大基础。

6.4 多源数据同化技术

6.4.1 区域数据同化基础

JICA项目已在包括云南、四川、西藏等地在内的高原及东南地区布设完毕，完成了该区域GPS观测网建设，这为充分了解南水北调西线工程水源区的空中水资源变化提供了良好的观测基础和科学依据。

常规的GPS精密测量中，通常采用双频相位观测量作为资料处理的基本量，即天顶总延迟量(TZD，Total Zenith Delay)，观测的精度一般在1 mm量级。该延迟量由天顶干延迟和天顶湿延迟两部分组成。天顶干延迟与大气的所有组成成分有关，天顶湿延迟与气象上常用的可降水量(PWV)密切相关，利用天顶湿延迟可以较为精确地反演出该量。在本项目利用该GPS观测网中云南地区3个GPS观测点获得的TZD资料进行了四维同化的研究工作，研究其在降水预报中的应用效果。

6.4.2 资料及模式

本项目所应用的GPS观测资料是从云南地区3个站得到的，分别是景洪、昆明、大理。利用该3个站点的资料，针对2005年5月24～25日影响高原东南部地区的天气过程，进行了将GPS测量得到的TZD同化应用于模式中的试验。使用NCAR/PSU的MM5中尺度非静力模式版本，以及它的伴随系统，初步分析和讨论了利用GPS测量得到TZD对MM5模式预报性能的改善程度。

MM5的伴随系统包括了以伴随为基础的四维数据同化系统。在本试验中，目标函数定义为：

$$J = \sum_{m=1}^{k} J_m + J_b \tag{6-1}$$

$$J_b = (X_0 - X_b)^{\mathrm{T}} B^{-1} (X_0 - X_b) \tag{6-2}$$

$$J_m = \sum_{t=0}^{n} [H(X_t) - Y_t^{\mathrm{GPS}}]^{\mathrm{T}} R^{-1} [H(X_t) - Y_t^{\mathrm{GPS}}] \tag{6-3}$$

式中：J_b为背景项，用来表示模式变量与背景场之间的“距离”；X_0为初始时刻的模式变量；X_b为背景场；上标T表示矩阵的转置；B为一个背景误差协方差矩阵；k为试验中同化GPS站点的总个数；J_m为第m个GPS变量对应的目标函数；X_t为t时刻模式格点值；$H(X_t)$为t

时刻模式计算出来的 GPS 格点值；Y_t^{GPS} 为 t 时刻 GPS 观测值。

本研究中同化窗口为 3 h，每 10 min 输入一次 GPS 资料。

6.4.3 相关模型构建

TZD 与该地区附近水汽的变化密切相关，与整层水汽变化量有着显著的相关性，3 站上空整层水汽 Q 与 TZD 的散点相关系数分别达到 0.8（景洪）、0.9（昆明）、0.7（大理）以上，并超过了 99% 的显著性检验。因此，由该地区 3 个站点的 TZD 变化可以初步判断该高相关地区的水汽变化趋势（见图 6-11）。与此同时，3 个地区的 TZD 变化具有较好的相关性，相关系数基本都在 0.7 以上，也达到 99% 的显著性检验。

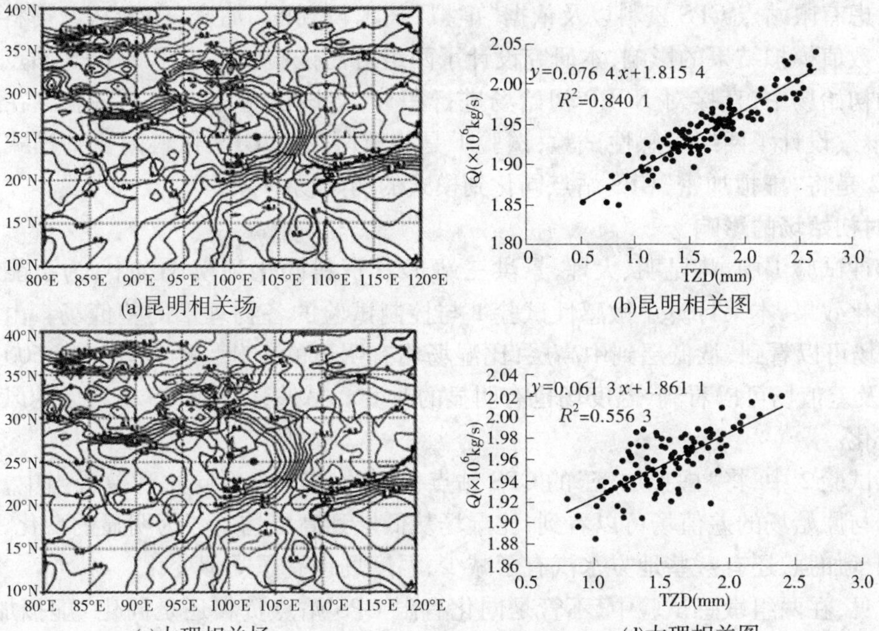

(a)昆明相关场 (b)昆明相关图

(c)大理相关场 (d)大理相关图

图 6-11 Q 与 TZD 的散点相关图

3 站 TZD 均具有较好的空间和时间变化，也较好地反映了该地区的水汽变化。因此，本研究提出了“虚拟”GPS 加密站点的相关分析方案方法，即在 3 点 TZD 与整层 Q 的相关系数场中均超过 99% 信度检验地区内，将该地区 3 个 TZD 资料作为自变量，将计算得到的格点上的水汽总量作为因变量，做多元线性回归分析，这样得到 3 个点以外区域格点上空水汽总量（Q）与站点 GPS 资料的多元线性回归方程相关模型：

$$\begin{Bmatrix} y_1^Q \\ y_2^Q \\ y_3^Q \\ \vdots \\ y_n^Q \end{Bmatrix} = \begin{Bmatrix} a_1 \\ a_2 \\ a_3 \\ \vdots \\ a_n \end{Bmatrix} + \begin{Bmatrix} b_1 x_1^{GPS} \\ b_2 x_1^{GPS} \\ b_3 x_1^{GPS} \\ \vdots \\ b_n x_1^{GPS} \end{Bmatrix} + \begin{Bmatrix} c_1 x_2^{GPS} \\ c_2 x_2^{GPS} \\ c_3 x_2^{GPS} \\ \vdots \\ c_n x_2^{GPS} \end{Bmatrix} + \begin{Bmatrix} d_1 x_3^{GPS} \\ d_2 x_3^{GPS} \\ d_3 x_3^{GPS} \\ \vdots \\ d_n x_3^{GPS} \end{Bmatrix} \tag{6-4}$$

式中：y^Q 为格点上水汽总量值；x_1^{GPS}、x_2^{GPS}、x_3^{GPS} 为 3 站点 GPS 观测值；a、b、c、d 为回归系数；n 为满足 99% 信度检验地区内的格点数。

由此多元线性回归模型可以看到，在满足 99% 信度检验地区内，不同格点回归模型不同。

由于 GPS 观测资料是高频变化的（本研究中是 10 min 一个观测数据），且是站点数据，而水汽观测总量 Q 的时间变化是 6 h，是格点数据。利用上述关系式，针对数值模拟同化窗口期的 GPS 观测值得到格点上的水汽总量值，然后根据不同区域，利用 Q 与 TZD 的散点相关图中的线性相关方程计算得到格点上的 GPS 值。这样得到加密的 GPS 观测。

6.4.4　四维同化结果分析

6.4.4.1　情景设置

为了考虑有限站点 GPS 资料以及依据“虚拟”技术得到的“加密”GPS 站点资料对模式初始场以及数值模拟结果的影响，本研究设计了两组对比试验。首先不将 GPS 站点资料同化到模式的初始场中，直接对 NCEP 初始场进行积分，将该试验称为控制试验。在此基础上，本研究继续设计了两组敏感性试验，试验 1 是将有限站点 GPS 资料同化到模式的初始场中，试验 2 是将“虚拟加密”GPS 站点同化到模式的初始场中。

6.4.4.2　对初始场的影响

在敏感性试验 1 中，将昆明、大理、景洪三站 TZD 资料同化到模式当中，为了能够更清楚地看到同化效果，本书计算了敏感性试验 1 与控制试验的各物理量的差值场。由比湿场（Q）的差值场可以看到，从低层到中高层，比湿场均有明显的变化。由同化以后 500 hPa 温度场（T）以及差值场可以看到，温度场也有明显的改变。另外，同化 GPS 资料后的风场上也有同样的变化。

在敏感试验 2 中，将“虚拟加密”的 GPS 站点得到的 TZD 资料同化到模式当中，由同化后的初始场与原始场的差值场可以看到，比湿场从低层到高层均有较为明显的变化，有些地区水汽得到了加强，还有一些地方水汽有了减少，温度场也有了类似变化。

由此可见，在两组敏感试验中，不管是同化有限 GPS 站点资料还是同化“虚拟加密”的 GPS 站点资料，初始场均有了一定变化。

6.4.4.3　数值模拟结果

分析模式积分 12 h 得到的 2005 年 5 月 24 日 18 时的 6 h 累计降水分布。敏感试验 1 结果与实况观测结果相比，没有较好地模拟出高原东南部地区附近的降水，降水中心偏下游。而在敏感试验 2 中，较好地模拟出了雨带的分布，且与敏感性试验 1 点相比，不管是降水强度还是降水的落区，对降水的数值模拟均有一定的改进（见图 6-12）。

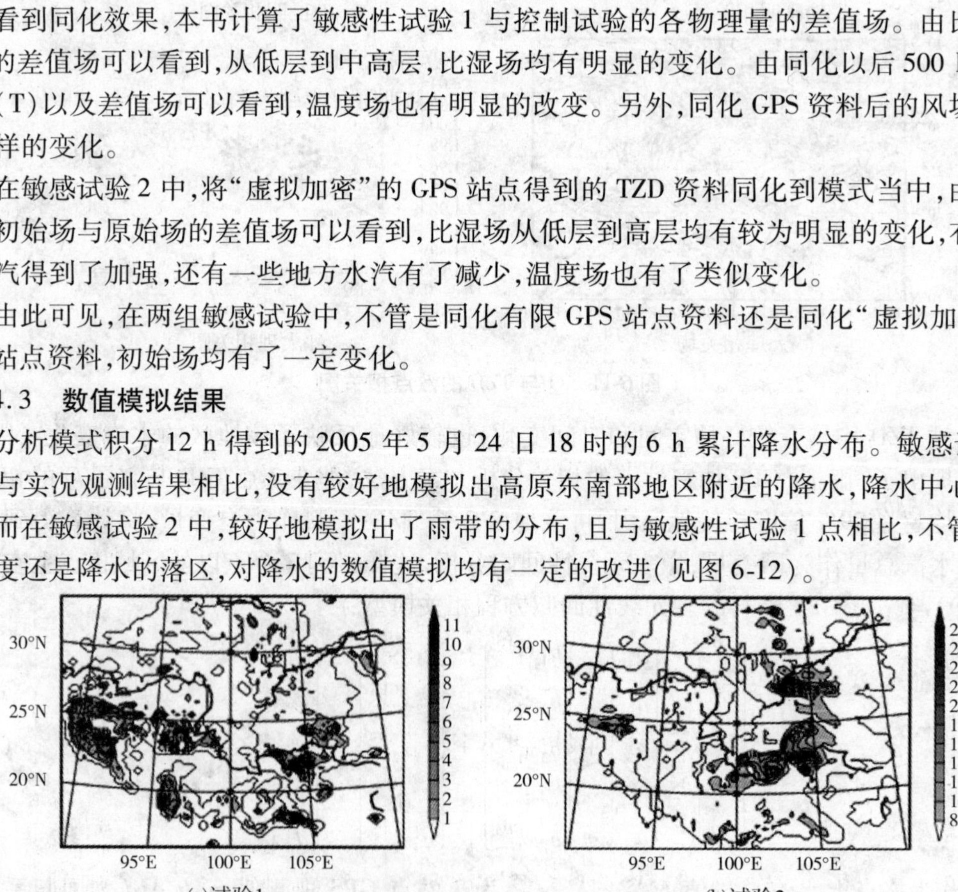

图 6-12　2005 年 5 月 24 日 18 时 6 h 累计降水

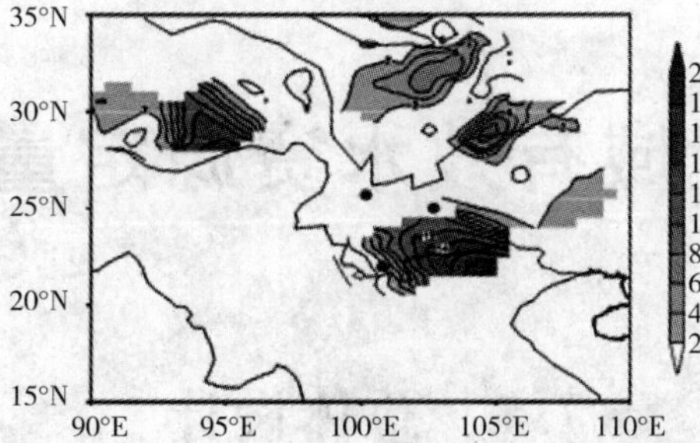

(c)实际降水

续图 6-12

进一步分析模式积分 18 h 得到 2005 年 5 月 25 日 00 时 6 h 累计降水。敏感试验 1 模拟结果与实况降水分布有一定的差距；而在敏感试验 2 中，与实况降水相比，从落区到强度，对高原东南部地区的降水均有较好的模拟。总体来说，与敏感性试验 1 同时段数值模拟结果相比，降水模拟结果有较大改进。

比较模式积分 24 h 得到 2005 年 5 月 25 日 06 时 6 h 累计降水也可以清楚看到，敏感试验 2 对实况降水中长江中下游降水均有一定体现，其模拟结果好于敏感试验 1 的结果（见图 6-13）。

由以上的数值模拟结果可以初步认为，在本项目的个例研究当中，如果只是将有限的 GPS 资料站点同化到数值模式当中，可能对模式的数值模拟结果影响不大。如果将"虚拟加密"GPS 站点资料同化到数值模式当中，对比敏感试验 1，对降水的落区和强度均有较明显的改进。

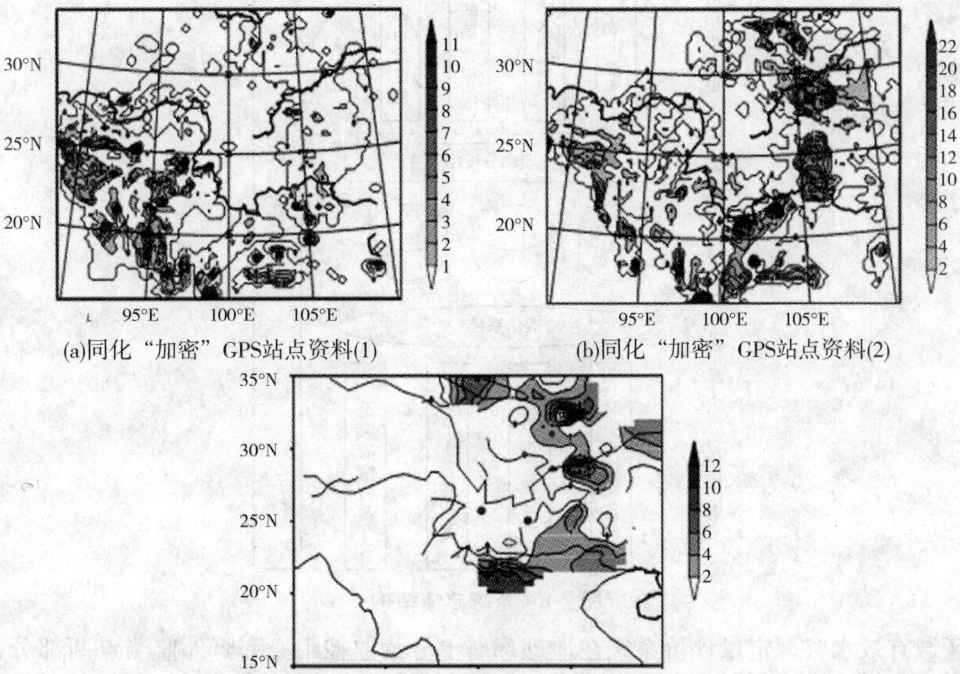

(a)同化"加密" GPS站点资料(1)　(b)同化"加密" GPS站点资料(2)

(c)实际降水

图 6-13 "加密"模拟同化结果

第 7 章　区域有效水资源定量评价系统

7.1　总体设计

区域有效水资源定量评价系统由信息采集与传输层、数据存储层、应用支撑层和人—机交互界面层 4 个层面组成。其中信息采集与传输层包括空中水资源监测、地表水资源监测、地下水资源监测和土壤墒情监测等，这 3 种监测点获取的数据通过 GPRS、GSM、微波或卫星通信传输到水资源监控中心并存入水资源综合数据库，为水资源定量评价、分析、预报和决策提供基础数据。数据存储层包括数据库管理系统、水资源综合数据库、数据整理和分析中间件等，应用支撑层主要包括 4 个核心模型：降水预报模型、气－陆耦合模拟模型、水资源定量评价模型和数据处理模型。人—机交互界面主要包括系统功能操作界面、参数/数据输入界面、结果展示窗口和结果输出接口等。为保证系统的安全、稳定运行，还需要提供系统安全维护方案（见图 7-1）。

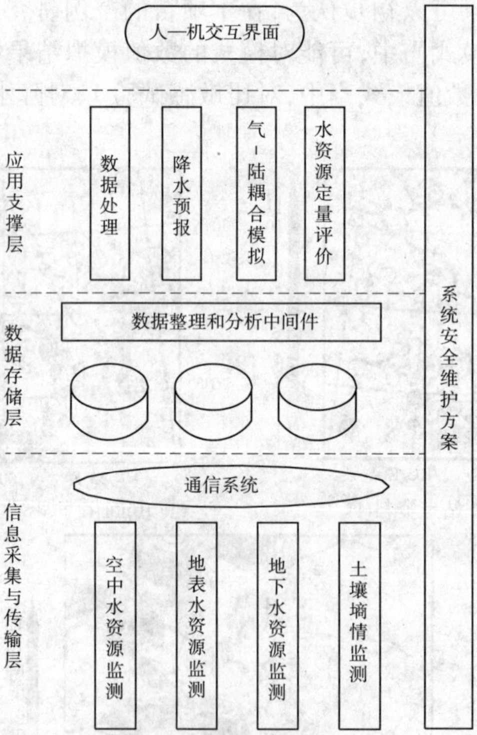

图 7-1　系统总体结构

区域有效水资源定量评价系统在地理部署上分为监控中心和野外监测点两部分，监控中心负责水资源定量评价和辅助决策，在其中配备水资源会商中心、数据库及其管理系统、核心模型及其运行的软硬件平台、办公软硬件系统等。野外监测点负责数据采集和数据上传。连接监控中心和野外监测点的是数据传输系统。

7.2 信息采集

7.2.1 空中水资源监测

空中水资源的观测设计采用 GPS 水汽观测和自动气象站(AWS)观测为主的综合观测网进行测定。

7.2.1.1 GPS 水汽观测仪

利用 GPS 技术探测大气参数的原理是:以厘米级甚至毫米级精度确定大气折射所引起的信号延迟,建立信号延迟与大气水汽特征相关关系的数学模型,利用相关关系模型对接收的 GPS 信号进行分析,得到大气水的相关信息。GPS 水汽观测的优势是:具有覆盖范围广、全球、高垂直分辨率、高精度和高长期稳定的特点。

GPS 技术通过观测 GPS 卫星信号传输到 GPS 接收机的时间来测量接收机天线的位置,卫星信号经过大气层时,要受到大气的折射而延迟,将该延迟量作为待定参数引入到观测模型和解算方案中,逐项考虑误差来源和消除办法,精密的大气延迟量(毫米级)可以与定位参数一同求解出来。大气延迟量可划分为电离层延迟、静力延迟和湿项延迟。通过采用双频技术,可以将电离层延迟几乎完全消除。静力延迟与地面观测量(气压)具有很好的相关,可以订正到毫米量级。这样就得到了毫米量级的湿项延迟。湿项延迟与水汽总量(PW)可建立严格的正比关系,精确的水汽总量就求解出来。应用 MIT 的 GAMIT 软件进行解算。软件要求试验采用双频载波相位观测,应用差分法以消除源于卫星钟和接收机钟的误差,同时可采用"轨道松弛法",以对轨道的准确度进行修正和调整。此外还有反演方法,即利用接收更高空之 GPS 卫星发出来的信号,强度与路径的变化,反推出电离层电浆密度的三维空间分布"照片",以及大气中水汽的三维空间分布。采用载波相位观测产生的主要难题是载波相位的整周未知数 N_0 的出现。N_0 一般采用"三差法"来确定,即不仅通过同一接收机对两颗卫星求差来消除接收机钟差和同一卫星对不同的接收机求差来消除卫星钟差,还通过连续观测历元的求差来确定整周未知数 N_0。这就要求不同观测历元的卫星仰角要有一定的变化,而在这个变化期内(如 15 ~ 30 min),假设大气特性或变化率保持定常,在观测站局地上空水平均一或球面分层均一,大气延迟未知量大致依照 $\sec\theta$(θ 为卫星天顶角)的映射函数而变化,这决定了 GPS 遥感大气的时间分辨率。通过地面 GPS 水汽遥感监测,可以获得很高时空分辨率、达到毫米精度的水汽资料,以填补探空资料在时间、空间分辨率上的不足,提供快速变化的信息。这种信息通过资料的四维同化,对改进中尺度数值预报模式精度,提高预报准确率有很好的应用前景。

7.2.1.2 自动气象站(AWS)

自动气象站的功能参数如下:

(1)系统具有标准通信接口 RS232 可与微机连接实现数据下载,即可用微机实时监测数据,也可以通过 GSM 数据模块对自动站进行远程监控,又可独立运行显示,存储气象要素值。

(2)具有联网功能,通过无线控制器(GPRS)实现多路气象站数据联网,更加准确预报天气情况。

(3)自动气象站管理软件满足气象观测标准规定,在 Windows XP 以上环境运行,实时显示各路数据，最短每隔 10 s 更新一次，小时整点数据自动存储（存储时间可以设定），与打印机相连自动打印存储数据，数据存储量达一年以上，数据存储格式为 EXCEL 标准格式可供其他软件调用。

（4）自动气象站数据采集器采用高性能微处理器为主控 CPU，大容量数据存储器，可连续存储整点数据半年以上，工业控制标准设计，便携式防振结构，大屏幕汉字图形液晶显示屏，轻触薄膜按键。适合在恶劣工业环境使用。具有停电保护功能，当交流电停电后，由充电电池供电，可维持 72 h 以上。

（5）系统具有多种供电方式，交直流两用或配太阳能电池供电（15 W）。

（6）可以配套多种户内户外型显示屏。

（7）观测要素可以根据用户需求灵活调整和增减。

（8）防雷性能：雷击感应电压小于 5 kV，雷击感应电流小于 1 700 A，响应时间小于秒。

（9）平均无故障时间：>5 000 h。

（10）工作环境：温度：-50～50 ℃，湿度：100%，抗风等级：≤75 m/s。

（11）时钟精度：<0.03 s/d 25 ℃（由中心站计算机自动校时）。

（12）具有 GPS 接口功能，可监测记录当地经度、纬度、海拔高度、时间等方面数据，以便与地理信息管理系统（GIS）软件连接使用。

（13）数据采集频率：设计为 1 h，即每小时自动采集瞬时水汽和气象信息。

（14）数据采集方式：采用监控中心轮巡召测的方式，监控中心根据设定的轮巡召测顺序，逐个向监测站发送数据请求。监测站在接收到数据请求后反馈指定的数据内容。

各气象要素观测值及精度要求见表 7-1。

表 7-1　自动气象站测量的气象要素值及其精度要求

气象要素	型号	测量范围	分辨率	准确度
气温	PTS-3	-50～+80 ℃	0.1 ℃	±0.1 ℃
相对湿度	PTS-3	0～100%	0.10%	±2%（≤80%时） ±5%（>80%时）
露点	PTS-3	-40～50 ℃	0.1 ℃	±0.2 ℃
风向	EC-9X	0°～360°	3°	±3°
风速	EC-9S	0～60 m/s	0.1 m/s	±(0.3+0.03 V) m/s
降水量	L3	0～999.9 mm	0.1 mm	±0.4 mm（≤10 mm 时） ±4%（>10 mm 时）
地温(5 层)	PTWD-2A	-50～+80 ℃	0.1 ℃	±0.1 ℃
气压	QA-1	550～1 060 hPa	0.1 hPa	±0.3 hPa
太阳辐射	TBQ-2	0～2 000 W	1 W/m^2	≤5%
紫外线	TBQ-ZW-2	0～500 W	1 W/m^2	≤5%
蒸发	ZFL1	0～100 mm	0.1 mm	±1.5%
直接辐射	TBS-2-2	0～2 000 W	1 W/m^2	≤5%
日照	TBS-2-2	0～24 h	0.1 h	±0.1 h
二氧化碳	ES-D	0～2 000 ppm	1 ppm	±20 ppm
土壤湿度	TDR3	0～100%	0.10%	±2%

续表 7-1

气象要素	型号	测量范围	分辨率	准确度
太阳能供电装置(15 W)	TDC－15	太阳能电池＋充电电池＋保护器		选配
无线通信控制器	GSM－1 GPRS1			选配
GPS 卫星定位接收器	GPS－1	经度、纬度、海拔高度	0.1 m	<5 m　选配
自动气象站支架	TRM－ZJ1 固定 TRM－ZJ2 便携	钢结构,外观喷塑防腐,含防雷保护装置	10 m 高	选配

7.2.1.3 测雨雷达

测雨雷达也被称做多普勒雷达,是中国新一代顶级天气雷达,其主要功能是探测和测量天空中云层的移动速度及其雨粒含量,它能预测出包括降水、热带气旋、雷暴、龙卷风、冰雹、冻雨等在内的众多灾害性天气,可用于区域空中水资源的监测。雷达测雨站主要包括多普勒雷达和信号处理系统两部分。

多普勒天气雷达的工作原理即以多普勒效应为基础,具体表现为:当降水粒子相对雷达发射波束运动时,可以测定接收信号与发射信号的高频频率之间存在的差异,从而得出所需的信息。运用这种原理,可以测定散射体相对于雷达的速度,在一定条件下反演出大气风场、气流垂直速度的分布以及湍流情况等。这对研究降水的形成,分析中小尺度天气系统,警戒强对流天气等具有重要意义。

信号处理系统设计采用先进的 PLD + DSP 信号处理结构及高速高精度 AD,系统具有高性能、高集成和高灵活性、低价格等优点,主要技术指标如下。

1)硬件配置

* TMS320C5x/54x DSP 处理器,16 bit 定点处理
* 64 kW SRAM,64 kW FLASH,128 kW FIFO,8 kW 双口
* PLD 定时,可编程
* SMA 模拟接口
* 标准全长 PCAT 卡

2)系统参数

* 适合 S、C、X 波段等多种雷达
* 脉冲重复频率(PRF):200 ~ 2 000 Hz
* 脉宽:1,2,4,8 μs
* 库长:125 m,250 m,500 m,150 m,300 m,600 m
* 库数:1 ~ 2 048
* 5 种触发,独立可编程
* 支持 PPI/RHI 方式显示送数
* 16 bit 并行输入方位俯仰
* 支持外触发同步
* 完善的自检功能
* FLASH 掉电保存配置参数

3)强度处理

* 距离平均数:1,2,4,8,16 库
* 方位平均数:8,16,32,64(脉冲数)
* 距离订正范围:0 ~ 600 km
* A/D 变换:14 位,10 MHz
* 输入信号幅度:单端 0 ~ 5 V,阻抗 50 Ω
* 输出 16 位强度值
* 支持杂波图对消

系统配有多种类型的存储器可满足不同测站的要求,同时采用高达 10M、14 位的高速高精度 AD 变换器以获得高精度的回波估计,经过下采样获得相应库长,以降低接收机涨落所产生的影响并大大提高处理精度,采用 16 bit 定点处理充分满足强度处理所需精度,比起传统只有 1 M 左右 AD 变换器的系统,该系统的实时回波图像无论从面积上还是从质量上,都有极大提高。系统具有完善的 BITE 设计。当工作在自检模式时,由系统自行产生的模拟气象回波信号取代实际 Log 信号,通过直观的显示画面可知系统是否正常工作。系统层自检可检测整个系统的处理、接口和显示等环节是否正常,方便雷达的日常维护。

7.2.1.4 大气廓线仪

大气廓线仪是一种检测和处理晴空大气湍流回波强度和运动信息的全相参脉冲多普勒雷达。系统由五波束相控阵天线、雷达控制系统和软件组成。雷达控制系统由信号处理器、频综/接收、直流电源、发射前级、发射末级和稳压电源六部分组成(见图 7-2)。软件包括雷达运行、信号处理和大气廓线程序应用软件。其中,相控阵天线安装在一块 20 m×20 m 的平地上,雷达控制系统安置在控制方舱内,可在无人值守状态下,以遥感方式连续实时获取 50 ~ 16 000 m 高度的分层风速、风向和垂直气流等数据。

图 7-2 大气廓线仪系统外景

注:示例图来自中国科学院合肥物质科学研究院大气光学中心网站。

7.2.2　地表水资源监测

地表水资源监测包括坝上地表水资源监测和坝下地表水资源监测。坝上地表水资源监测是指引水口以上控制流域内的地表水资源监测，坝下地表水资源监测是指引水口以下、西线工程水源区范围内的地表水资源监测。从目前的水文站布站情况来看，1992 年以前，坝上控制流域内没有水文站，1992～2003 年陆续增设了温波（1992）、壤塘（1999）、班玛（1999）、东谷（2001）、泥柯（2001）、安斗（2003）6 个专用水文观测站。坝下有国家站 16 个，具体分布见第 6 章。坝上地表水资源监测由于直接关系到西线工程未来的调度，因此要求实现实时监测，坝下地表水资源监测利用已有的国家水文监测站网和水文数据库，通过数据的事后接入来完成。

坝上地表水资源实时监测站将在已有的 6 个专用站的基础上进行设备更新改造，增加数字压力式水位计和自动化测控设备，利用 GPRS 进行数据传输。

数字压力式水位计测量范围宽，能够达到 0～200 m 深，测量精度一般达到 0.2%～0.05%，内嵌 CPU，全温度范围补偿及数字补偿和处理技术，输出信号为 RS485 的 ASCII 命令格式，采用 RS485 双绞线连接，能够将接收数据设备与水位计探头距离放置的更远一些。电源供电采用范围在 12～24 V，最低可到 5 V 的直流电源，内置自恢复防雷器，能够保证设备的正常运行。对于数字压力式水位计的安装应立足于长远考虑，安装要符合要求，并且应利于维护、维修。地表水监测站结构见图 7-3。

图 7-3　地表水监测站结构

（1）数字压力式水位计进行远距离安装时应敷设预埋管，以便于维修或更换，并且能保证传感器的安全。如果采用 RS485 双绞线连接，也可以拉明线，注意一定要将电缆线绑在铅丝或钢丝绳上，以增强抗拉力，保证电缆内的电源线、数据线不被拉断。

（2）材料的选择根据多年的维修经验，穿传感器应选用直径 60 mm 以上的 PVC 管最为合适，其护管的管头应采用镀锌钢管，以保证探头安全可靠，并且在镀锌钢管上钻孔，孔可尽量多打一些。采用的 PVC 管价格便宜而且不生锈。有的用镀锌钢管做护管，内壁非常容易生锈，传感器在出故障的时候由于时间长久，堆积的锈皮太多，传感器很难取出，无法进行更换，所以为了便于维修或更换，应尽量使用不易生锈，而且有一定强度的管材，并且每隔 10～15 m处要留活动口，便于检修。在拐弯处要建接口箱，便于传感器探头能顺利穿过。

（3）数字压力式水位计水位传感器信号电缆与预埋电缆相连接时，需建一个接口箱，接口箱应防水，并且要建在水库或河道站警戒水位以上。电缆电源供电正负极连接不能接错，其余两条线为 RS485 口接线，分为 A、B 两条线，这两条线可以互相调换，以达到与实际水位相应变化。

(4)河道水位站应在死水位处建水池,考虑到每次洪水过后都会留有淤积,放在池内的传感器留出 2 m 左右的余量,水池背水面留多个进水孔。

(5)装水位传感器时,避免撞击探头,轻拿轻放,在电缆内有一根为导气管,要避免导气电缆打死弯,影响其精度。

(6)数字压力式水位计水位传感器探头放置位置应远离水流速度大的地方,以免造成测量不准。水位传感器探头一般安装在河道岸边,便于安装和检修。

坝上水资源监测数据采集频率:在汛期数据要求实时采集,其最小采集间隔要求小于 1 min。即每分钟自动采集水位、流量数据,并实时向数据中心发送;在非汛期要求每隔 30 min采集一次水位、流量数据,求得日平均水位、流量数据,并向数据中心发送。坝下地表水资源监测采用数据接入方式,与青海、西藏、四川、云南水文总站取得联系,利用公网按日发送辖区内水文站的日均水位和流量数据,监控中心的数据处理软件完成校验及入库工作。

7.2.3 地下水资源监测

辖区内地下水的开发利用程度不高,因此地下水的监测点基本没有,为了实现水资源的全口径定量评价,本书拟在人类活动程度高、地下水取用量大的山前平地设置地下水观测井,按日观测地下水位变幅,进而推算地下水蓄变量。各地下水资源监测井布设压力式水位传感器和数据采集设备,采用 GSM 数据传输模块建立无线数据传输网络,将采集的数据传入水资源监控中心。地下水监测站结构如图 7-4 所示。

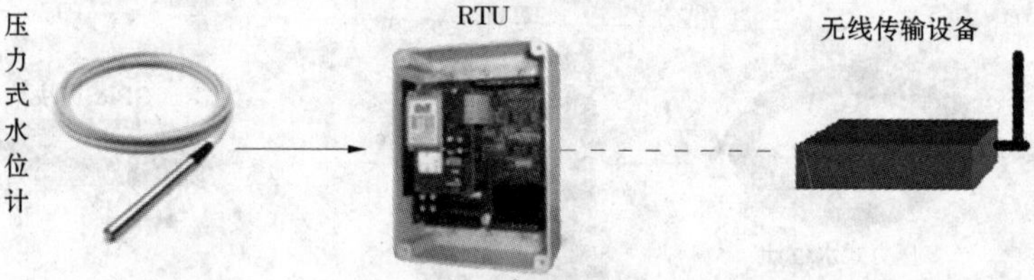

图 7-4 地下水监测站结构

地下水监测站由遥测压力式水位计、监测数传仪 RTU、电源系统、GSM 传输模块、避雷器等设备组成。详细设备配置见表 7-2。

表 7-2 地下水监测站设备

仪器配置	
地下水水位计	压力式水位计(0~10 m)
	水位计避雷器
传输系统	遥测数传仪 RTU
	无线传输设备
	15 W 太阳能电池及支架
	免维护蓄电池
	配套连接电缆及接插件

地下水监测站的主要功能要求:①定时自动测量地下水位并记录在 RTU 内;②具有随机召测和定时自报功能;③具有现场读取 RTU 存储数据功能。

7.2.4 土壤墒情监测

土壤墒情监测在南水北调西线工程水源区尚属空白,土壤水在水资源定量评价中占有重要地位,因此有必要在一些典型区域设置土壤墒情监测点,以获取土壤水的相关信息。对土壤水分的测量可以从几个方面进行:一是直接测量土壤的重量含水量或容积含水量,如取样称重烘干法、中子仪法、测量土壤传导性的各种方法等;二是测量土壤的基质势,如张力计法、电阻法、干湿计法等;三是非接触式的间接方法,如远红外遥测法、地面热辐射测量法、声学方法等。

烘干法是目前国际上的标准方法。烘干法测量的是土壤重量含水量,有恒温烘箱烘干法、红外线烘干法、酒精燃烧法等。烘干法的优点是对设备要求不严,就样本本身而言结果可靠,缺点是费时、费力,综合费用并不低,取样会破坏土壤,深层取样困难,定点测量时不可避免由取样换位而带来误差,在很多情况下不可能长期定点监测,受土壤空间变异性影响也比较大;如果测量目的是用于灌溉,还必须知道土壤各层次的容重。中子仪法测量结果非常准确,是称重法之外的第二标准方法,测量相对比较简单、容易,速度也很快,套管永久安放后不破坏土壤,能长期定位测定,可达根区土壤任何深度;但中子仪法需要田间校准,且设备昂贵,一次性投入大,此外中子仪存在潜在的辐射危害,操作者必须经过培训并持有许可证。

张力计法是应用比较广泛的一种方法,它测量的是土壤的基质势。张力计的关键部件是细孔毛瓷杯,孔径 1.0 ~ 1.5 μm,瓷杯与土壤紧密接触,杯内自由水通过杯壁孔隙与土壤水接触,水和盐可以无阻碍地进出瓷杯,与土壤达到平衡。通过与毛瓷杯相连的真空表或水银柱读出土壤基质势。张力计法的优点是在土壤比较湿润的情况下测量土壤基质势很准确,适合于灌溉和水分胁迫的监测。与测量土壤容积含水量或重量含水量的方法相比,张力计法受土壤空间变异性的影响比较小。它还是一种设备成本低的直接测量方法,能够连续测量。张力计法的主要缺点是反应慢,需要长时间平衡后才能读数,测量范围通常只在水分饱和至 70 ~ 80 kPa 的吸力,非常干燥的土壤不适合。如果瓷杯与土壤接触不紧密(如放置在根系活动范围内或有机肥分解产生气体的地方或土壤失水收缩严重时),会引起读数的反应迟钝或停滞。在测量过程中,特别是在高温干旱季节,需要经常养护和给瓷杯补充水分。毛瓷杯易损坏,需要定期维护和更换,劳力和时间消耗非常多,运行费用较高。电阻法是一项比较古老的方法,电阻由多孔渗水介质(如石膏、尼龙、玻璃纤维)制成,它的电阻大小与含水量相关。把里面嵌有电极的电阻块放入土壤中,当电阻块中的水势与土壤水势平衡后,测量电阻块的电阻,然后求出土壤水势。电阻法属于点测量,监测根区土壤需要较多的探头,自动化程度有限,土壤水吸力在10 ~20 kPa时灵敏度较高,在非常粗或者胀缩性较强的土壤上效果不好。

TDR(Time Domain Reflectometry)和 FDR(Frequency Domain Reflectometry)(包括电容法)都是通过测量土壤表观介电常数来得到土壤容积含水量的。时域反射仪 TDR 是一项高速测量技术,最早由 H. Fellner - Fel degg 于 1969 年开发,用来测量液体介电常数与频率的关系,自从 Topp 等对 TDR 做出关键性的发展后,便开始了一个大量使用 TDR 测量土壤水分的时期。TDR 方法一般不需要标定,可以作定位连续测量,既可以做成轻巧的便携式野外测量仪,又可与计算机相连,自动完成单个或成批监测点的测量,因此 20 世纪 90 年代后国际上已把 TDR 作为研究土壤水分的基本仪器设备。TDR 的原理是:高频电磁脉冲沿传输线在土壤中传播的速度依赖于土壤的介电特性。在一定的电磁波频率范围内(50 M ~ 10 GHz),矿物质、空气和水的介电特性为常数,因此土体的介电常数主要依赖于土壤容积含水量(极微弱地依赖于土壤类型、紧实度、束缚水等),这样可以建立土壤容积含水量与土壤介电常数的经验方程。TDR 通过测量高频电磁脉冲在土壤中的传播速度求得土壤的介电常数,从而计算出土壤的含水量。TDR 是目前测量土壤含水量的主流方法。TDR 可对土壤样品快速、连续、准确地测量,平均分辨率为 0.02 ~ 0.005 cm^3/cm^3。测量范围广(含水量 1% ~ 100%),操作简便,野外和室内都可使用,可以加装远程终端设备(RTU)实现多点自动监测,导波棒可以单独留在土壤中好几年,适合长期观测。FDR 几乎具有 TDR 的所有优点,与 TDR 相比,在电极的几何形状设计和工作频率的选取上有更大的自由度,例如探头可做成犁状与拖拉机相连,在运动中测量土壤含水量。FDR 的校准比 TDR 更少,也不需要用专业知识去分析波形,大多数 FDR 探头可与传统的数据采集器相连,从而实现自动监测。

非接触式方法(监测法)可以进行大面积的土壤水分监测。目前主要方法有:①测量土壤表面的辐射温度;②土壤表面温度与植被指数相结合;③微波法。这些方法与其他信息(如土壤表面能量平衡)结合,可以得到许多重要的数据(如蒸散量、冠层阻力)。其与塔台遥感、航空遥感、卫星遥感结合,不仅能指导灌溉,还可以为区域水量平衡和水分调配提供重要依据。这些方法目前尚在快速发展、进一步完善中。

综合以上土壤墒情的监测方法,本研究设计采用 TDR 法进行土壤墒情测量,土壤墒情监测站结构见图 7-5。

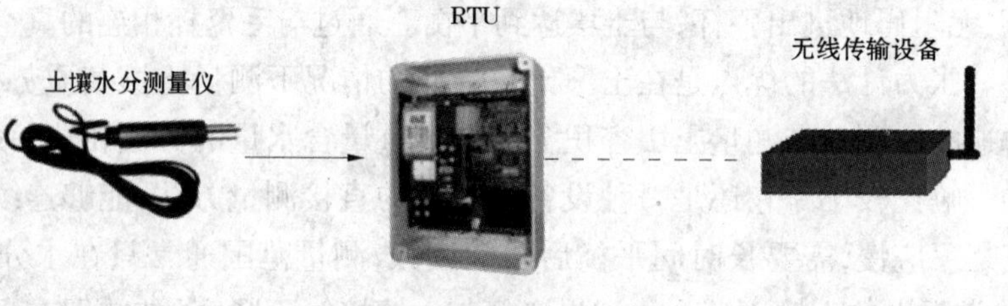

图 7-5　土壤墒情监测站结构

其基本技术指标如下:

* 测量范围:0 ~ 100% Vol
* 精度:2% ~ 5% Vol
* 探头输出电压:0 ~ 1 200 mV
* 反应时间: <0.5 s
* 电缆长度:5 m(最长可延长到 100 m)
* 专用不锈钢延长工具,可使测量深度延深至 80 cm
* 节电的 5 s 探头预热测量模式
* 自动关机功能,1 μA 超低休眠电流
* EEPROM 存储器,更换电池数据不丢,存储容量为 1 024 个测量结果

7.3 数据传输

南水北调西线工程水源区地处西南横断山区，地形高差大，经济落后，交通和通信不发达，还有许多无人区，根据各地具体情况采用3种不同的传输模式：①手机信号覆盖区域采用GPRS或GSM传输；②无手机信号，但距离国家通信光缆终端在30 km以内的通信盲区，采用微波通信；③无手机信号，距离国家通信光缆终端在30 km以上的通信盲区，采用卫星通信。数据传输通信网络如图7-6所示。

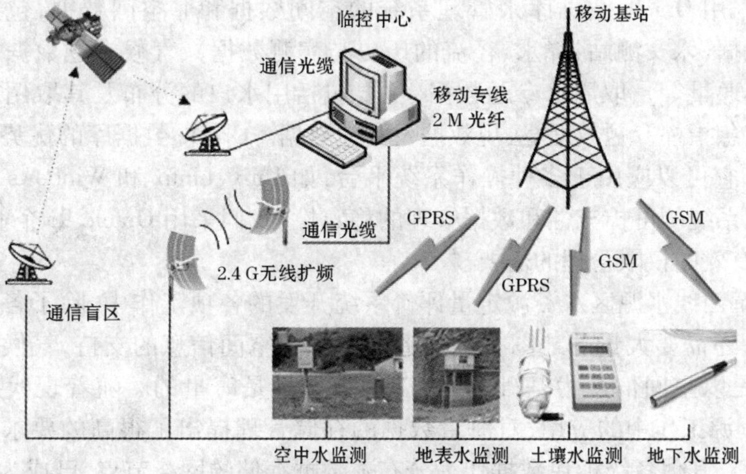

图7-6 数据传输通信网络

7.3.1 监控中心

监控中心为所有数据传输的终点，负责监测点实时数据的存储处理工作，为水资源定量评价提供数据支撑。监控中心的建设包括硬件和软件两个方面。硬件方面要整合现有的资源，增添必要的PC机和服务器，重新进行结构化综合布线，提升现有的数据传输和处理能力，提高系统的稳定性和数据的安全性。

软件方面要购置数据库管理系统软件，建立区域水资源综合数据库，开发基于GIS的数据管理和查询系统、降水预报系统、气－陆耦合模拟模型、水资源定量评价模型等。

7.3.2 监测站网

监测站点主要包括空中水监测点、地表水监测点、地下水监测点、土壤水监测点四种类型，每个监测点配备相应的软硬件设施，完成数据采集和发送功能。

7.3.3 站网传输通信方案

本系统的监测站点和数据中心之间距离较远，并且往往要穿越高山大川，有线通信的施工难度大，成本高，且工期长，不满足项目要求，因此在监测点和数据中心之间采用以GPRS、GSM无线传输为主，微波和卫星通信为辅的站网通信方案。

7.4 数据存储层设计

数据库用来存储由采集系统提供的实时采集信息、处理后信息、管理支持信息、决策辅助信息以及各子模块的结果数据。综合考虑整个系统的实际需求,我们对数据库采取整体设计、分步实施、独立管理的方法,主要划分为基础数据库和决策分析支持数据库两部分。其中基础数据库用于存储各种基本信息,包括业务数据、空间数据和决策数据等,决策分析支持数据库则用于向决策者提供各种相关的决策支持信息。

整个架构采用 Oracle 数据库来管理系统的空间数据和非空间数据,包括基础地理数据、水文专题数据(水文测站,降水、径流的历史与实测数据)、气候专题数据(长短波辐射、潜热通量、显热通量等)、取用水专题数据(主要包括用水户的分布及其取用水量)、遥感影像监测数据、应急指挥专题数据、法规数据及其他数据。Oracle 数据库的优势在于海量数据的管理方面,且它可以应用于多种操作系统平台,如 Unix、Linux 和 Windows 平台。从发展的角度,考虑到系统的可扩充性和数据管理的稳定性,我们采用 Oracle 9i 企业版,以满足海量数据管理和有效的权限管理的需要。

在南水北调西线水源区水资源定量评价系统开发的各项工作中,除了各类基础信息和专业信息支持,还需要大量的地图、DEM、遥感影像等空间信息的支持,气候水文预报与水资源定量评价是以空间信息为基础的,所需的数据量是海量的。随着现代技术的发展和 GIS 在水文水资源工作中的应用,对海量数据的存储管理提出了很高的要求。以决策中心为主要数据中心、其他各级模块数据作为分布式数据存储的网络节点,已成为当前数据存储和交换的主要模式。数据存储局域网技术作为数据中心独立管理、存储海量数据,建立安全可靠的数据安全和备份管理平台也普遍得到采用。建立由这些技术集成的完善的、高效的信息存储管理体系以及信息交换的网络化环境,是决策中心应急指挥系统各项业务的应用需求,也是气候水文自动预报与水资源定量评价系统建设成功的关键。

7.4.1 数据库分类

在南水北调西线水源区水资源定量评价系统项目建设中需要以标准统一为重点,对现有的数据库进行整合。建设包括基础地理数据库、专业水文气候数据库、决策服务数据库等数据库系统,完善数据存储内容,实现决策中心信息资源的完整性、一致性和共享性。

在数据库的设计、建库、管理过程中必须使用统一的数据标准,数据库软件、GIS 软件在数据中心和分中心层次尽可能使用相同类型的软件,以增强数据集成、交换和共享的能力。

7.4.1.1 数据库分类

1)基础数据库

基础数据库主要包括面向数据共享的江河流域基础地理空间数据库、社会经济数据库和系统外交换数据库。

2)专业数据库

专业数据库主要有服务于专业应用的实时降水径流情况、天气变化情况、水文站网信息等实时数据库和历史数据库等。

3)决策服务数据库

决策服务数据库主要指存储知识和各类数学模型的数据库、元数据库以及数据仓库等。它们主要服务于综合决策分析。

7.4.1.2 数据库建设内容

基础数据库包括江河流域地理基础空间数据库(地理基础数据库、资源与环境专题数据库和数字地形数据库)和外部信息数据库。

专业数据库包括实时水文数据库和决策中心网数据库。

7.4.1.3 数据库管理系统

在决策中心数据库管理系统平台的建设中,要求支持主流厂商硬件的操作系统平台和主流的网络协议,具有良好的伸缩性,便于数据库的更新和移植,良好的开放性支持异构数据库的互访,支持数据仓库的建立,提供高效的技术手段,支持对多媒体和大量应急处理系统数据处理的技术需求,支持联机分析处理和事务处理,实现数据库的快速装载、高效地并发处理和交互式查询,具有数据索引数据压缩、交互式数据查询等方面的技术,具有自动备份、日志管理等功能,保证开发工具易使用、开发效率高、维护方便。原则上数据库软件在数据分中心以上应尽可能选择运行于 Unix 平台的、统一的空间和非空间国际化商业软件。

7.4.2 数据中心建设

南水北调西线工程水源区水资源定量评价系统研究中的应用系统和数据在物理上都是分布的,应用系统和数据库之间存在着相当复杂的访问关系,数据访问将采用直接访问和间接访问相结合的方式,为了解决应用和数据之间复杂的访问关系,引入数据中心。

南水北调西线工程水源区水资源定量评价系统研究中,数据量大,增长迅速;各部门对数据的全面性、高效共享的要求越来越高;应用系统对各种数据的可靠性、可用性和实时性要求各不相同;各个地区信息化建设的基础和发展状况各不相同,导致对数据存储的管理能力的较大差别。针对这种情况,在网络技术和存储技术日益成熟、网络带宽能够充分满足越来越多的业务需求的今天,以建设数据中心、数据分中心的方式将数据相对集中起来管理是目前网上数据库的发展趋势,可充分保证数据的完整性和一致性;数据库维护更加方便;能够真正实现数据资源的高效共享;能够方便实现数据的异地容灾备份;节省了在数据分布的情况下需要的人力和财力,降低了成本,同时解决了技术力量不足的问题。

7.4.3 数据存储管理

一个完整可靠同时具备很好的扩展性和管理性能的数据存储系统是南水北调西线水源区水资源定量评价系统研究安全运转的重要保障。数据存储系统由决策中心数据中心、各分中心节点的网络数据存储与网络数据存储和备份管理体系构成。建设内容和要求是:网络数据存储主要是为存储海量数据服务的,同时也是网络数据安全和备份管理的平台。其中决策中心数据中心由高性能、大容量、智能化的网络存储设备构成。在南水北调西线水源区水资源定量评价系统研究中,应用网络存储可以提高数据存储的可靠性、可用性、可扩展性,并提高数据共享和集成的能力。

7.5 应用支撑层设计

7.5.1 数据处理

信息接收处理子系统的建设需达到以下目标：

(1)信息接收——以信息为核心，理顺信息流程，建立具有信息共享、实时传输、方便高效的信息接收系统，对水资源各个信息点的信息予以接收，接收到的信息种类包括数字、文本等；

(2)信息转换——将接收到的信息处理成数据库可以统一存储的格式；

(3)信息存储——对接收到的信息进行分类，并存储到不同的数据库中，供水资源定量评价系统使用；

(4)数据展示——对数据库中接收的监测数据模型计算结果数据进行展示和输出。

7.5.2 数据接收和处理

数据接收和处理包括信息接收、转换、存储三个步骤，为了保证系统的稳定高效，系统采用中间件技术来构架实时信息接收处理系统(见图7-7)。

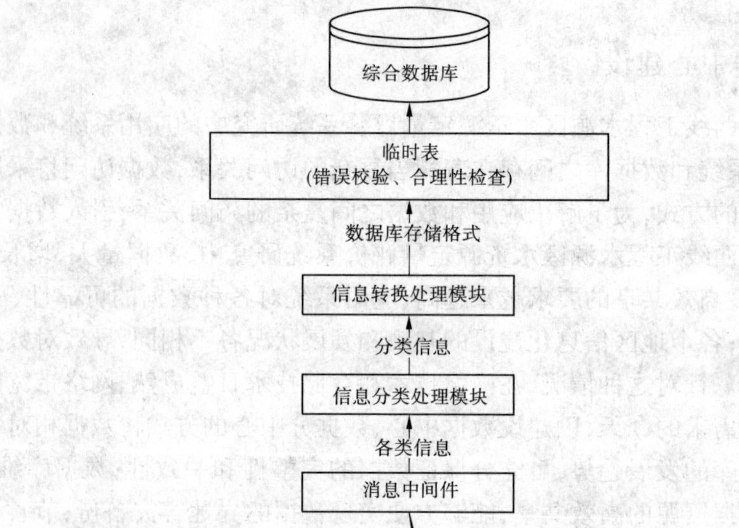

图7-7 信息实时接收处理流程

中间件是一种分布式计算平台，涉及多种资源，包括各种操作系统、数据库、网络协议甚至语言，其目标是在分布计算环境中实现应用互联、资源共享、协同工作和互操作。

中间件的种类有多种，在实时信息接收与处理系统中主要采用发布/订阅方式的异步消息中间件。消息中间件可以提供可靠的异步数据传输，提供更强的容错性，在系统故障时可以保证消息的正常传输。发布/订阅方式将消息定位到某个层次结构栏目的结点上，采用匿名动态发布消息的方式，保证某个结点的所有发布者（如测站）发布的信息准确无误地发送到这个结点的所有消息订阅者（监控中心）。

在实时信息接收与处理系统中，消息指不同应用进程之间传递、交换的各种信息（空中水资源信息、地表水资源信息、地下水资源信息、土壤水资源信息等），消息由消息的内容及消息接收者的名单组成，消息的内容及格式制定成标准格式。在形式上，消息可表现为一个小的数据包，亦可表现为一个很大的文件。消息的处理流程由消息提供者（信息采集站）将要传送的消息（水文、流量、温度、含水率等）提交给消息的发送者（测站或 RTU），消息的发送者（测站 RTU）将消息交给消息的接收者（监控中心）。在实时信息接收与处理系统结构中，分为消息发送端和接收端，发送端发送消息，接收端接收消息，连接发送端和接收端的是骨干信息网。发送端和接收端各由 4 层组成，具体如下：

（1）应用层。由用户的应用程序构成，发送端应用（测站或 RTU）负责数据的生成和发送；接收端应用（监控中心）负责数据的接收和处理，消息的发送和接收均通过消息中间件层进行。

（2）消息中间件层。消息中间件收到应用的消息传送请求后，通过操作系统的端口传输控制对消息进行传输。在传输过程中，通过发送端消息中间件和接收端消息中间件之间的协调，保证消息传送的可靠性和准确性。接收端的消息中间件在接收到消息后将消息传送到接收端的应用。

（3）端口控制层。根据网络传输协议，具体控制对消息中间件提交消息的传输。传输通过网络设备进行，对方的端口控制层负责对数据的接收，接收后传送给消息中间件。

（4）设备层。该层是指具体的物理设备，如计算机中的端口设备、集线器、交换机和路由器等，负责具体数据流从发送端到接收端的传输。

发送端和接收端之间传送的数据所包括的内容有：

（1）消息体。指需要传送的消息。当应用程序将消息提交给消息中间件时，该消息包括两部分内容：一部分是消息头；一部分是消息体。消息体是需要传送的数据本身，消息头是消息体的传送属性，如长度、目的地地址等。

（2）传输包。指在消息体上根据操作系统和网络设备中的层次结构，加上 TCP/IP 的数据包头，形成传输数据包，以便网络设备进行数据包的传输。

（3）数据流。指将数据包中的字符和编码数据，转换成二进制的数据流，在网络设备上进行实际的传输。

通过消息中间件，将一些原本互相孤立的业务（空中水、地表水、地下水、土壤水等）组合成一个可靠的、灵活的系统。借助消息机制，可以方便地实现测站和水资源监控中心的通信。

水资源监控中心负责辖区范围内的各种水资源信息收集，通过骨干信息网传输到指挥调度中心，具体设计如下：

（1）采用中间件技术进行各种实时信息的整合，以适应各种数据的并发处理要求和对各种协议同时支持的要求。

(2)采用信息分类处理模块进行各类信息的识别和分类。

(3)采用信息转换处理模块对分类信息进行处理,将其转换成为数据库可以存储的格式。

(4)再利用数据库的临时表、触发器等,对数据进行错误校验、合理性检查、错误标示等二次加工处理后写入相应的数据库表中。

7.5.3 数据展示

数据展示即要通过图表展示监测和模型计算的结果数据,主要包括以下几类数据:

(1)空中水汽总量分布及过程:通过分布在区域内空中水资源的监测点的监测信息插值得到区域内各个时段的空中水资源分布图,将这些分布图按时间序列播放得到其演变过程。

(2)地表各水库的水位变化过程及其蓄水量变化过程:通过各水库水位监测得到水位变化过程,根据水位—库容曲线得到需水量变化过程。

(3)地表各河道断面的流量过程:通过水文站的测量结果得到。

(4)地下水埋深分布图及其蓄变量变化过程:通过地下水位监测点插值得到地下水的埋深分布图,根据土壤含水率和地下水位变幅得到地下水的蓄变量变化过程。

(5)土壤水分含量分布图及其土壤水蓄变量变化过程:通过土壤水分监测点的监测数据插值得到土壤水分分布图,通过表层土壤的体积和含水率估算土壤水分含量,得到各个时段的土壤水总量序列。

(6)时段降雨量分布图及其时段降雨总量:通过降水预报模型得到时段降雨分布的预报结果,在面积上积分得到时段降雨总量。

(7)气-陆耦合模拟的径流计算结果:通过气-陆耦合模拟模型,计算得到各区域的地表水、地下水、土壤水的总量及其分布,其展示窗口与监测数据的展示窗口完全一致,只是数据来源不一样,一为直接监测数据,一为模拟计算结果。

7.6 模型支撑层

模型支撑层的设计实质是一个多模型的集成方案设计。模型集成有两类广泛的议题,即结构(scheme)集成和过程(process)或求解器的集成。这是从技术角度根据传统的程序设计语言考虑的。结构集成指合并两个模型的体系以创立一个新模型。过程集成指求解过程的连接,简单地可理解为一个模型的输入是另一个模型的输出,问题是求解过程的组织序列是否可以推理出来。Geoffrion 从结构建模的角度对应于结构/过程集成对模型集成方式作了一种划分:纵深(deep)集成和功能(functional)集成。纵深集成合成两个以上的模型,以创建一个新的模型;新模型采用同样的表达方式。功能集成并不产生同样表达方式的新模型,通过叠加一个计算议程而协调模型的运算,议程规定了如何实现功能集成。典型的如指定某些已有模型的输出是另外一些模型的输入但需要明确模型运算的顺序。

本研究的降水预报模型、气-陆耦合模拟以及水资源定量评价模型在系统集成时采用功能集成方式,利用含有陆面过程的大气模型的降水输出和蒸发输出驱动水文模型,即气候模拟模型的输出将作为水循环模型的输入;降水预报模型、水循环的模型的输出以及大气水、地表水、土壤水、地下水监测结果再作为水资源定量评价模型的输入,用于区域水资源定量评价。

降水预报模型 WRF 将数据文件的输入输出部分设计成为模式的“外部程序包(External Packages)”,使得更改数据文件的输入输出部分更加容易。因此,降水预报模型的结果通过对“外部程序包”的改变直接写入系统结果数据表,以提供给气-陆耦合模拟模型和水资源定量评价模型调用。

气-陆耦合模型涉及基于 DEM 的流域河网提取、下垫面数据处理、社会经济数据展布等复杂的数据前处理和后处理。为简化模型的预处理环节,模型集成将按照国家基础地理、水文、社会经济统计数据库的相关标准将上述数据直接入库,在标准数据库和模型之间加入数据转换和处理中间件,以保证模型和数据库之间的通畅连接以及模型数据输入的完整性。模型的计算结果也通过输出中间件直接写入标准数据库中。

区域水资源定量评价模型的主要输入是监测和模拟数据,输出为各种总量的定量结果,因此区域水资源定量评价模型实质是一个基于数据库的统计模型。通过内含统计计算模块的数据库中间件实现区域水资源评价模型集成设计如图 7-8 所示。

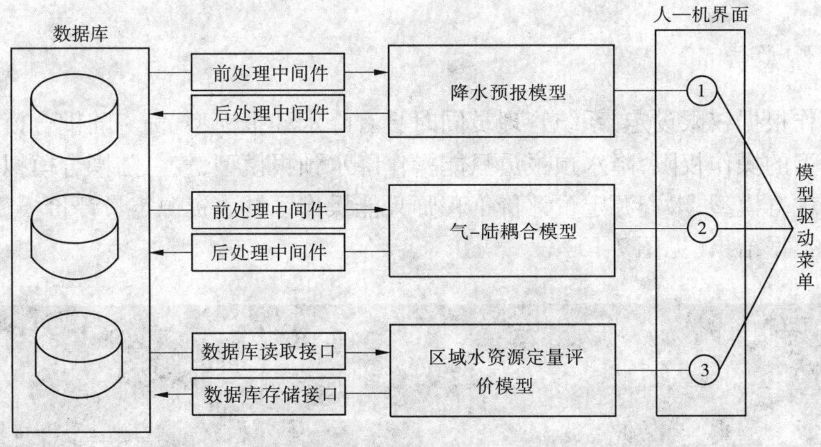

图 7-8　区域水资源评价模型集成设计

7.7　人—机界面设计

设计良好的人—机界面要求操作简单易用,界面美观舒适,反应快速合理,语义通俗一致。除必须考虑系统响应时间、用户求助机制、错误信息处理和命令方式几个方面,还应尽可能提供一些有关错误恢复的建议。我们的系统充分考虑了标准化、适应性、协调性和舒适性几大方面,包括系统进入界面、系统总界面、降水预报模型操作、气-陆耦合模型操作、区域水资源定量评价模型操作和数据结果展示界面。

7.7.1　系统进入界面

以美观、易用为主,展示系统名称,提供了开发单位信息和联系方式,界面简洁明快,展现了南水北调西线水源区的优美风景,点击即可进入系统主界面(见图 7-9)。

图 7-9　系统封面

7.7.2　系统总界面

系统操作根据权限设定，系统管理员同时具有降水预报模型、气 - 陆耦合模型和水资源定量评价模型的操作权限，降水预报员只能操作降水预报模型，气 - 陆耦合模拟工程师只能操作气 - 陆耦合模型，水资源定量评价工程师只能操作区域水资源定量评价模型，所有用户都可以查看数据结果（见图 7-10）。

图 7-10　系统总界面

7.7.3 项目简介

从该界面中可以调取项目的主要文档，说明了项目的来源、主要任务、承担单位、技术路线和主要的成果（见图 7-11）。

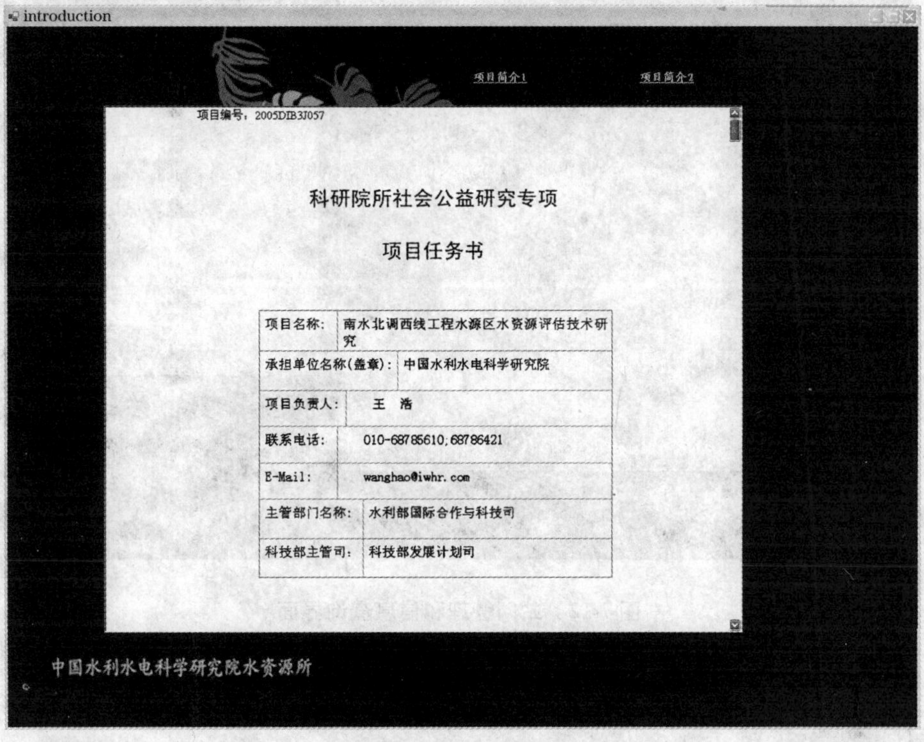

图 7-11 项目简介

7.7.4 站网管理

显示南水北调西线工程主要水源区的大气观测站网、地表水文观测站网及其特征、GPS 和 AWS 观测站网的主要情况，并可以通过该界面对站网资料进行编辑或添加新的站网信息（见图 7-12）。

7.7.5 数据管理

数据管理界面中放入了西线工程水源区的主要空间数据和属性数据，可以通过该界面对南水北调西线工程水源区的降水、水文、日照、气象等数据进行查看并编辑，结果以地图的形式直观地展现在用户面前，还可以进行图层的叠加、切割、变换等，其功能相当于一个小的 GIS 软件（见图 7-13）。

7.7.6 降水预报模型界面

进行降水预报模型的文件输入和参数确定，可以根据提示完成降水预报模型的运行计算，并将结果展示给用户（见图 7-14 ~ 图 7-16）。

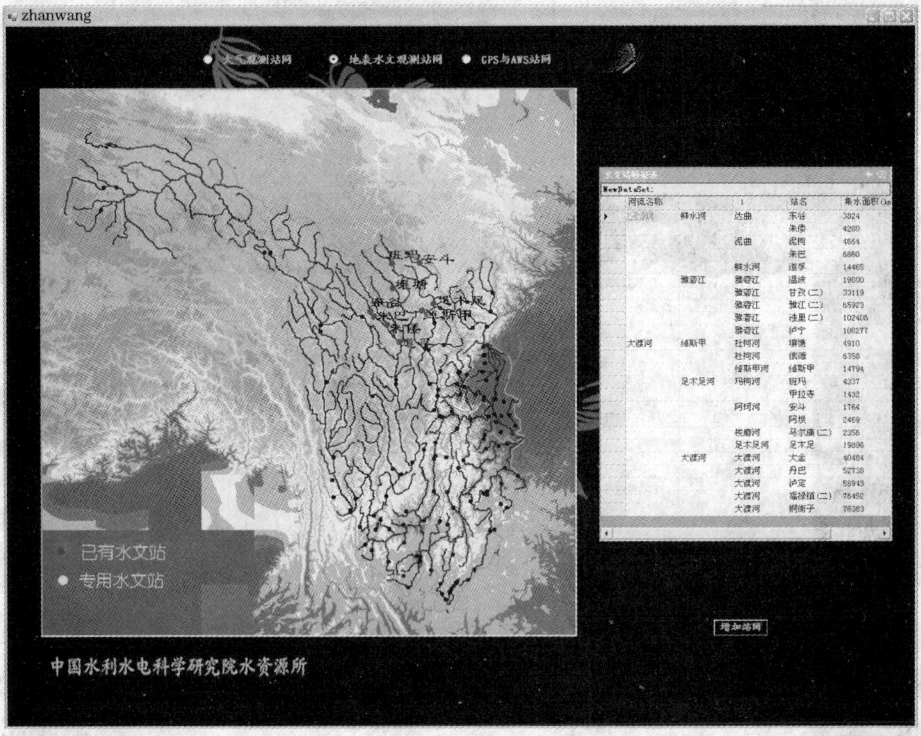

图 7-12　站网管理和信息查询界面

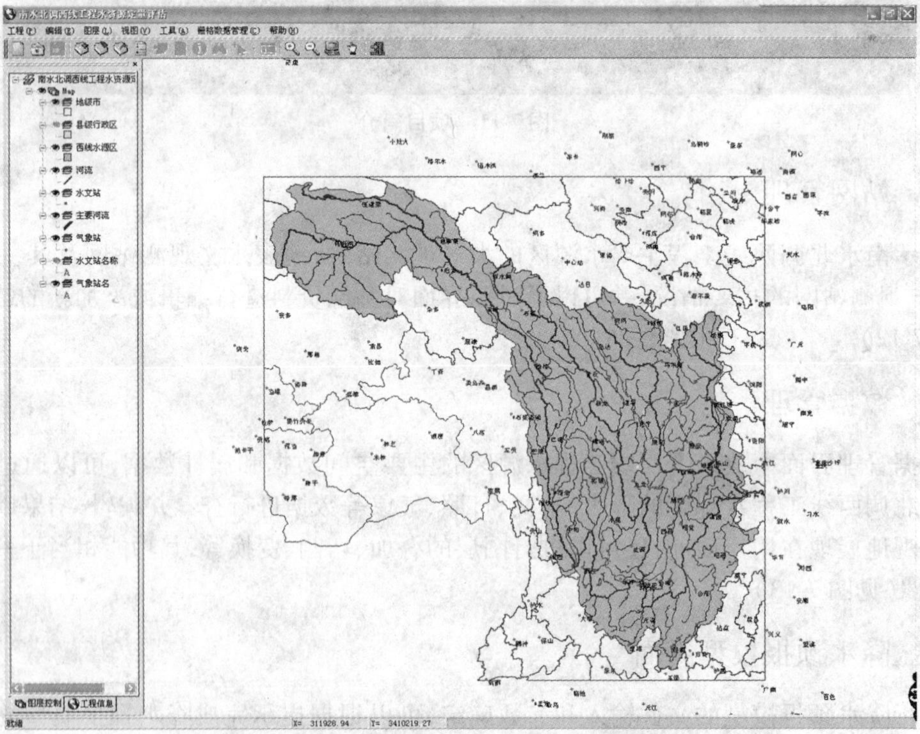

图 7-13　数据管理界面

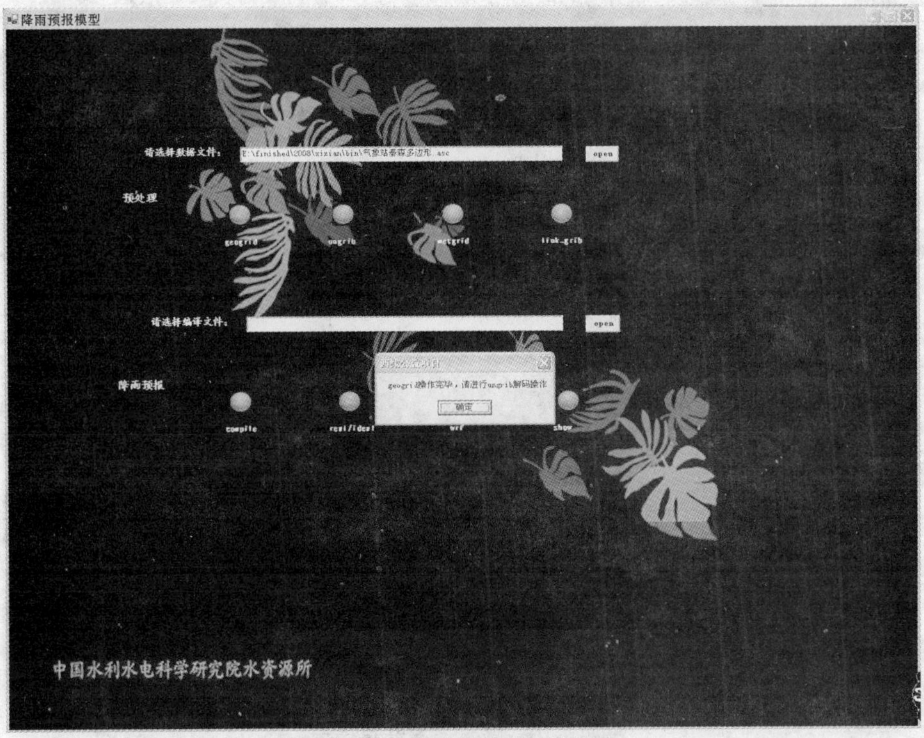

图 7-14　降水预报模型界面

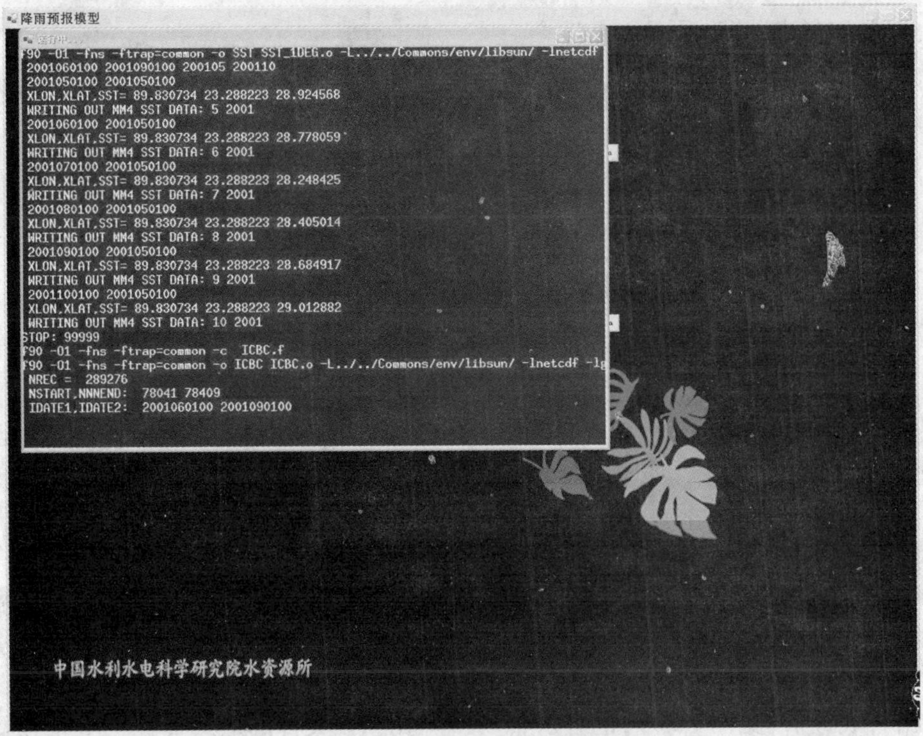

图 7-15　降水预报计算过程

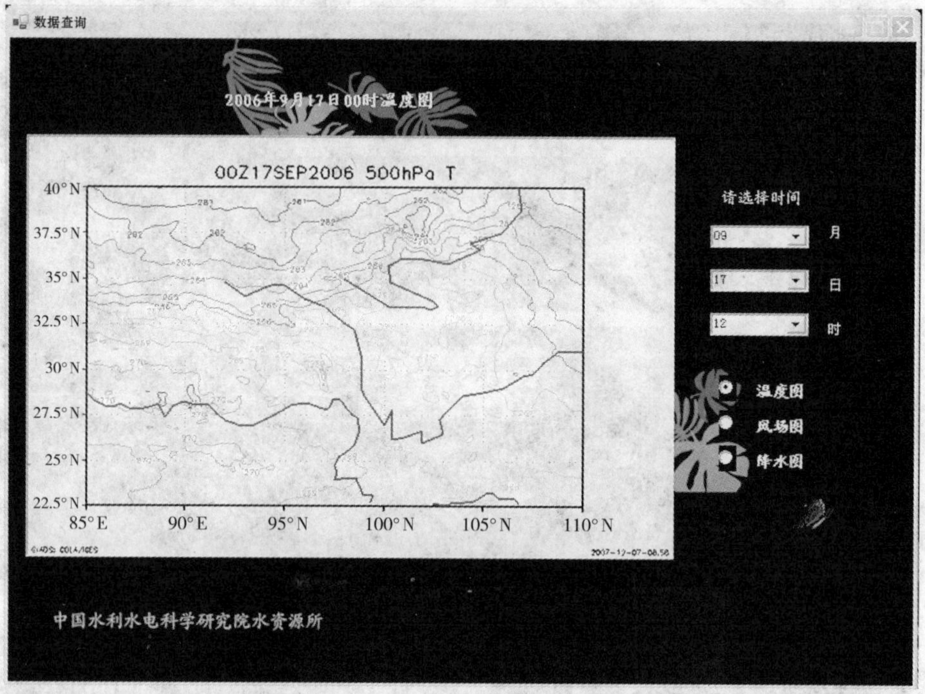

图 7-16　降水预报结果展示

7.7.7　水文模拟模型界面

在进行降水预报模拟后，各项水文基础资料直接关联在水文模拟模型中，点击“降雨数据展示”按钮就可以把降雨资料以表格形式展示在界面左边的数据控件中。只要在界面上点击“开始模拟”就可以进行水文模拟过程，在运算后模拟结果直接显示在界面右边的数据控件中，可以选择不同的年份进行结果查询（见图 7-17）。

7.7.8　气－陆耦合模型界面

进行了降雨预测、水文模拟后，就可以进入气－陆耦合模型的运算。在这一界面上需要为模型选择输入文件，只要确定了地形数据、陆地类型、天气再分析数据和全球温度数据后，点击蝴蝶按钮就可以实现气－陆耦合模型运算，模型计算的结果在下一步水资源定量评价中一并展示（见图 7-18）。

7.7.9　水资源定量评价界面

前面的计算全部完成后，就可以进入水资源定量评价模型的运算。该界面上提供了模型的主要参数设置，可以对选中的区域进行水资源定量评价模拟，如特定的水文站集水区、三级区、坝址集水区的组合（见图 7-19）。点击“计算”就可以进行模型模拟运算，结果可以图形输出直观分析（见图 7-20），也可以点“文本输出”以文件的形式查看。评价结果主要包括广义水资源评价、狭义水资源评价、地表水资源量评价结果，及水资源演变趋势及周期图等几个大类。

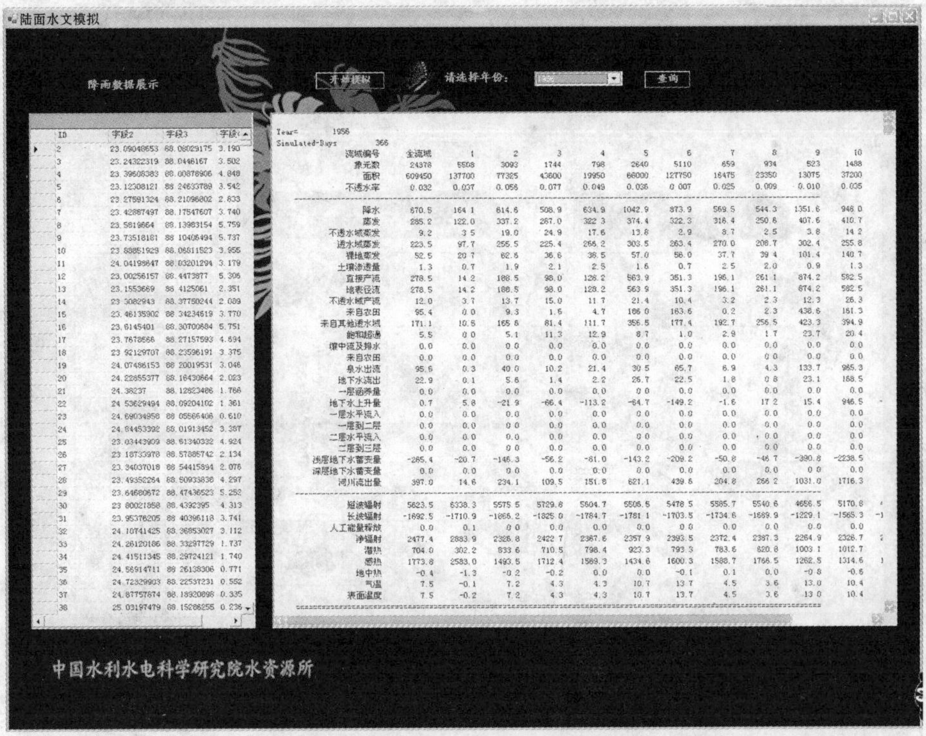

图 7-17　水文模拟模型界面

图 7-18　水循环气－陆耦合模型界面

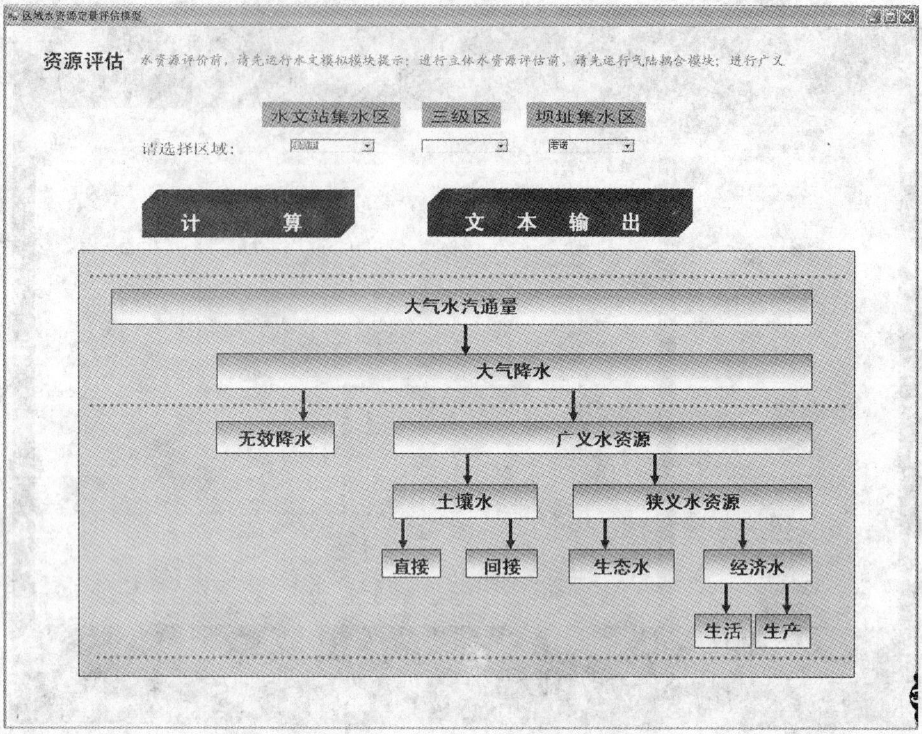

图 7-19　水资源定量评价界面

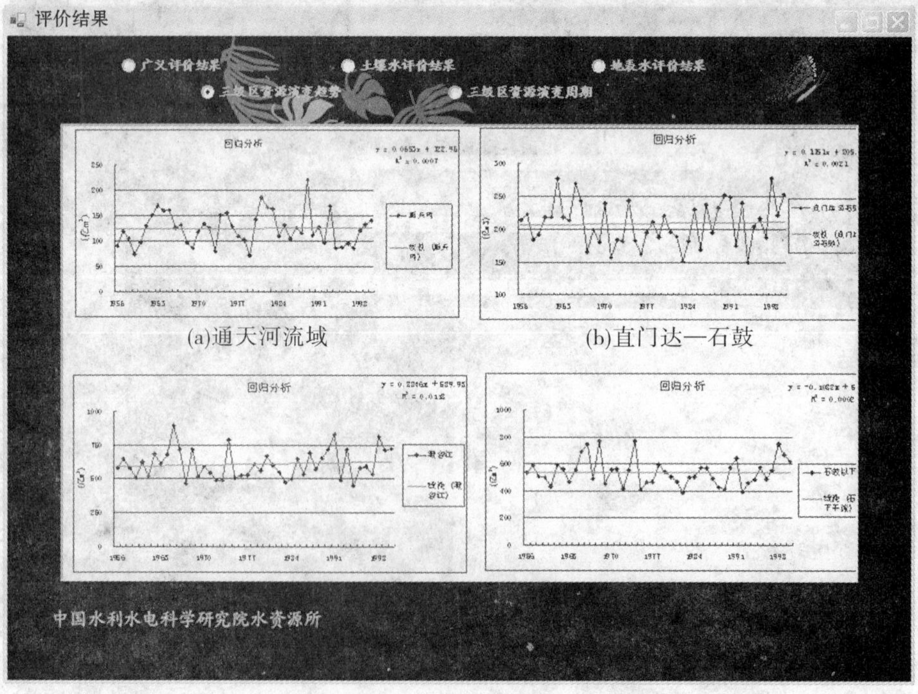

图 7-20　水资源定量评价结果展示

7.8 系统安全维护方案

一个良好的系统应具备安全保护功能，包括数据的安全保护和系统的安全保护，以充分保障在数据处理过程中安全使用，同时做到信息安全，防止非法入侵与破坏。在本系统中设立了用户权限控制（系统使用权限、数据访问权限、数据输入权限、数据变更权限）来禁止用户越权修改或删除数据，确保系统的安全性与稳定性。本系统设计了数据的自动备份功能（数据库定时备份与自动回卷、业务备案、历史数据管理、运行日志记录），同时采用压缩编码技术存储数据，最大限度地保证数据库和系统本身的安全。具有数据自检查能力，对于错误的数据输入，系统会显示警告信息提示用户重新输入直到正确为止。对于非法用户或非法篡改的数据，系统在每次启动前将予以检查，自动排除或提示用户排除。在保障系统信息安全的同时，系统应有一定的容错性和鲁棒性，在系统遇到故障时能够保持正常工作或尽快恢复工作。

安全性要求包括许多方面，主要有：系统硬件设备的安全性、数据存储的安全性、数据查询的安全性、计算机病毒防治和对误操作的容错能力等。

为实现系统的各项安全性要求，需要采取如下多种措施：

（1）关键部位双机备份。为防范硬件系统故障，对综合数据库服务器和 WWW 服务器设置双机备份。设置两台 Unix 服务器，作为系统综合数据库服务器和 WWW 服务器的双机热备份，如果主服务器发生故障，备份服务器立即自动接管数据服务工作。

（2）用户级别划分和访问权限设计。不同层次的用户对信息的需求也不同，根据用户类型及相应的权限，将各类用户划分为 A、B、C、D 4 个级别，每个级别中又按权限大小分为若干用户组。D 级用户对系统部分内容具有浏览权，如公众用户、系统一般用户等；C 级用户对系统中的全部内容具有浏览权，如各级领导、应急处理系统专家等；B 级用户对系统中部分内容具有增加、更新、删除的权限，并且具有浏览全部内容的权限，本级用户主要是对应于各应用系统用户的各个用户组，每个用户组能对系统中预先规定的、与各用户组业务应用相关的内容进行更新；A 级用户拥有最高权限，即系统管理员，具有对系统中所有内容的增、删、改权限。

（3）备份与恢复。①建立对系统软件和数据的定期备份制度。对各类实时数据等经常更新的数据，备份时间间隔为一天，对批量更新类数据的备份时间间隔为一周，对历史类数据备份时间间隔为一个月。②建立系统运行的联机和手记日志，联机日志自动记录系统运行的异常现象（如内存出错、模块出错等）；手记日志由值班人员记录，记录系统运行时明显的反常或故障现象，以便于分析故障原因和系统的快速恢复。

南水北调西线水源区水资源定量评价系统的网络与信息安全体系结构模型如图 7-21 所示。

安全模型由安全服务、协议层次和系统单元 3 个层面描述，在整体上表现为一个三维立体框架结构。

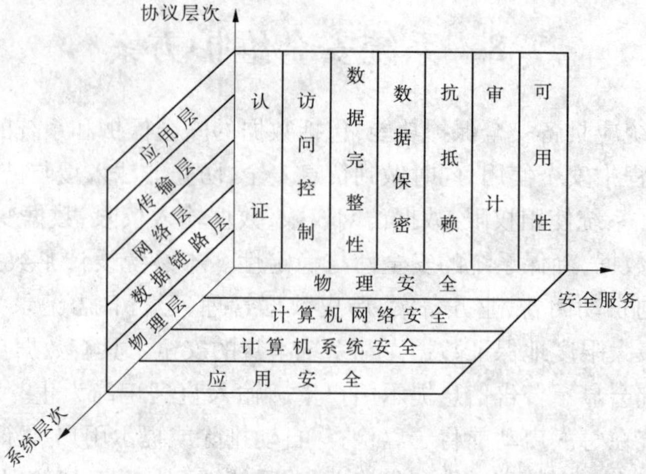

图 7-21　网络与信息安全保障体系结构模型

7.8.1　建设安全保障体系

联动系统的安全保障体系可以分成以下几个层次(见图 7-22)。

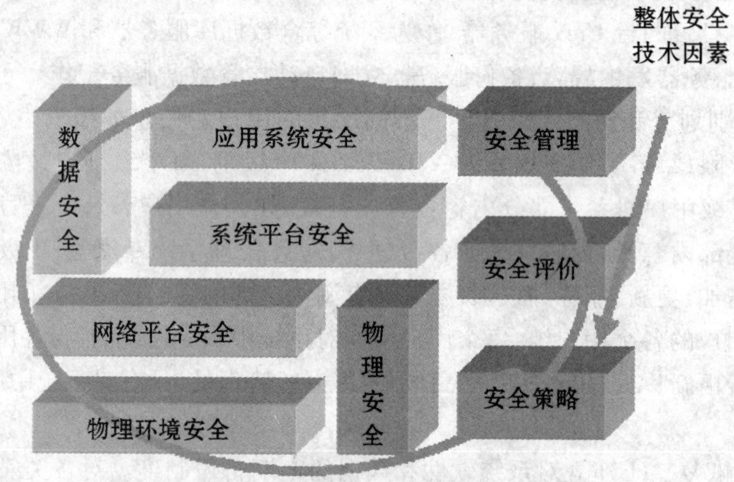

图 7-22　系统安全体系组成

在南水北调西线工程水源区水资源定量评价系统安全体系建设过程中,必须要从策略、管理、技术 3 个层面上来进行全面的考虑。安全策略是进行信息安全建设的根本和依据,必须优先解决法律、规章和标准的问题;安全管理是核心问题,特别是要注重各级安全组织的建设,以及安全管理人才和专业技术人员的培养工作,有效地落实安全策略;安全技术是解决安全问题的有效保证,安全技术主要体现在产品、工具、服务和人才素质上。

从策略层面上和管理层面上主要包含贯穿始终的安全策略、安全评价和安全管理;而在技术层面上需要考虑实体的物理安全、网络的基础结构、网络层的安全、操作系统平台的安全、应用平台的安全。这几个方面,既是安全体系的基础,也是相互促进的。同时,需要不断地自我完善和增强,才能够形成一套合理有效的整体安全防护体系。

7.8.2 建立安全管理体制

为了保证各项安全技术的实施与管理,决策中心需要一个业务技术部门行使以下3种职能:

(1)认证中心和密钥管理中心职能。除了为应用服务器签发证书,还统一管理用于各种网络设备的密码算法和密钥。

(2)网络安全管理与安全监控职能。管理各种安全服务和安全机制的有效性,如防火墙访问控制策略维护、密钥的定期更新等,配置各种系统和网络设备,保障网络的安全可靠运行;实时监视网络上的各种活动,发现和弥补安全隐患,检测、终止和跟踪入侵行为和犯罪行为,增强网络的安全性。

(3)应用系统安全管理职能。负责应用系统的安全可靠运行,并负责用户的授权和维护工作。

其他备份中心、数据分中心以及各级机关局域网的网络中心也要履行相应的安全管理职能。

7.8.3 制定安全管理制度

为保证各项安全措施的实施并真正发挥作用,必须制定和执行以下各项规章制度:

(1)人员安全管理制度。包括安全审查制度、岗位安全考核制度、安全培训制度、安全保密契约管理、离岗人员安全管理制度等。

(2)文档管理制度。各种文档(包括书面的和电子等各种形式)必须有清晰的密级划分,妥善管理。

(3)系统运行环境安全管理制度。包括机房出入控制、环境条件保障管理、自然灾害防护、防护设施管理、电磁波与磁场防护等。

(4)软硬件系统的选购、使用与维护制度。设备选型、设备购置、安全检测、设备安装、设备使用、设备维护、设备保管等过程中必须符合中央机要局和其他相关部门的有关规定。对软件选型与购置审查、软件安全检测与验收、软件安全跟踪与报告、软件版本管理、软件使用与维护、软件安全稽核也必须做出明确的规定。

(5)应用系统运营安全管理制度。包括操作安全管理、操作权限管理、操作规范管理、操作责任管理、操作监督管理、操作恢复管理;系统启用安全审查管理、应用软件稽核管理、应用软件版本安全管理、应用软件更改安全管理、应用系统备份管理、应用软件维护安全管理。

(6)应用系统开发安全管理制度。包括开发平台安全管理、开发环境安全管理、开发人员安全管理、开发系统安全规范管理、开发系统安全检测、开发系统安全移交管理。

(7)应急安全管理制度。制订应急管理制度和应急实施计划、应急备用管理、应急恢复管理、应急后果评价管理和责任追查程序。

7.8.4 加强用户的教育与培训

管理员和普通用户的安全意识和所掌握的技术是整个网络和信息系统安全保障体系运行维护的前提。面向两类用户(管理员和普通用户)建立相应的培训制度、成立相应的安全培训机构,是整个网络安全实施的最重要保障。

第 8 章　结论与展望

本书主要取得了 3 个方面的技术创新成果和 4 个方面的应用创新成果。技术创新成果主要包括西线工程水源区水循环气 - 陆耦合模型、基于中尺度区域嵌套模式和区域气候模式的降水预测预报技术以及基于气 - 陆耦合模式的水资源定量评价技术；应用创新成果包括西线工程水源区水资源“天地一体化”立体监测与数据同化方案、西线工程水源区空中水资源演变规律、西线工程水源区降雨产流演变规律与广义水资源评价以及西线工程水源区有效水资源定量评价系统。

8.1　技术创新研究成果

8.1.1　西线工程水源区水循环气 - 陆耦合模型

该项成果在国际通用的区域气候模式（RegCM3）与具有自主知识产权的分布式水循环模拟模型（WEP）基础上，构建了具有物理机制的水循环气 - 陆耦合模型，实现了水循环大气过程、地表过程、土壤过程和地下过程的耦合模拟。

考虑到 RegCM3 模型中已含有的陆面过程模拟模块（BATS）主要是进行天然水循环垂直过程的模拟，且空间尺度较大，对本研究区来说模拟精度不够，为此本研究利用 WEP 模型对西线工程水源区内水循环的陆面过程进行小尺度的详细描述；同时，地表能量过程也按照陆面水循环模拟尺度要求进行模拟。西线工程水源区以外的区域，仍采用 BATS 模型模拟其陆面过程。本研究将地表水循环、地下水循环、土壤水循环、河道汇流、坡面汇流以及大气水循环模拟过程等通过两个模型间参数的物理传递有机地联系起来，实现了实时的传递和反馈。同时，在陆面过程模拟中，加入了社会水循环的过程模拟，使本项研究更加真实地反映水循环的整个循环路径，更具实用性。

水循环气 - 陆耦合模型校验结果表明，耦合模型预测的降水落区和降水强度与实测值吻合较好，表明耦合模型能对区域降水进行很好的预测；以径流为主要校验对象的陆面过程校验结果表明，模型模拟精度较高；除小得石外，径流过程模拟误差均控制在 5% 以内；验证期月径流过程的 Nash 效率系数达到 0.75 以上。总之，该模型可满足分析水资源评价、变化环境下水循环演变规律及驱动机制的需求。

8.1.2　基于中尺度区域嵌套模式和区域气候模式的降水预测预报技术

本平台运用了 WRF 模式系统以及 RegCM3 模式系统对整个西线工程水源区的中短期及季节降水进行了数值模拟。

本研究在中短期降水模拟上运用的是 WRF 模式，主要进行的是小时和日降水数值模拟，整个数据平台对 2006 年 7 月 6 ~ 7 日、2006 年 9 月 14 ~ 20 日两次降水过程，结合西线工程区域高分辨率的地形和陆面状况，由国家气象中心的 T213 大气环流预报模式数值产品以及 NCEP/NCAR 的再分析资料提供初始场和边界条件,在对该区域分别做了高分辨率的 24 h 和 120 h 降水模拟和预报的基础上,又对该区域模式系统中各物理过程的参数选择进行了测试,结果表明,该模式能够对南水北调水源区天气系统的演变以及下游地区的降水变化做较好的模拟,并且已经具备了南水北调水源区滚动预报的技术能力。

区域气候模式 RegCM3 主要是针对季节性降雨的数值模拟,在测试时,针对研究区域从 1998 年 4 月 25 日 12 时连续积分到 9 月 1 日 12 时,进行了共 128 d 的模拟计算,并输入地形、陆地类型、天气再分析数据以及海洋表面温度 SST 等数据,对运行结果的降水情况作了具体分析。结果表明,在水源区嵌套外区域模式预测具有可靠性前提下,RegCM3 区域气候模式可以作为西线工程水源区调水系统的业务化预报模式工具之一。

整个数据平台运用 WRF 模型与 RegCM3 模型对西线工程水源区的气候降水都已经做出了比较精确的数值模拟,这表明整个平台模拟预测的精度以及可应用性还是比较高的。

8.1.3 基于气-陆耦合模式的水资源定量评价技术

在本研究中,从水汽通量的演变入手,在气-陆耦合模式下,进行立体水资源评价。降水层次以下的水资源评价与国家 973 项目课题"黄河流域水循环演变规律与二元演化模型"成果相同:即以"自然-人工"二元水循环理论为指导,以二元水循环模拟模型为关键技术支撑,从水资源的自然、社会、经济、生态与环境属性出发,按照有效性、可控性、可再生性的评价准则,提出了全口径、层次化、动态的水资源评价方法体系。本研究中,在区域气-陆水循环耦合模拟的基础上,进一步构建了经向、纬向和整体水汽通量的评价模型,进而对区域大气水汽通量进行定量评价。对于水资源演变特征的分析,在本研究中,进一步选用秩相关系数、PLFIM 法和小波分析法对区域水资源演变的趋势性、随机性和周期性进行评价。

从空中水资源、广义水资源、土壤水资源和狭义水资源 4 个方面划分了水资源的定量评价方案,这一深层次的划分是本项目中的又一创新点,不仅拓宽了水资源评价的理论思路,更加完整和全面地提出了水资源评价的新方法,为该领域的发展和实践提供理论依据。

8.2 应用创新研究成果

8.2.1 西线工程水源区水资源"天地一体化"立体监测与数据同化方案

西线工程水源区现有水资源监测系统主要由 4 部分组成:常规气象站、新一代自动气象监测站点、常规水文站以及专用水文站。为了对水资源量进行定量的评价,本研究确立了一套立体的监测网络,对现有的空中及陆面水资源监测站进行布局,进而对水资源监测网站进行优化,最终达到对西线工程水源区水资源定量评价提供必要的数据。

当前,水源区内与西线工程规划设计和运行调度密切相关的水文站有 24 处。其中,雅砻江流域有 10 处,大渡河流域有 14 处。在这些站点中,国家站有 18 处,专用站有 6 处。与西线第一期工程水文分析计算关系密切的水文测站包括道孚、朱巴、朱倭、绰斯甲、足木足等国家水文站,东谷、泥柯、壤塘、班玛及安斗等专用水文站。各站测验河段河道大体顺直,河床为粗砂及卵石组成,河床基本稳定,部分测站高水势微有冲淤变化。从总体上看,现有西线工程水源区水资源观测站网尚存在地基站点稀疏、布局不尽合理、监测手段落后和信息共享不畅等4个方面的问题。因此,根据上述的问题,并且在有关行业规范的基础上,充分利用现有监测网络资源对现有的西线工程水源区监测网站进行了优化设计。

空中水资源监测优化方案是以青藏高原及其东部周边地区水汽输送及其水循环结构为基本依据进行设计的,西线工程水源区空中水资源监测系统将根据已在高原区域建立的观测站,以及扩大至高原东南周边区域和中国长江流域上游地区的观测计划,设计高原及其东部周边局地水循环过程中大气水汽与地面气象要素的长期观测网布局方案,即在高原及其东部周边地区(青海、西藏、云南、四川)以GPS水汽观测和AWS自动气象站观测网为主体,辅以风廓线仪、边界层铁塔以及探空观测等现代化观测手段,开展高原关键区水汽输送特征、大尺度水循环结构的监测。

陆面水资源监测优化方案主要集中在坝址以上集水区陆面水资源规划上,在新增的气象站上:因坝址以上区域气象资料十分匮乏,且该区的观测工作十分困难,故规划布设自动气象站,以对其降水、气温、风速、湿度和辐射等信息进行观测。结合该区现有气象观测站点,需要新增加18处自动气象站观测站点,这些气象站点主要集中在沱沱河、楚玛尔河、金沙江等几条重要支流的源头或分水岭处。

结合河道汇流演进规律,需要新增水文站7处,它们包括当曲的控制站、楚玛尔河控制站、通天河接纳楚玛尔河控制站和昂尔曲后的控制站、通天河坝址以上控制站、雅砻江坝址以上入库控制站、鲜水河的控制站、杜柯河坝下控制站。其中,通天河坝址以上控制站和杜柯河坝下控制站同时进行水质监测。

在多源数据同化技术上,JICA项目已在包括云南、四川、西藏等地在内的高原及东南地区布设完毕,完成了该区域GPS观测网建设,这为充分了解西线工程水源区的空中水资源变化提供了良好的观测基础和科学依据。同时,本项目利用该GPS观测网中云南地区3个GPS观测点获得的TZD资料进行了四维同化的研究工作,研究其在降水预报中的应用效果。如果只是将有限的GPS资料站点同化到数值模式当中,可能对模式的数值模拟结果影响不大。如果将虚拟加密GPS站点资料同化到数值模式当中,会对降水的落区和强度均有较明显的改进。

8.2.2 西线工程水源区空中水资源演变规律

西线工程水源区整个区域以及东、西区域的区域总水汽收支均呈现出先减少后增加的年际变化特征,结合总水汽量年际变化特征的分析可见,两者的年际变化特征基本一致。但区域总水汽收支的年际变化趋势没有水汽总量的变化显著;年代际时间尺度条件下,西线水源区整个区域的水汽总量在1977年就发生了由减少趋势到增加趋势的转折。东部水汽总量在1973年发生了由减少趋势到增加趋势的转折,其与整个区域的水汽总量的变化趋势一致。根据检验结果,西线水源区西部区域的水汽总量在近45年中发生了两次年代际变化趋势转折,发生时间分别为1968年、1979年,即夏季水汽总量在20世纪60年代增加,70年代减少,80年代以后又开始增加。整体上看,20世纪70年代后期以后,西线水源区水汽总量趋于增加;长江源头区基本上是水汽通量的辐合区。分别挑选长江源头区典型旱年5年(1973,1986,1994,1996,1997)和典型涝年5年(1965,1970,1980,1985,1994)进行整层水汽通量合成分析,典型涝年表明,从西太平洋、南海、孟加拉湾地区偏西水汽流以及阿拉伯海北侧偏东水汽流明显,并在高原南部顺着横断山脉大峡谷的走势向北延伸,输送到长江源头区，另外在中国东部、东海、中纬度西太平洋地区出现了显著的水汽辐合环流，典型旱年水汽辐合出现在阿拉伯海东部和孟加拉湾地区以及中国华南地区，在高原南部没有向北输送到长江源头区的水汽流。此外，长江源头区涝年时为明显的水汽辐合区，旱年则相反为水汽辐散区。

8.2.3 西线工程水源区降雨产流演变规律与广义水资源评价

西线工程水源区降水从东南向西北呈下降趋势，青衣江和岷江干流地区多年平均降水量为1 258.1 mm，是通天河流域同期多年平均降水量的3.55倍。西线水源区整个区域以及东、西区域的夏季降水量同样呈先降后升的年际变化趋势。

1956～2000年系列西线工程水源区广义水资源总量为4 825.84亿 m^3，占区域降水总量的99.12%。从区域构成来看，雅砻江流域和石鼓以下金沙江干流所占比重最大，分别为22.65%和25.23%。从分区广义水资源的特征来看，通天河直门达以上区域和直门达—石鼓区域的低效蒸发量所占比重较大，广义水资源量分别占所在区域降水总量的96.77%和97.97%，其他三级区广义水资源量均占到区域降水总量的99%以上。

西线工程水源区总土壤水资源量为2 390.73亿 m^3，分别占区域降水和广义水资源量的49.11%和49.54%。从区域构成来看，石鼓以下干流土壤水资源量占区域土壤水资源总量的23.09%；通天河流域所占比重较小，仅为10.28%。

总体上看，本研究狭义水资源评价量与全国水资源综合规划成果基本吻合。但本研究中从水循环要素过程演变的角度进行区域狭义水资源评价，且通过高精度数值地形，进一步校正了各分区范围，通天河流域、石鼓以下干流区和大渡河流域的评价结果与全国水资源综合规划成果数据分别相差了8.88亿 m^3、26.73亿 m^3 和9.73亿 m^3；误差分别为7.13%、4.96%和2.03%。

从西线工程水源区水资源演变的趋势性来看，除石鼓以下干流区水资源呈增加趋势外，其他流域的水资源均呈下降趋势，但这些演变趋势均不显著。

从区域水资源演变的周期性来看，通天河流域有8～9年的演变周期；直门达—石鼓段有12～13年的演变周期；雅砻江流域有10～11年的演变周期；石鼓以下干流的周期性不明显；大渡河流域有12年的演变周期；青衣江和岷江干流流域有14～15年的演变周期。

8.2.4 西线工程水源区有效水资源定量评价系统

建立一个完整的计算机平台是本次研究的一个重要目标之一，区域有效水资源定量评价系统将作为一个界面平台来进行人机互动，该系统主要包括信息采集与传输层、数据存储层、应用支撑层和人—机界面层4个层面。其中，信息采集与传输层包括空中水资源监测、地表水资源监测、地下水资源监测和土壤墒情监测等，这3种监测点获取的数据通过GPRS、GSM、微波或卫星通信传输到水资源监控中心并存入水资源综合数据库，为水资源定量评价、分析、预报和决策提供基础数据。数据存储层包括数据库管理系统、水资源综合数据库、数据整理和分析中间件等，应用支撑层主要包括3个核心模型：降水预报模型、气－陆耦合模拟模型、水资源定量评价模型。人—机交互界面主要包括系统功能操作界面、参数/数据输入界面、结果展示窗口和结果输出接口等。为保证系统的安全、稳定运行，还需要提供系统安全维护方案。

通过这个计算机平台，所有用户都可以查看模拟的数据结果，在水文模拟模型中，系统根据各项水文基础资料，在模拟后直接将模拟结果展示给用户，并通过选择年份来决定看哪一年的数据能给予用户更加直观的结果。这使得整个计算机操作平台更加拥有实用性。

8.3 成果应用领域与推广应用途径

本成果的应用领域主要包括水文水资源与气象监测领域，水资源评价、配置、调度与管理领域，水利工程规划、建设与管理领域，气象气候变化及适应性对策领域，旱涝灾害防治领域以及其他相关领域。本成果推广应用的范围包括水行政管理部门、气象监测与管理部门、灾害防治部门、生态建设与环境保护部门及相关的企事业单位，具有较广阔的应用领域和较为强大的用户群。本成果已经完成平台封装，对成果使用人员的要求明显降低，具有一定的通用性。

在成果推广应用过程中，一方面要进一步加强基础成果的封装，降低对成果应用人员的技术要求；另一方面，建议成果推广部门进一步加强本成果的推介力度，促进成果的应用。

8.4 研究展望

本领域的相关研究紧密围绕了全球变化和高强度人类活动影响下水安全保障这一实践需求，受到政府部门和学术界的高度关注。就本领域的研究而言，要进一步将水循环过程与水生态过程、水沙过程和水化学过程相耦合，从整体水安全（供用水安全、水质安全与水生态安全）角度进行的机理剖析，并提出综合调控对策与措施。同时，本领域的研究是全球气候变化适应性对策研究的重要基础之一，在未来的研究中，要加强与全球气候变化的相关研究的结合。此外，对于本领域研究而言，要加强气候和水循环预测预报能力和应急处理能力研究。

建议在未来的相关研究中，要进一步加强多学科的交叉研究，要从水循环的整体过程角度开展研究。此外，政府部门要进一步加大支持力度。

参 考 文 献

[1] Bannon J K, A. G. Mathowman, R. Murry. The flux of water vapor due to the mean winds and the convergence of this flux over the North Hemisphere in January and July[J]. Q. J. R. Met. Soc., 1961, 87, 38.

[2] Bannon, J. K. L. P. Steele. Average water vapor content of air[J]. Met. Geophys. Memoir, 1960, 102, 38.

[3] Betts A. K., M. Miller, The Betts – Miller scheme, The representation of cumulus convection in numerical models of the atmosphere[J]//Eds. K. A. Emanuel and D. J. Raymond, Meteo. Mon, American Meteorological Society, 1993: 107-121.

[4] Chang C P, Zhang Y S, Li T. Interannual and interdecadal variations of the East Asian summer monsoon and tropical Pacific SSTs[J]. I, II. J. Climate, 2000, 13(24): 4310-4340.

[5] Chen T. C. Global water vapor flux and maintenance during FGGE[J]. Mon Wea Rev, 1985, 113: 1801-1819.

[6] Daniel L, Cadet, Steve Greco. Water Vapor Transport over the Indian Ocean during the 1979 Summer Monsoon[J]. Monthly Weather Review, 1987, 115(3): 653-663.

[7] Dickinson R. E. Modeling evapotranspiration for three – dimensional global climate sensitivity[C]. Geophysical Monograph 29. Washington, DC: American Geophysical Union, 1984: 58-72.

[8] Dickinson R., P. Kennedy, A. Henderson – Sellers, et al. Biosphere – atmosphere transfer scheme (BATS) for the NCAR community climate model[J]. Techical report, National Center for Atmospheric Research. 1986, 53.

[9] Dickinson R. E., Henderson-Sellers A., Kerredy P., et al. Biosphere-Atmosphere Transfer Scheme (BATS) for NCAR community climate model[J]. Techical Note TN275 + STR. Boulder, Co: National Center for Atmospheric Research. 1986: 69.

[10] Dickinson R. E, A. Henderson – Sellers, P. Kennedy, Biosphere – atmosphere Transfer Scheme (BATS) version 1E as coupled to the NCAR Community Climate Model. NCAR Tech. Note Ncar/TN – 3871STR, 1993, 72.

[11] Dickinson, R. E., R. M. Errico, F. Giorgi, et al. A regional climate model for the Western United States. Climate Change, 1989, 15: 383-422.

[12] Dieter Gerten, Holger Hoff. Contemporary "green" water flows: Simulations with a dynamic global vegetation and water balance model[J]. Physics an chemistry of the earth, 2005, 30: 334-338.

[13] Fohrer, N., Haverkamp, S., Frede, H. – G., Assessment of the effects of land – use patterns on hydrologic landscape functions: Development of sustainable land – use concepts for low mountain range areas [J]. Hydrol. Proc. 2005.

[14] Gabriel Katula, Amilcare Porporato. An analysis of intermittency, scaling and surface renewal in atmospheric surface layer turbulence[J]. 2006, 215(2): 117-126.

[15] Georg Hormann, Andreas Horn, Nicola Fohrer. The evaluation of land – use options in mesoscale catchments Prospects and limitations of eco – hydrological models[J]. Ecological Modelling 2005, 187: 3-14.

[16] Giorgi F. Simulation of regional climate using a limited area model nested in a general circulation model [J]. J. Climate, 1990, 3: 941-963.

[17] Giorgi F, Marinucci M R, Bates G T, et al. Development of a Second – Generation Regional Climate Model (RegCM2) Part II: Convective processes and assimilation of lateral boundary conditions [J]. Mon. Wea. Rev. 1993, 121: 2814-2832.

[18] Giorgi F, Marinucci M R, Bates G T. Development of a Second – Generation Regional Climate Model (RegCM2) Part I: Boundary – layer and radiative transfer processes. Mon. Wea. Rev, 1993, 121: 2794-2813.

[19] Grell G. A. Prognostic evaluation of assumption used by cumulus parameterizations[J]. Mon. Wea. Rev, 1993, 121: 764-787.

[20] Guo Chunqing, Wang Jiajia. The research of Chinese karst ecological hydrology[J]. Ecological Economy 2006, 2: 298-305.

[21] Halit Apaydin, Alper S, Anli. The temporal transferability of calibrated parameters of a hydrological model [J]. Ecological Modeling, 2006, 195: 307-317.

[22] Haverkamp R, Vauclin M, Touma J, et al. A comparison of numerical simulation models for one dimensional infiltration[J]. J. Soil Sci. Soc. Am, 1977, 41: 285-293.

[23] Holtslag A. A. M, B. A. Boville. Local versus nonlocal boundary layer diffusion in a global climate model[J]. J. Climate, 1993, 6: 1825-1842.

[24] Hsie E, R. Anthes, D. Keyser. Numerical simulation of frontogenisis in a moist atmosphere[J]. Journal of Atmospheric Sciences, 1984, 41: 2581-2594.

[25] Hubang Luo, Michio Yanai. The Large – Scale Circulation and Heat Sources over the Tibetan Plateau and Surrounding Areas during the Early Summer of 1979. Part II: Heat and Moisture Budgets[J]. Monthly Weather Review, 1984, 112(5): 966-989.

[26] Ian Simmonds, Daohua Bi, Pandora Hope. Atmosphere water vapor flux and its association with rainfall over China in summer[J]. J Climate, 1999, 12(5): 1353-1367.

[27] Jia Y, Ni G, Kawahara Y, et al. Development of WEP model and its application to an urban watershed [J]. Hydrological Processes, 2001, 15(11): 2175-2194.

[28] Judah L. Cohen, David A. Salstein and Richard D Rosen. Interannual Varibility in the Meridional Transport of Water Vapor[J]. Journal of Hydrometeorology, 2000, 1(6): 547-553.

[29] Kiladis G N, Van Loon H. The southern Oscilation. Part VII: Meteorological anomalies over the Indian and Pacific sectors associated with the extrmmes of the oscillation[J]. Mon. Wea. Rev, 1988, 116: 120-136.

[30] Martin Wattenbach, Fred Hattermann, Reinhard Weng, et al. A simplified approach to implement forest eco – hydrological properties in regional hydrological modeling[J]. Ecological Modelling 2005. 187: 40-59.

[31] Meehl G. The annual cycle and interannual variability in the tropical Pacific and Indian Ocean region[J]. Mon. Wea. Rev., 1987, 115: 27-50.

[32] MÊlders N, Raabe A. Testing the effect of a two way coup ling of a meteorological and a hydrologic model on the predicted local weather[J]. Atmospheric Research, 1997, 45: 81-107.

[33] Miao J H, Lau K – M. Interannual variability of East Asian monsoon rainfall[J]. Quart. J. Appl. Metero. 1990, 1: 377-382.

[34] Michael J. Chimneya, Gary Goforth. History and description of the Everglades Nutrient Removal Project, a subtropical constructed wetland in south Florida (USA)[J]. Ecological Engineering 2006, 27: 268-278.

[35] Mooley D A, Parthasarathy B. Fluctuation in all – India summer monsoon rainfall during 1871 ~ 1978[J]. Climate Change, 1984, 6: 287-301.

[36] Mualem Y. Hydraulic conductivity of unsaturated porous media: generalized macroscopic approach [J]. Water Res, 1978, 14(2): 325-334.

[37] Murakami T, et al. The General circulation and water vapor balance over the far east during the rainy season[J]. Geophys Magazine, 1959, 29(2): 137-171.

[38] Salvatore Grimaldi lgnacio Rodriguez-lturbe Lucio Ubertini New frontiers of hydrology. Advances in water resources, 2005, 28(6): 541-542.

[39] Ninomiya K, Kobayashi C. Precipitation and moisture balance of the Asian summer monsoon in 1991, Part I: Precipitation and major circulation system[J]. J Meteor Soc Japan, 1998, 76: 855-877.

[40] Ninomiya K, Kobayashi C. Precipitation and moisture balance of the Asian summer monsoon in 1991, Part II: Moisture Transport and moisture balance[J]. J Meteor Soc Japan, 1998, 76: 855-877.

[41] Ninomiya K. Moisture balance over China and the South China Sea during the summer monsoon in 1991 in relation to the intense rainfalls over China[J]. J Meteor Soc Japan, 1999, 77: 737-751.

[42] Nitta T, Yamada S. Recent warming of tropical sea surface temperature and its relationship to the northern hemisphere circulation[J]. J Meteor Soc Japan, 1989, 67: 375-390.

[43] O'Callaghan F, Mark D M. The extraction of drainage networks from digital elevation data[J]. Computer Vision Graphics and Image Processing, 1984, 28: 323-344.

[44] Pal J, E. Small, E. Eltahir. Simulation of regional – scale water and energy budgers: Representation of subgrid cloud and precipitation processes within RegCM[J]. Journal of Geophysical Research, 2000, 105, D24: 29579-29594.

[45] Qian J. H, F. Giorgi, S. M. Fox – Rabinovitz. Regional stretched grid generation and its application to the NCAR regcm[J]. Journal of Geophysical Research, 1999, 104: 6501-6513.

[46] Ropelewski C F, Halpert M S, Wang X. Observed tropospherical biennial variability and its relationship to the Southern Oscillation[J]. J. Climate, 1992, 5: 594-614.

[47] Seuffert G, Gross P, Simmer C, et al. The influence of hydrologic modeling on the predicted local weather: Two – way coupling of a mesoscale weather prediction model and a land surface hydrologic model[J]. Journal of Hydrometeorology, 2002, 3: 505-522.

[48] Shapiro R. Smoothing filtering and boundary effects[J]. Review of Geophysics and Space Physics, 1970, 8: 359-387.

[49] Shinoda T, H. Uyeda, K. Yashimura. Structure of Moisture Layer and Sources of Water over the Southern Region Far from the Maiyu/Baiu Front[J]. Journal of the Meteorological Society of Japan, 2005, 83 (2): 137-152.

[50] Sklar F. H, Chimney M. J, Newman S. The ecological – societal underpinnings of Everglades restoration. Front[J]. Ecol. Environ. 2005, 3: 161-169.

[51] Small E., L. Sloan. Simulating the water balance of the aral sea with a coupled regional climate-lake model[J]. Journal of Geophysical Research, 1999, 104: 6583-6602.

[52] T. Kokkonena, H. Koivusalo. Implications of processing spatial data from a forested catchment for a hillslope hydrological model[J]. Ecological modeling, 2006, 199: 393-408.

[53] Tao S Y, Chen L X. The East Asian summer monsoon. Proceedings of International Conference on Monsoon in the Far East[J]. Tokyo, 1985, Nov. 5-11. 1-11.

[54] Tian S F, Yasunari T. Time and space structure of interannual variations in summer rainfall over China [J]. J. Meteor. Soc. Japan, 1992, 70: 585-596.

[55] Tiffany G., Troxler Gann, Daniel L. Ecosystem structure, nutrient dynamics, and hydrologic relationships in tree islands of the southern Everglades, Florida, USA[J]. Forest Ecology and Management 2005, 214: 11-27.

[56] Tsing – Chang Chen, Ming – Cheng Yen, Masato Murakami. The Water Vapor Transport Associated with the 30 – 50 Day Oscillation over Asian Monsoon Regions during 1979 Summer[J]. Monthly Weather Review, 1988, 116: 1983-2002.

[57] W. – P. Li. Moisture flux and water balance over the south china sea during later boreal spring and summer[J]. Theoretical and Applied Climatology, 1999, 64: 179-187.

[58] Wang Shourong. Studies on a distributed hydrologic model and simulations nested with regional climate model for Luan and Sang - gan river basins [D]. Beijing: Institute of Atmospheric Physics, Chinese Academy of Sciences,2000.

[59] William J. Mitsch, John W. Thinking big with whole - ecosystem studies and ecosystem. Ecological Modeling,2004,178:133-155.

[60] William J. Mitsch, Li Zhang, Christopher J. Anderson, et al. Creating riverine wetlands: Ecological succession, nutrient retention, and pulsing effects[J]. Ecological Engineering, 2005,25:510-527.

[61] XAnthes R. A cumulus parameterization scheme utilizing a one - dimensional cloud model[J]. Monthly Weather Review, 1977,105(3):270-286.

[62] Xu Xiangde, Tao Shiyan; Wang Jizhi, et al. The relationship between water vapor transport features of Tibetan Plateau - Monsoon 'large triangle' affecting region and drought - flood abnormality of China[J]. Acta Meteorological Sinica,2002,60(3):257-267.

[63] Xu Xiangde, Chen Lainshou, Wang Xiurong, et al. Moisture transport source/sink structure of MeiYu rain belt along the Yangtze River valley[J]. Chinese Science Bulletin,2004,49:181-188.

[64] Xu Xiangde, Miao Qiuju, Wang Jizhi, et al. The water vapor transport model at he regional boundary during meiyu period[J]. Advances in Atmospheric Sciences,2003,20(3):333-342.

[65] Xu Yong, Tang Qing, Ma Dingguo, et al. De - farming and Ecological restoration in the Loess Hilly - gully region in Northern China[J]. Journal of Mountain Science 2006,3(2):168-177.

[66] Yang Hui. Anomalous atmospheric circulation, heat sources and moisture sinks in relation to great precipitation anomalies in Yangtze River Valley[J]. Advance in Atmospheric Sciences ,2000,18(5):973-983.

[67] Yashimura K., T. Oki, N. Ohte, et al. Colored moisture analysis estimates of variations in 1998 Asian monsoon waterre sources[J]. Journal of the Meteorological Society of Japan,2004,82(5):1315-1329.

[68] Yasunari T. Impact of Indian monsoon on the coupled atmosphere/ocean system in the tropical Pacific [J]. Meteor. Atmos. Phys., 1990, 44: 29-41.

[69] Yu Z, Pollard D, Cheng L. On continential - scale hydrologic simulations with a coupled hydrologic model [J]. Journal of Hydrology,2006,331:110-124.

[70] Zeng X. B., Zhao M., R. E. Dickinson. Intercomparison of bulk aerodynamic algoriths for the computation fo sea surface fluxes using TOGA coare and TAO data[J]. Journal of Climate,1998,11(10):2628-2644.

[71] Zhang Li, William J. Mitsch. Modelling Hydrological Processes in Created Freshwater Wetlands: an Integrated System Approach[J]. Journal of Sichuan Forestry Science and Technology 2006,27(1):29-37.

[72] Zhang, L., Mitsch, W. J. Modelling hydrological processes in created wetlands: an integrated system approach. Environmental Modelling & Software, 2005,20(7):935-946.

[73] Zhang W, Chen J, Ogawa K, et al. Estimation of evapotranspiration in the Urumqi River Basin by means of remote sensing & GIS technique[J]. Hydrological Processes,2005, 19(9):1839-1854.

[74] Zhou T J, Yu R C. Atmospheric water vapor transport associated with typical anomalous summer rain fall patters in China[J]. J. Geophys. Res, 2005,110,D08104,doi: 10.1029/2004JD005413.

[75] 藏海佳,吴增祥.中外气象台站历史沿革数据文件比较分析[J].2007,35(3):442-444.

[76] 曹云,欧阳志云,等.森林生态系统的水文调节功能及生态学机制研究进展[J]. 生态环境,2006,15(6): 1360-1365.

[77] 曹云昌,方宗义,等.中国地基 ISU 气象应用站网建设展望[J].气象,2006,32(11):42-47.

[78] 陈芳,马英芳,等.长江源区近 44 年气候变化的若干统计分析[J]..气象科技,2007,35(3): 340-344.

[79] 陈隆勋,宋玉宽,刘骥平,等.从气象卫星资料揭示的青藏高原夏季对流云系的日变化[J].气象学

报，1999，57(5)：549-560.

[80] 陈隆勋，周秀骥，等. 中国近80年来气候变化特征及其形成机制[J]. 气象学报，2004，62(5)：634-645.

[81] 陈隆勋，朱乾根，罗会邦，等. 东亚季风[M]. 北京：气象出版社，1991.

[82] 陈隆勋，朱文琴，等. 中国近45年气候变化的研究[J]. 气象学报，1998，56(3)：257-271.

[83] 陈仁升，康尔泗，等. 黑河源区高山草甸的冻土及水文过程初步研究[J]. 冰川冻土，2007，29(3)：387-396.

[84] 陈世训，高绍凤，杨崧. 全国热带夏季风学术会议文集[C]. 昆明：云南人民出版社，1982：97-100.

[85] 陈贤章，蓝永超，程国栋，等. 西线南水北调雅砻江调水坝址径流模拟[J]. 冰川冻土，2001，23(2)：139-148.

[86] 丁一汇，胡国权. 1998年中国大洪水时期的水汽收支研究[J]. 气象学报，2003，61(2)：129-145.

[87] 丁一汇，孙颖，李跃凤，等. 20世纪90年代东亚严重旱涝事件的大尺度条件分析[M]//黄荣辉，等. 我国旱涝重大气候灾害及其形成机理研究. 北京：气象出版社，2003：260-275.

[88] 丁一汇，孙颖. 东亚季风的季节进退与水汽输送[J]. 天气与气候，2002，1(1)：18-33.

[89] 丁一汇，张锦，等. 气候系统的演变及其预测[M]//全球变化热门话题丛书. 北京：气象出版社，2003：29-35；108-114.

[90] 丁一汇. 1991年江淮流域持续性特大暴雨研究[M]. 北京：气象出版社，1993.

[91] 丁一汇，村土腾人. 亚洲季风[M]. 北京：气象出版社，1994：105-113.

[92] 丁一汇. 天气动力学中的诊断分析方法[M]. 北京：科技出版社，1989.

[93] 丁一汇. 高等天气学[M]. 2版. 北京：气象出版社，2005.

[94] 董哲仁. 河流生态修复的尺度格局和模型[J]. 水利学报，2006，37(12)：1476-1481.

[95] 范丽军，符淙斌，等. 统计降尺度法对未来区域气候变化情景预估的研究进展[J]. 地球科学进展，2005，20(3)：320-329.

[96] 高国栋，翟盘茂. 长江流域旱涝典型年大气水汽输送[J]. 水科学进展，1993，4(1)：10-16.

[97] 高学杰，赵宗慈，丁一汇，等. 温室效应引起的中国区域气候变化的数值模拟. 第二部分：中国区域气候的可能变化[J]. 气象学报，2003，61(1)：29-38.

[98] 高艳红，程国栋，等. 陆面水文过程与大气模式的耦合及其在黑河流域的应用[J]. 地球科学进展，2006，21(12)：1283-1292.

[99] 谷晓平. GPS水汽反演及降雨预报方法研究[D]. 北京：中国农业大学，2004.

[100] 郭其蕴，蔡静宁，邵雪梅，等. 东亚夏季风的年代际变率对中国气候的影响[J]. 地理学报，2003，58(4)：569-576.

[101] 郭生练，熊立华，等. 基于DEM的分布式流域水文物理模型[J]. 武汉水利电力大学学报，2000，33(6)：1-5.

[102] 何东进，洪伟. 植被截留降水量公式的改进[J]. 农业系统科学与综合研究，1999，15(3)：200-202.

[103] 何惠，蔡建元. 国际河流水文站网布局规划方法研究[J]. 水文，2002，22(5)：18-20.

[104] 何金海，Murakami T. 1979年6月东亚和南亚上空的水汽通量[J]. 南京气象学院学报，1983，10(2)：159-173.

[105] 胡国权，丁一汇. 1991年江淮暴雨时期的能量和水汽循环研究[J]. 气象学报，2003，61(2)：146-163.

[106] 胡和平，田富强. 物理性流域水文模型研究新进展[J]. 水利学报，2007，38(5)：511-517.

[107] 胡娅敏，丁一汇，等. 东亚地区区域气候模拟的研究进展[J]. 地球科学进展，2006，21(9)：956-964.

[108] 黄荣辉，陈际龙，黄刚，等. 中国东部夏季降水的准两年周期振荡及其成因[J]. 大气科学，2006，30(4)：545-560.

[109] 黄荣辉，张振洲，黄刚，等. 夏季东亚季风区水汽输送特征及其与南亚季风区水汽输送的差别[J]. 大气科学，1998，22(4)：460-469.

[110] 黄荣辉,周连童. 我国重大气候灾害特征、形成机理及预测研究[J]. 自然灾害学报,2002,11(1):1-9.
[111] 黄荣辉. 我国重大气候灾害的形成机理和预测理论研究[J]. 地球科学进展,2006,21(6):564-575.
[112] 黄奕龙,傅伯杰,等. 生态水文过程研究进展[J]. 生态学报,2003,23(3):580-587.
[113] 贾仰文, 王浩, 等. 分布式流域水文模型原理与实践[M]. 北京:中国水利水电出版社,2005.
[114] 贾仰文,王浩, 等. 黑河流域水循环系统的分布式模拟[J]. 水利学报,2006,37(5):534-542.
[115] 贾仰文,王浩. 分布式流域水文模拟研究进展及其展望[J]. 水科学进展, 2003,14(增刊):118-123.
[116] 江吉喜,范梅珠. 夏季青藏高原上的对流云和中尺度对流系统[J]. 大气科学,2002,26(2):263-270.
[117] 金祖辉. 1979 年夏季南海地区水汽收支[C]//全国热带夏季风学术会议文集. 昆明:云南人民出版社,1981:152-164.
[118] 李崇银,李桂龙,龙振夏. 中国气候年代际变化的大气环流形势对比分析[J]. 应用气象学报,1999,10(增刊):1-8.
[119] 李春龙,闵要武,等. 分布式水文模型中多源数据的应用[J]. 水资源研究,2007,27(3):29-32.
[120] 李兰,王浩,等. 大尺度分布式水文模型与水资源演变[J]. 水科学进展,2003, 14(增刊):57-62.
[121] 李新, 康尔泗, 等. 分布式水文模型的进展及展望[J]. 冰川冻土, 2004,26(1):61-65.
[122] 李跃凤,丁一汇. 中国东部夏季降水的多尺度时空分布特征[M]//我国旱涝重大气候灾害及其形机理研究. 北京:气象出版社,2003:218-226.
[123] 梁必骐,等. 热带气象学[M],广州:中山大学出版社,1990.
[124] 刘昌明,夏军, 等. 黄河流域分布式水文模型初步研究与进展[J]. 水科学进展, 2004,15(4):495-500.
[125] 刘春蓁. 气候变化对江河流量变化趋势影响研究进展[J]. 地球科学进展,2007, 22(8):777-783.
[126] 刘鹄,赵文智. "Eco - hydrology of Water - controlled Ecosystems—Soil Moisture and Plant Dynamics"评价[J]. 地球科学进展,2006,21(8):879-880.
[127] 刘国伟,崔一峰. 中国上空的涡动水汽输送[J]. 水科学进展,1991,12(3):145-153.
[128] 刘国纬,汪静萍. 中国陆地 - 大气系统水分循环研究[J]. 水科学进展,1997,18(2):99-107.
[129] 刘鸿波,张大林,等. 区域气候模拟研究及其应用进展[J]. 气候与环境研究,2006, 11(5):649-668.
[130] 刘士余,左长清. 植被对径流影响的研究综述[J]. 国土与自然资源研究,2005(1):42-44.
[131] 柳艳菊,丁一汇,宋艳玲. 1998 年夏季风爆发前后南海地区的水汽输送和水汽收支[J]. 热带气象学报,2005,21(1):55-62.
[132] 陆桂华,蔡建元,胡凤彬. 水文站网规划与优化[M]. 郑州:黄河水利出版社,2001.
[133] 陆其峰,潘晓玲,等. 区域气候模式研究进展[J]. 南京气象学院学报,2003,26(4):557-565.
[134] 陆渝蓉,高国栋. 物理气候学[M]. 北京:气象出版社,1987.
[135] 陆渝蓉,高国栋. 中国大气中的水汽平均输送[J]. 高原气象,1983,2(4):34-38.
[136] 吕梅,成新喜,陈一中,等. 1994 年华南暴雨期间夏季风的特征及其对水汽的输送[J]. 热带气象学报,1998,14(2):136-141.
[137] 罗绍华. 盛夏期间我国大陆东南低纬地区的水汽输送和水分平衡[C]//全国热带夏季风会议文集. 昆明:云南人民出版社,1981:412-151.
[138] 罗四维,钱正安,王谦谦. 夏季 100 hPa 青藏高压与我国东部旱涝关系的天气气候研究[J]. 高原气象,1982,1(2):1-10.
[139] 马岚,许熙,高云,等. 1997、1998 年长江上游地区水汽输送及其与径流量之间关系的对比分析[J]. 应用气象学报,2000,11(4):491-498.
[140] 苗秋菊,徐祥德,施小英. 青藏高原周边异常多雨中心及其水汽输送通道[J]. 气象,2004,30(12):44-47.
[141] 苗秋菊,徐祥德,张胜军. 长江流域水汽收支与高原水汽输送分量"转换"特征[J]. 气象学报,2005,

63(1):93-99.

[142] 莫兴国,刘苏峡,等. 基于水量平衡的流域生态耗水量计算[J]. 自然资源学报,2004,19(5):662-671.

[143] 秦奋,汤富平,等. 空间数据库在分布式水文模型中的集成应用[J]. 安徽农业科学,2007,35(20):6024-6028.

[144] 曲建光. GPS 遥感气象要素的理论与应用研究[D]. 武汉:武汉大学,2005.

[145] 任宏利,张培群,李维京,等. 中国西北东部地区春季降水及其水汽输送特征[J]. 气象学报,2004,62(3):365-373.

[146] 沈如桂,黄更生. 1980 年夏季热带季风环流与我国南方降水水汽输送的关系[C]//全国热带夏季风学术会议文集. 昆明:云南人民出版社,1981:116-128.

[147] 施能,朱乾根,吴彬贵. 近 40 年东亚季风及我国夏季大尺度天气气候异常[J]. 大气科学,1996,20(5):575-583.

[148] 施晓晖. 全球变化背景下东亚区域气候年代际时空演变的统计 - 动力特征[D]. 北京:中国气象科学研究院,2006.

[149] 史学丽. 陆面过程模式研究简评[J]. 应用气象学报,2001,12(1):102-112.

[150] 宋巧云,魏凤英. 年代际气候变化研究进展[J]. 气象科技,2006,34(1):1-6.

[151] 宋子刚. 森林生态水文功能与林业发展决策[J]. 中国水土保持科学,2007,5(4):101-107.

[152] 孙秀荣,陈隆勋,何金海. 东亚海陆热力差指数及其与环流和降水的年际变化关系[J]. 气象学报,2002,60(2):164-172.

[153] 孙颖. 1999 年东亚季风异常活动的物理机制研究[D]. 北京:中国气象科学研究院,2002.

[154] 唐东升,何金海,王坚红. 低纬垂直积分的水汽输送和行星尺度湿急流结构的初步分析[J]. 热带气象学报,1985,1(3):195-203.

[155] 陶杰,陈久康,丁治英. 低纬环流系统对江淮梅雨暴雨影响的数值模拟[J]. 南京气象学院学报,1994,17(3):315-320.

[156] 陶杰,陈久康. 江淮梅雨暴雨的水汽源地及其输送通道[J]. 南京气象学院学报,1994,17(4):443-447.

[157] 陶诗言,李吉顺,王昂生. 东亚季风与我国洪涝灾害[J]. 中国减灾,1997,7(4):17-24.

[158] 陶诗言,伊兰. 青藏高原在亚洲季风区水分循环中的作用[M]//陶诗言. 第二次青藏高原大气科学试验理论研究进展(一). 北京:气象出版社,1999:204-215.

[159] 陶诗言,张庆云,张顺利. 1998 年长江流域洪涝灾害的气候背景和大尺度环流条件[J]. 气候与环境研究,1998,3(4):290-299.

[160] 陶诗言,张庆云,张顺利. 夏季北太平洋副热带高压系统的活动[J]. 气象学报,2001,59(6):747-758.

[161] 陶诗言,朱文妹,赵卫. 论梅雨的年际变异[J]. 大气科学,1988(特刊):13-21.

[162] 田红,郭品文,陆维松. 中国夏季降水的水汽通道特征及其影响因子分析[J]. 热带气象学报,2004,20(4):401-408.

[163] 王爱娟,张平仓. 中国生态水文学研究进展综述[J]. 中国水运,2006,4(3):202-204.

[164] 王东晓,谢强,周发琇. 南海及邻近海域异常海温影响局域大气环流的初步试验[J]. 热带海洋学报,2001,20(1):82-87.

[165] 王东兴,陶诗言. 北半球夏季 110°E 越赤道气流的结构及其与台风活动的关系[J]. 大气科学,1984,8(4):443-449.

[166] 王根绪,刘桂民,常娟. 流域尺度生态水文研究评述[J]. 生态学报,2005,25(4):892-903.

[167] 王根绪,钱鞠,程国栋. 生态水文科学研究的现状与展望[J]. 地球科学进展,2001,16(3):314-323.

[168] 王浩,雷晓辉,等. 基于人类活动的流域产流模型构建[J]. 资源科学,2003,25(6):14-18.

[169] 王浩,秦大庸,等.水资源评价准则及其计算口径[J].水利水电技术,2004,35(2):1-4.
[170] 王浩,王建华,等.现代水资源评价及水资源学学科体系研究[J].地球科学进展,2002,17(1):12-17.
[171] 王会军,薛峰.索马里急流的年际变化及其对半球间的水汽输送和东亚夏季降水的影响[J].地球物理学报,2003,46(1):18-25.
[172] 王会军.东亚季风年际变化的模拟[M]//现代大气科学前沿与展望.北京:气象出版社,1996:56-58.
[173] 王可丽,程国栋,等.黄河、长江源区降水变化的水汽输送和环流特征[J].冰川冻土,2006,28(1):8-13.
[174] 王可丽,江灏,赵红岩.西风带与季风对中国西北地区的水汽输送[J].水科学进展,2005,16(3):432-438.
[175] 王启炜,丁一汇.东亚及太平洋地区视热源及视水汽汇的分布.气候与环境研究,1982,(2):160-172.
[176] 王清华.植被变化的生态水文效应分析[D].西安:西安理工大学,2004.
[177] 王邵武,朱锦红.几个方兴未艾的气候问题[J].应用气象学报,1999,10(增刊):104-113.
[178] 王绍武,董光荣.中国西部环境特征及其演变[M]//秦大河.中国西部环境演变评价.北京:科学出版社,2002:29-37.
[179] 王守荣,朱川海,等.全球水循环与水资源[M]//全球变化热门话题丛书.北京:气象出版社,2003.
[180] 王守荣.分布式水文—土壤—植被模式的改进及气候水文 Off-line[J].模拟试验气象学报,2002,60(3):290-299.
[181] 王书功,康尔泗,李新,等.分布式水文模型的进展及展望[J].冰川冻土,2004,26(1):61-64.
[182] 王西琴,刘昌明,等.生态及环境需水量研究进展与前瞻[J].水科学进展,2002,13(4):507-514.
[183] 王晓蕾,和健.基于虚拟仪器技术的自动气象站数据采集与处理系统[J].气象科技,2006,34(2):210-214.
[184] 王勇,柳林涛,等.基于水汽辐射计与 GPS 湿延迟的对比研究[J].大地测量与地球动力学,2005(1):110-113.
[185] 王勇,柳林涛,等.利用 GPS 技术反演中国大陆水汽变化[J].武汉大学学报·信息科学版,2007,32(2):152-155.
[186] 王振华,马海州,周笃珺,等.RS 和 GIS 支持下的自然生态环境评价——以南水北调雅砻江工程区为例[J].盐湖研究,2007,15(1):1-4.
[187] 王中根,夏军,等.分布式水文模型的参数率定及敏感性分析探讨[J].自然资源学报,2007,22(4):649-655.
[188] 王遵娅,丁一汇,等.近50年来中国气候变化特征的再分析[J].气象学报,2004,62(2):228-236.
[189] 王左,何惠,等.我国水文站网建设与发展[J].水文,2006,26(3):42-44.
[190] 魏凤英.现代气候统计诊断与预测技术[M].北京:气象出版社,1999.
[191] 吴国雄,丑纪范,刘屹岷,等.副热带高压形成和变异的动力学问题[M].北京:科学出版社,2002.
[192] 吴国雄,刘平,刘屹岷,等.印度洋海温异常对西太平洋副热带高压的影响——大气中的两极热力适应[J].气象学报,2000,58(5):513-522.
[193] 吴国雄.大气水汽的输送和收支及其对热带干旱的影响[J].大气科学,1990,14(1):53-63.
[194] 吴元康.热带季风图集[M].北京:气象出版社,1987.
[195] 吴增祥,藏海佳.《气象台站历史沿革数据文件格式》标准设计[J].气象科技,2007,35(3):439-441.
[196] 谢安,毛江玉,宋焱云,等.长江中下游地区水汽输送的气候特征[J].应用气象学报,2002,13(1):67-77.
[197] 谢安,宋焱云,毛江玉,等.南海夏季风期间水汽输送的气候特征[J].气候变化与环境研究,2001,6(4):524-434.
[198] 熊立华,郭生练,等.基于 DEM 的分布式流域水文模型及应用[J].水科学进展,2004,15(4):

517-520.
[199] 徐建军,何金海,朱伟军,等. 亚洲夏季风季节与季节内平均水汽输送的分析[J]. 海洋学报,1994,16(4):48-54.
[200] 徐淑英. 我国水汽输送和水分平衡[J]. 气象学报,1958,29(1):33-43.
[201] 徐祥德,陈联寿,王秀荣,等. 长江流域梅雨带水汽输送源－汇结构[J]. 科学通报,2003,48(21):2288-2294.
[202] 徐祥德,陶诗言,王继志,等. 青藏高原－季风水汽输送"大三角形"影响域特征与中国区域旱涝异常的关系[J]. 气象学报,2002,60(3):257-266.
[203] 徐祥德,周明煜,陈家宜,等. 青藏高原地—气过程动力、热力结构综合物理图像[J]. 中国科学:D辑,2001,31(5):428-440.
[204] 许继军, 杨大文,等. 基于分布式水文模型的长江上游水资源时空变异性分析[J]. 水文,2007,27(3):10-15.
[205] 许继军,杨大文,等. 长江上游大尺度分布式水文模型的构建及应用[J]. 水利学报,2007,38(2):182-190.
[206] 严登华,何岩,王浩,等. 生态水文过程对水环境影响研究述评[J]. 水科学进展,2005,16 (5):747-752.
[207] 杨传国,林朝晖,等. 大气水文模式耦合研究综述[J]. 地球科学进展,2007,22(8):810-816.
[208] 杨大文, 李翀, 倪广恒, 等. 分布式水文模型在黄河流域的应用[J]. 地理学报, 2004, 59(1):143-154.
[209] 姚文清,徐祥德,张雪金. 1998 年长江流域梅雨期暴雨过程的水汽输送特征[J]. 南京气象学报,2003,26(4):496-503.
[210] 叶笃正,高由禧,等. 青藏高原气象学[M]. 北京:科学出版社,1979.
[211] 叶笃正,黄荣辉,等. 长江黄河流域旱涝规律和成因研究[M]. 济南:山东科学技术出版社,1996.
[212] 叶笃正,李吉顺,高登义. 夏季青藏高原对流活动对平均环流维持的作用[C]//青藏高原气象科研协作组. 青藏高原气象论文集. 1975:19-28.
[213] 伊兰,陶诗言. 定常波和瞬变波在亚洲季风区大气水分循环中的作用[J]. 气象学报,1997,55(5):533-544.
[214] 仪垂祥,刘开瑜,周涛. 植被截留降水量公式的建立[J]. 土壤侵蚀与水土保持学报,1996 ,2 (2):47-49.
[215] 仪清菊,徐祥德. 不同尺度云团系统上下游的传播与 1998 年长江流域大暴雨[J]. 气候与环境研究,2001,6(2):139-145.
[216] 殷宝玉,王连英,黄荣辉. 东亚夏季风降水的准两年振荡及其可能的物理机制[M]//黄荣辉,等. 灾害性气候的过程及诊断文集. 北京:气象出版社,1996.
[217] 于文颖,周广胜,迟道才,等. 湿地生态水文过程研究进展[J]. 节水灌溉,2007(1):19-23.
[218] 郁淑华,滕家谟,何光壁. 高原地形对四川盆地西部突发性暴雨影响的数值试验[J]. 大气科学,1998,22(3):379-383.
[219] 曾庆存,李建平. 南北半球大气的相互作用和季风的本质[J]. 大气科学,2002,26(4):433-448.
[220] 曾燕,邱新法,等. 基于 GIS 的中国地面气象台站网[J]. 气象科学,2001,21(3):338-342.
[221] 张丙辰,等. 长江中下游梅雨暴雨的研究[M]. 北京:气象出版社,1990.
[222] 张红平,周锁铨. 区域气候模式(RegCM2)与水文模式耦合的数值试验[J]. 南京气象学院学报,2006,29(2):158-165.
[223] 张会刚,石豫川,姜志玲,等. 大渡河流域开发中水土保持问题研究[J]. 西北农业学报,2005,14(1):172-175.
[224] 张静怡,陆桂华. 全国水文站网管理信息系统研究[J]. 水文,1999(6):16-18.

[225] 张静怡,陆桂华,等.基于 WEBGIS 的全国水文站网信息管理系统[J].水文,2007,27(1):44.
[226] 张丽,张继贤,等.流域水资源环境监测系统的设计与实现[J].测绘通报,2004,50(2):50-53.
[227] 张强,韩永翔,等.全球气候变化及其影响因素研究进展综述[J].地球科学进展,2005,20(9):990-998.
[228] 张庆云,陶诗言,陈烈庭.东亚夏季风指数的年际变化与东亚大气环流[J].气象学报,2003,61(4):559-568.
[229] 张庆云,陶诗言,张顺利.夏季长江流域暴雨洪涝灾害的天气气候条件[J].大气科学,2003,27(6):1018-1030.
[230] 张人禾.El Nino 盛期印度夏季风水汽输送在我国华北地区夏季降水异常中的作用[J].高原气象,1999,18(4):567-574.
[231] 张人禾.来自印度季风区的水汽输送与东亚上空水汽输送和中国夏季降水的关系[J].Advances in Atmoshperic Sciences,2001,18(5):1005-1017.
[232] 张人禾.气候观测系统及其相关的关键问题[J].应用气象学报,2006,17(6):705-710.
[233] 张新海, 张志红, 高治定, 等.雅砻江甘孜以上区域水文特性[J].人民黄河, 2002,22(2):11-13.
[234] 张玉玲,吴辉碇,王晓林.数值天气预报[M].北京:科学出版社,1987.
[235] 章光新.关于流域生态水文学研究的思考[J].科技导报,2006,24(12):42-44.
[236] 赵平,南素兰.气候和气候变化领域的研究进展[J].应用气象学报,2006,17(6):725-735.
[237] 赵平,周秀骥.近 40 年我国东部降水持续时间和雨带移动的年代际变化[J].应用气象学报,2006,17(5):548-556.
[238] 赵瑞霞,李伟,等.空间结构函数在北京地区气象观测站网设计中的应用[J].应用气象学报,2007,18(1):94-101.
[239] 赵文智,程国栋.生态水文学——揭示生态格局和生态过程水文学机制的科学[J].冰川冻土,2001,23(4):450-457.
[240] 郑斯中,杨德卿.中国大陆上空的水汽含量[J].地理学报,1962,28(2):124-136.
[241] 郑斯中.我国东部地区的水汽辐合场[C]//中国科学院地理研究所.地理集刊第 6 号.北京:科学出版社,1962.
[242] 周长艳,何金海,李薇,等.夏季东亚地区水汽输送的气候特征[J].南京气象学院学报,2005,28(1):18-27.
[243] 周军,薛宇峰,刘宣飞.1994 年 8 月亚洲季风区水汽的源汇分布和输送[J].热带气象学报,1998,4(1):92-96.
[244] 周天军,张学洪,王绍武.全球水循环的海洋分量研究[J].气象学报,1999,57(3):264-282.
[245] 周玉淑,高守亭,邓国.江淮流域 2003 年强梅雨期的水汽输送特征分析[J].大气科学,2005,29(5):195-204.
[246] 朱昌福.江苏水文站网优化调整有关问题的思考[J].水文,2005,25(4):33-36.
[247] 朱国富,陈受钧.1995～1998 年夏季青藏高原上空及邻域对流活动的天气气候特征[M]//第二次青藏高原大气科学试验理论研究进展(三).北京:气象出版社,2000.
[248] 竺可桢.东南季风与中国之雨量[J].地理学报,1934,1(1):1-27.
[249] 陈炯,王建捷,等.北京地区夏季边界层结构日变化的高分辨模拟对比[J].应用气象学报,2006,17(4):13-22.
[250] 牛国跃,洪钟祥,孙淑芬.陆面过程研究现状与发展趋势[J].地球科学进展,1997,12(1):20-25.
[251] 淡英武,刘新,崔荃.中国南水北调西线工程[M].郑州:黄河水利出版社,2004.
[252] 夏军,左其亭.国际水文科学研究的新进展[J].地球科学进展,2006,21(3):256-261.
[253] 夏军,谈戈.全球变化与水文科学新的进展与挑战[J].资源科学,2002,24(3):1-7.